U0277999

BLUE BOOK

智 库 成 果 出 版 与 传 播 平 台

环境管理蓝皮书

BLUE BOOK OF ENVIRONMENTAL MANAGEMENT

中国环境管理发展报告

（2024）

**ANNUAL REPORT ON DEVELOPMENT OF
ENVIRONMENTAL MANAGEMENT IN CHINA (2024)**

组织编写／中国管理科学学会环境管理专业委员会
主　　编／谭全银

社会科学文献出版社
SOCIAL SCIENCES ACADEMIC PRESS（CHINA）

图书在版编目（CIP）数据

中国环境管理发展报告 . 2024 / 谭全银主编 .
北京：社会科学文献出版社，2024.12. --（环境管理
蓝皮书）. --ISBN 978-7-5228-4715-3

Ⅰ . X321.2

中国国家版本馆 CIP 数据核字第 2024H64X55 号

环境管理蓝皮书
中国环境管理发展报告（2024）

主　　编／谭全银

出 版 人／冀祥德
组稿编辑／祝得彬
责任编辑／吕　剑
责任印制／王京美

出　　版／社会科学文献出版社·文化传媒分社（010）59367004
　　　　　地址：北京市北三环中路甲 29 号院华龙大厦　邮编：100029
　　　　　网址：www.ssap.com.cn
发　　行／社会科学文献出版社（010）59367028
印　　装／天津千鹤文化传播有限公司

规　　格／开　本：787mm×1092mm　1/16
　　　　　印　张：19　字　数：285 千字
版　　次／2024 年 12 月第 1 版　2024 年 12 月第 1 次印刷
书　　号／ISBN 978-7-5228-4715-3
定　　价／168.00 元

读者服务电话：4008918866

编　委　会

主　任　谭全银

委　员　（按姓氏拼音排序）

　　　　陈　源　董庆银　段立哲　刘丽丽　吕　溥

　　　　赵　玲　赵娜娜

编　辑　郭月莎　王雅薇

主编简介

谭全银　博士，清华大学环境学院助理研究员，联合国环境规划署巴塞尔公约亚太区域中心/斯德哥尔摩公约亚太地区能力建设与技术转让中心综合室主任。主要研究方向为新兴固体废物回收技术与产业政策、环境风险防控、固体废物与塑料污染治理及国际环境公约履约策略。承担国家重点研发计划"固废资源化"重点专项课题、自然科学基金项目、国家部委和地方政府项目、联合国环境规划署项目等30余项。在国内外重要期刊发表论文80余篇，参与出版专著6部。主笔或参与起草的10余份政策建议和研究报告获中央主要领导、中央相关部门及部委批示或应用。长期作为中国政府代表团成员参与联合国环境大会、化学品和废物全球环境公约、结束塑料污染国际文书等国际环境谈判。作为主要完成人获湖北省、中国环保产业协会等省部级学会、协会科技奖5项，2022年获中国有色金属学会循环经济科技创新青年突出贡献奖。2019年至2021年，作为副主编参与编写两本"环境管理蓝皮书"。

序　言

　　良好生态环境是实现中华民族永续发展的内在要求，是增进民生福祉的优先领域，也是建设美丽中国的重要基础。党的十八大以来，以习近平同志为核心的党中央全面加强对生态文明建设和生态环境保护的领导，开展了一系列根本性、开创性、长远性工作。2021 年 3 月发布的《中华人民共和国国民经济和社会发展第十四个五年规划和 2035 年远景目标纲要》提出深入打好污染防治攻坚战，建立健全环境治理体系，推进精准、科学、依法、系统治污，协同推进减污降碳，不断改善空气、水环境质量，有效管控土壤污染风险。

　　我一直在环境领域工作，深刻感受到与过去相比，当前我国生态环境明显改善，但同时意识到我国生态环境保护结构性、根源性、趋势性压力总体上尚未根本缓解，重点区域、重点行业污染问题仍然突出，生态环境保护任重道远。从 2017 年开始，我作为主编连续编撰并出版了 2017 年、2018 年、2019 年、2020~2021 年"环境管理蓝皮书"，它们围绕国内外环境管理最新进展和趋势、污染防治思路、资源循环利用、典型实践案例、创新探索等方面进行探讨，为我国环境管理发展提供了有益参考和建议，并为关心和研究中国环境管理的学者和企业家提供了借鉴。由谭全银老师作为主编编写的《中国环境管理发展报告（2024）》不仅对我国环境管理领域整体的现状、政策及重要行动等进行了综述，还充分利用其所在联合国环境规划署巴塞尔公约亚太区域中心关于化学品和废物国际公约谈判及履约核心技术支撑机构的优势，对国内外关于化学品和废物相关管理进展与发展趋势进行了梳理、

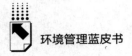

分析。

　　当前，我国越来越重视固体废物和化学品环境管理。2021 年 11 月，《中共中央 国务院关于深入打好污染防治攻坚战的意见》发布，要求到 2025 年，生态环境持续改善，固体废物和新污染物治理能力明显增强。2023 年 12 月，《中共中央 国务院关于全面推进美丽中国建设的意见》提出，持续深入推进污染防治攻坚，并首次在污染防治攻坚战中对固体废物和新污染物治理进行单独部署，将其提升至与持续深入打好蓝天、碧水、净土保卫战同等重要的任务领域，标志着相关工作迈向新阶段。

　　我相信，《中国环境管理发展报告（2024）》的出版会为从事相关领域环境管理的政府部门、研究机构、大专院校、行业企业的研究人员提供有益借鉴和参考，为持续改善生态环境、建设美丽中国做出贡献。

李金惠

2024 年 6 月 13 日

摘　要

《中国环境管理发展报告（2024）》由中国管理科学学会环境管理专业委员会主持编撰，是定位于我国环境管理领域的权威性研究报告。在选题上，本报告结合当前我国生态文明建设需求，在加快构建生态文明体系、全面推动绿色发展、提高环境治理水平的背景下，立足于我国环境管理的问题与实践，采用实证的研究方法，通过数理统计、问卷调查等定量研究方法，以及实地调研、访谈等定性研究方法，结合文献分析、历史比较分析、逻辑思辨、个案研究等方法，不仅对我国环境领域的总体管理进展进行了概述，还对固体废物和化学品领域的国内外管理进展进行了分析，致力于分享先进环境管理理念与经验，为我国各界环保人士提供环境管理范例。

2022~2023 年，我国生态环境状况明显改善，在水、大气、土壤、固体废物、化学品、重金属、噪声、海洋、气候变化及生物多样性等方面采取了更为严格的治理措施。同时，国家不断出台和更新包括碳达峰、碳中和、生产者责任延伸制度、环境保护督察、排污许可等相关的环境管理政策，以及实施塑料污染治理、"无废城市"建设、新污染物治理、减污降碳等重要环境管理行动。

固体废物环境管理篇对我国 2022~2023 年固体废物环境管理及进展进行阐述，并重点围绕固体废物利用和处置、电子废物管理、废旧动力电池管理等，综合国内外相关管理举措进行对比分析，研究探索我国固体废物环境管理的新思路。在化学品环境管理篇，报告综述我国化学品环境管理现状及展望，并就内分泌干扰物管理、绿色化学物质评估技术、微塑料污染防治政策等重点议题进行了管理现状分析及展望。在综合管理篇，报告主要描述了环境管理在国际层面上的关注趋势，分析了全球环境治理重要会议和《巴

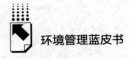

塞尔公约》附件修订、履约机制的重点关切，聚焦可持续发展、旧产品保税入境监管等热点问题并展开深度研究，最后针对我国在履行国际环境公约中存在的问题，提出了完善履约机制的具体对策和建议。

关键词： 环境管理　固体废物　化学品

目 录

I 总报告

II 固体废物环境管理篇

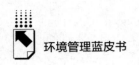

Ⅲ 化学品环境管理篇

Ⅳ 综合管理篇

皮书数据库阅读**使用指南**

总 报 告

B.1
中国环境管理现状及进展概述
（2022~2023）

王雅薇　邵美琪　谭全银*

摘　要： 2022~2023年，中国实施了更严格的环境治理措施，并在此过程中取得了显著成效。本报告的数据主要依据中华人民共和国生态环境部（简称"生态环境部"）提供的信息，全面概述了这一时期中国在水、大气、土壤、固体废物、再生资源、噪声、海洋、气候及生物多样性等方面的环境现状与治理成效。同时，本报告深入讨论了环境管理政策、气候变化、碳达峰、碳中和、生产者责任延伸制度、环境保护督察、排污许可、环保科技专项等环境管理进展。最后，本报告总结了2022~2023年包括塑料污染治理、"无废城市"建设、新污染物治理、减污降碳以及推进蓝天、碧水、净土保卫战在内的中国环境管理的重要

* 王雅薇，巴塞尔公约亚太区域中心助理工程师，主要研究方向为固体废物管理政策与战略；邵美琪，巴塞尔公约亚太区域中心助理工程师，主要研究方向为固体废物管理政策和战略；谭全银，清华大学环境学院助理研究员，主要研究方向为新兴固体废物回收技术与产业政策、环境风险防控，固体废物与塑料污染治理及国际环境公约履约策略。

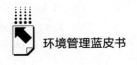
行动。

关键词： 环境管理　污染控制　环境改善

一　中国环境管理相关政策

2022年4月19日，习近平总书记主持召开中央全面深化改革委员会第二十五次会议并在会上强调，"要健全领导干部资源环境相关决策和监管履职情况的评价标准，把自然资源保护、生态保护红线、耕地保护红线、减污降碳、河湖长制等党中央重大部署贯彻落实情况融入相关评价指标。要科学设定评价指标权重和评分方法，强化自然资源资产实物量、生态环境质量等关键性指标的引导作用，突出国家规划设定的资源环境约束性指标。要统筹考虑各地自然资源禀赋特点和主体功能定位差异，在指标设置上努力做到科学精准"。①

2022年9月6日，习近平总书记主持召开中央全面深化改革委员会第二十七次会议并在会上强调，"要完整、准确、全面贯彻新发展理念，坚持把节约资源贯穿于经济社会发展全过程、各领域，推进资源总量管理、科学配置、全面节约、循环利用，提高能源、水、粮食、土地、矿产、原材料等资源利用效率，加快资源利用方式根本转变"。②

2023年6月6日，习近平总书记在内蒙古巴彦淖尔考察主持召开加强荒漠化综合防治和推进"三北"等重点生态工程建设座谈会，在会上强调，"加强荒漠化综合防治，深入推进'三北'等重点生态工程建设，事关我国生态安全、事关强国建设、事关中华民族永续发展，是一项功在当代、利在

---

① 《习近平主持召开中央全面深化改革委员会第二十五次会议》，中华人民共和国中央人民政府网站，2022年4月19日，https：//www.gov.cn/xinwen/2022-04-19/content_5686128.htm。
② 《习近平主持召开中央全面深化改革委员会第二十七次会议》，中华人民共和国中央人民政府网站，2022年9月6日，https：//www.gov.cn/xinwen/2022-09/06/content_5708628.htm。

千秋的崇高事业。要勇担使命、不畏艰辛、久久为功，努力创造新时代中国防沙治沙新奇迹，把祖国北疆这道万里绿色屏障构筑得更加牢固，在建设美丽中国上取得更大成就"。①

2023年7月11日，习近平总书记主持召开中央全面深化改革委员会第二次会议并在会上强调，"要立足我国生态文明建设已进入以降碳为重点战略方向的关键时期，完善能源消耗总量和强度调控，逐步转向碳排放总量和强度双控制度"。②

2023年7月18日，习近平总书记出席全国生态环境保护大会并发表重要讲话指出："要深入贯彻新时代中国特色社会主义生态文明思想，坚持以人民为中心，牢固树立和践行绿水青山就是金山银山的理念，把建设美丽中国摆在强国建设、民族复兴的突出位置，推动城乡人居环境明显改善、美丽中国建设取得显著成效，以高品质生态环境支撑高质量发展，加快推进人与自然和谐共生的现代化。"③ 总书记强调："要持续深入打好污染防治攻坚战，坚持精准治污、科学治污、依法治污，保持力度、延伸深度、拓展广度，深入推进蓝天、碧水、净土三大保卫战，持续改善生态环境质量。"④ 总书记还指出："要加快推动发展方式绿色低碳转型，坚持把绿色低碳发展作为解决生态环境问题的治本之策，加快形成绿色生产方式和生活方式，厚植高质量发展的绿色底色。要着力提升生态系统多样性、稳定性、持续性，加大生态系统保护力度，切实加强生态保护修复监管，拓宽绿水青山转化金山银山的路

---

① 《习近平在内蒙古巴彦淖尔考察并主持召开加强荒漠化综合防治和推进"三北"等重点生态工程建设座谈会》，中华人民共和国中央人民政府网站，2023年6月6日，https://www.gov.cn/yaowen/liebiao/202306/content_6884930.htm。

② 《习近平主持召开中央全面深化改革委员会第二次会议强调：建设更高水平开放型经济新体制 推动能耗双控逐步转向碳排放双控》，中华人民共和国中央人民政府网站，2023年7月11日，https://www.gov.cn/yaowen/liebiao/202307/content_6891167.htm。

③ 《习近平在全国生态环境保护大会上强调：全面推进美丽中国建设 加快推进人与自然和谐共生的现代化》，中华人民共和国中央人民政府网站，2023年7月18日，https://www.gov.cn/yaowen/liebiao/202307/content_6892793.htm。

④ 《习近平在全国生态环境保护大会上强调：全面推进美丽中国建设 加快推进人与自然和谐共生的现代化》，中华人民共和国中央人民政府网站，2023年7月18日，https://www.gov.cn/yaowen/liebiao/202307/content_6892793.htm。

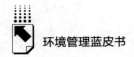
径，为子孙后代留下山清水秀的生态空间。要积极稳妥推进碳达峰碳中和，坚持全国统筹、节约优先、双轮驱动、内外畅通、防范风险的原则，落实好碳达峰碳中和'1+N'政策体系，构建清洁低碳安全高效的能源体系，加快构建新型电力系统，提升国家油气安全保障能力。要把应对气候变化、新污染物治理等作为国家基础研究和科技创新重点领域，狠抓关键核心技术攻关。"①

2023年11月7日，习近平总书记主持召开中央全面深化改革委员会第三次会议并在会上强调，"建设美丽中国是全面建设社会主义现代化国家的重要目标，要锚定2035年美丽中国目标基本实现，持续深入推进污染防治攻坚，加快发展方式绿色转型，提升生态系统多样性、稳定性、持续性，守牢安全底线，健全保障体系，推动实现生态环境根本好转"。②

二 中国环境现状

（一）水环境现状

2022年至2023年，全国地表水质量与2021年相比，整体呈现出改善的趋势。生态环境部2023年5月发布的《2022中国生态环境状况公报》的数据显示，在2022年的全国地表水监测中，纳入监测的3629个国家级控制断面中，I~Ⅲ类水质断面比例达到了87.9%，比2021年上升了3个百分点；劣Ⅴ类水质断面比例降至0.7%，较2021年下降了0.5个百分点（见图1）。③

《2022中国生态环境状况公报》数据还显示，2022年在重点江河及流

---

① 《习近平在全国生态环境保护大会上强调：全面推进美丽中国建设　加快推进人与自然和谐共生的现代化》，中华人民共和国中央人民政府网站，2023年7月18日，https：//www.gov. cn/yaowen/liebiao/202307/content_6892793. htm。

② 《习近平主持召开中央全面深化改革委员会第三次会议强调：全面推进美丽中国建设　健全自然垄断环节监管体制机制》，中华人民共和国中央人民政府网站，2023年11月7日，https：//www. gov. cn/yaowen/liebiao/202311/content_6914056. htm。

③ 《2022中国生态环境状况公报》，中华人民共和国生态环境部网站，2023年5月24日，https：//www. mee. gov. cn/hjzl/sthjzk/zghjzkgb/202305/P020230529570623593284. pdf。

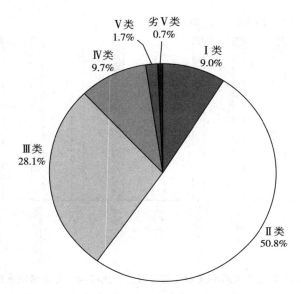

图1　2022年全国地表水总体水质状况

资料来源：《2022中国生态环境状况公报》，中华人民共和国生态环境部网站，2023年5月24日，https://www.mee.gov.cn/hjzl/sthjzk/zghjzkgb/202305/P020230529570623593284.pdf。

域，包括长江流域、黄河流域、珠江流域、松花江流域、淮河流域、海河流域、辽河流域在内的七大流域和浙闽片河流域、西北诸河以及西南诸河等主要江河监测的3115个国家级控制断面中，Ⅰ～Ⅲ类水质断面占90.2%，比2021年上升3.2个百分点；劣Ⅴ类水质断面占0.4%，比2021年下降0.5个百分点。主要污染指标为化学需氧量、高锰酸盐指数和总磷。具体到各个流域，长江流域、珠江流域、浙闽片河流域、西北诸河和西南诸河水质为优，黄河流域、淮河流域和辽河流域水质为良好，松花江流域和海河流域水质为轻度污染（见图2）。

此外，《2022中国生态环境状况公报》对重点湖泊（水库）水质总体状况也有描述，在2022年的监测中，对210个重点湖泊（水库）进行了水质评估，结果显示，水质总体上相较2021年有了显著的改善。具体为Ⅰ～Ⅲ类水质的湖泊（水库）占比达到了73.8%，较2021年上升了0.9个百分点；而劣Ⅴ类水质的湖泊（水库）占比为4.8%，较2021年下降了0.4个百分

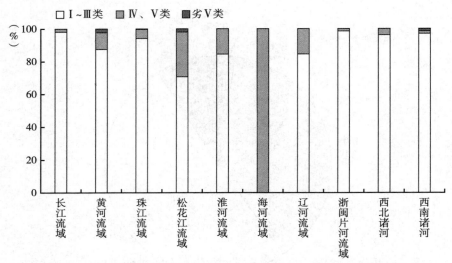

图2 2022年七大流域和浙闽片河流域、西北诸河、西南诸河水质状况

资料来源：《2022中国生态环境状况公报》，中华人民共和国生态环境部网站，2023年5月24日，https://www.mee.gov.cn/hjzl/sthjzk/zghjzkgb/202305/P020230529570623593284.pdf。

点。监测数据指出，总磷、化学需氧量和高锰酸盐指数是主要的污染指标。此外，对204个湖泊（水库）的营养状态进行了监测，发现贫营养状态的湖泊（水库）占比为9.8%，比2021年下降了0.7个百分点；中营养状态的湖泊（水库）占比为60.3%，比2021年下降了1.9个百分点；轻度富营养状态的湖泊（水库）占比为24.0%，比2021年上升了1.0个百分点；中度富营养状态的湖泊（水库）占比为5.9%，比2021年上升了1.6个百分点。在具体的湖泊中，丹江口水库和洱海的水质被评为优级，白洋淀水质为良好，而太湖、巢湖和滇池的水质检测为轻度污染。

生态环境部发布的《2023年9月全国地表水水质月报》数据显示，在2023年9月3588个地表水国家考核断面（点位）中，Ⅰ～Ⅲ类水质断面的比例达到了81.5%，比2022年同期下降了1.6个百分点；而劣Ⅴ类水质断面的比例为1.1%，较2022年同期上升了0.4个百分点。截至2023年9月，在主要监测的江河及流域中，Ⅰ～Ⅲ类水质断面的占比为84.7%，较2022年同期下降了1.4个百分点；劣Ⅴ类水质断面的占比为0.9%，同比提高了

0.3 个百分点。具体到各个流域，长江流域、黄河流域、浙闽片河流域、西北诸河和西南诸河的水质被评为优级，珠江流域和辽河流域的水质状况为良好，而松花江流域、淮河流域和海河流域的水质则呈现轻度污染。

月报数据还显示，在对 208 个重点湖泊（水库）进行的监测中，水质达到Ⅰ~Ⅲ类标准的湖泊（水库）数量占比为 71.2%，较 2023 年 1 月下降了 9.1 个百分点；而劣Ⅴ类水质湖泊（水库）的数量占比为 4.3%，与 2023 年 1 月相比没有变化。在 201 个进行了营养状态监测的湖泊（水库）中，中度富营养和轻度富营养状态的湖泊（水库）占比分别为 9.0% 和 21.9%。在这些湖泊中，白洋淀、太湖和巢湖的水质被评为轻度污染。①

（二）大气环境现状

2022 年，中国地级及以上城市的空气质量整体呈现改善趋势。《2022 中国生态环境状况公报》的数据显示，在 339 个地级及以上城市（以下简称"339 个城市"）中，有 213 个城市的环境空气质量达到了标准，占比为 62.8%，而未达标的城市有 126 个，占比为 37.2%。具体到污染物，有 86 个城市细颗粒物（PM2.5）浓度超标，占比为 25.4%；55 个城市的可吸入颗粒物（PM10）浓度超标，占比为 16.2%；92 个城市的臭氧（O_3）浓度超标，占比为 27.1%。没有城市出现二氧化氮（NO_2）、一氧化碳（CO）和二氧化硫（SO_2）浓度超标的情况（见图 3）。在污染物超标数量方面，57 个城市有 1 项污染物超标，31 个城市有 2 项污染物超标，38 个城市有 3 项污染物超标。339 个城市的空气质量优良天数比例为 24.9%~100%，平均为 86.5%，较 2021 年下降了 1.0 个百分点；平均超标天数比例为 13.5%，其中沙尘天气导致的平均超标天数比例为 1.9%。PM2.5、O_3、PM10 和 NO_2 作为首要污染物的超标天数分别占总超标天数的 36.9%、47.9%、15.2% 和 0.1%，没有出现以 SO_2 和 CO 为首要污染物超标的情况。在污染

---

① 《2023 年 9 月全国地表水水质月报》，中华人民共和国生态环境部网站，2023 年 10 月 30 日，https://www.mee.gov.cn/hjzl/shj/dbsszyb/202310/W020231030571731518769.pdf。

物年均浓度方面，339 个城市的 PM2.5 年均浓度为 6~62 微克/米³，平均为 29 微克/米³，比 2021 年下降了 3.3%；PM10 年均浓度为 10~1225 微克/米³，平均为 51 微克/米³，比 2021 年下降了 5.6%；O_3 日最大 8 小时平均值的第 90 百分位数浓度为 90~194 微克/米³，平均为 145 微克/米³，比 2021 年上升了 5.8%；SO_2 年均浓度为 2~30 微克/米³，与 2021 年持平；NO_2 年均浓度为 5~40 微克/米³，平均为 21 微克/米³，比 2021 年下降了 8.7%；CO 日均值浓度为 0.5~3.1 毫克/米³，平均为 1.1 毫克/米³，与 2021 年持平。

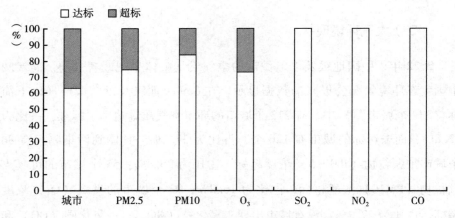

图 3　2022 年 339 个城市环境空气质量达标情况

资料来源：《2022 中国生态环境状况公报》，中华人民共和国生态环境部网站，2023 年 5 月 24 日，https://www.mee.gov.cn/hjzl/sthjzk/zghjzkgb/202305/P020230529570623593284.pdf。

《2022 中国生态环境状况公报》指出，2022 年，在京津冀及周边地区的"2+26"个城市中，空气质量优良的天数比例为 59.2%~78.4%，平均为 66.7%，较 2021 年下降了 0.5 个百分点。平均超标天数比例为 33.3%，其中沙尘天气导致的平均超标天数比例为 1.9%，轻度污染天数比例为 25.1%，中度污染天数比例为 6.0%，重度污染天数比例为 1.9%，严重污染天数比例为 0.2%，重度及以上污染天数比例相较于 2021 年下降了 0.9 个百分点。在长三角地区的 41 个城市中，空气质量优良的天数比例为 70.7%~

98.4%，平均为83.0%，较2021年下降了3.7个百分点。平均超标天数比例为17.0%，沙尘天气导致的平均超标天数比例为0.7%，轻度污染天数比例为14.7%，重度污染天数比例为2.0%，没有出现严重污染天数，重度及以上污染天数比例比2021年下降了0.2个百分点。在汾渭平原的11个城市中，空气质量优良的天数比例为50.4%~87.4%，平均为65.2%，较2021年下降了5.0个百分点。平均超标天数比例为34.8%，沙尘天气导致的平均超标天数比例为4.4%，轻度污染天数比例为27.6%，中度污染天数比例为5.1%，重度污染天数比例为1.7%，严重污染天数比例为0.4%，重度及以上污染天数比例相较于2021年下降了1.0个百分点。

2023年，《生态环境部通报10月和1—10月全国环境空气质量状况》数据显示，2023年前10个月，中国339个地级及以上城市的平均空气质量优良天数比例为85.1%，比2022年同期下降了1.2个百分点，但比2019年同期上升了2.9个百分点。平均重度及以上污染天数比例为1.6%，比上年同期上升了0.8个百分点，不过比2019年同期下降了0.1个百分点。PM2.5的平均浓度为28微克/米^3，同比上升了3.7%，但比2019年同期下降了17.6%。O_3的平均浓度为147微克/米^3，同比下降了1.3%，比2019年同期下降了2.6%。PM10的平均浓度为51微克/米^3，同比上升了6.2%。SO_2、NO_2和CO的平均浓度分别为8微克/米^3、20微克/米^{3}和1.0毫克/米^3，与2022年同期保持不变。[1]

（三）土壤环境现状

根据生态环境部发布的《2022中国生态环境状况公报》，我国对土壤环境风险的管控取得基本成效，土壤污染恶化趋势已初步得到控制。农用地的安全利用率保持在90%以上，农用地土壤环境整体状况保持稳定，主要影响农用地土壤环境质量的污染物为重金属。同时，重点建设用地的安全利用

---

[1] 《生态环境部通报10月和1—10月全国环境空气质量状况》，中华人民共和国生态环境部网站，2023年11月20日，https://www.mee.gov.cn/ywdt/xwfb/202311/t20231120_1056839.shtml。

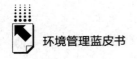

也得到有效保障。根据《"十四五"土壤、地下水和农村生态环境保护规划》，国家土壤环境监测网每隔五年完成一轮监测工作。截至2022年底，包括北京、上海、江苏、浙江、福建、湖南、广东、广西、贵州、云南和海南在内的11个省（区、市）的国家土壤环境质量总体保持稳定。2019年的全国耕地质量等级调查评价结果显示，全国耕地质量平均等级为4.76等，其中1~3等、4~6等和7~10等耕地面积分别占总耕地面积的31.24%、46.81%和21.95%。2021年的水土流失动态监测成果显示，全国水土流失面积为267.42万平方千米，其中水力侵蚀面积为110.58万平方千米，风力侵蚀面积为156.84万平方千米。按侵蚀强度划分，轻度、中度、强烈、极强烈和剧烈侵蚀面积分别占全国水土流失总面积的64.4%、16.6%、7.4%、5.5%和6.1%。根据第六次全国荒漠化和沙化调查结果，全国荒漠化土地面积为257.37万平方千米，沙化土地面积为168.78万平方千米。岩溶地区第四次石漠化调查结果显示，岩溶地区现有石漠化土地面积为722.3万公顷。

（四）固体废物和再生资源现状

综合考虑《中华人民共和国固体废物污染环境防治法》及我国固体废物的来源，本报告从一般工业固体废物、城市生活垃圾、危险废物三方面介绍我国固体废物的现状。此外，本报告还介绍了我国再生资源情况。

1. 一般工业固体废物

生态环境部公布的《2022中国生态环境状况公报》对2022年全国一般工业固体废物的数据进行了初步统计，结果显示，全国一般工业固体废物的产生量达到41.1亿吨，其中，综合利用量为23.7亿吨，处置量为8.9亿吨。

2. 城市生活垃圾

《中国统计年鉴2022》数据显示，2021年，我国城市生活垃圾清运量为24869.2万吨，无害化处理厂数量为1407座，依处理类型分为卫生填埋场、焚烧发电厂和其他，分别是542座、583座和282座。全国每日的城市生活垃圾无害化处理能力达到了105.7万吨，其中，通过焚烧方式处理的日能力大约为7.2万吨。在全年范围内，共处理了24839.3万吨的城市生活垃坂，使得无害化处理率高达 99.9%。在生活垃圾清运量方面，广东以 3288.6万吨居全国首位，其次是江苏（1903.6 万吨）、山东（1769.0 万吨）、浙江（1531.1 万吨）和四川（1267.6 万吨），这些省的垃圾清运量在全国范围内名列前茅。①

3. 危险废物

根据生态环境部发布的《2022 中国生态环境状况公报》，初步统计，全国大约有 6 万家企事业单位产生的危险废物量达到或超过 10 吨，这些单位申报的危险废物总量约为 1 亿吨。截至 2022 年底，全国有 6000 多家单位获得了危险废物经营许可证，而全国每年的危险废物集中利用和处置能力约为1.8 亿吨。

4. 再生资源

根据中国物资再生协会发布的《中国再生资源回收行业发展报告（2022）》② 和《中国再生资源回收行业发展报告（2023）》③，截至 2021年底，我国废钢铁、废有色金属、废塑料、废纸、废轮胎、废弃电器电子产品、报废机动车、废旧纺织品、废玻璃、废电池（铅酸电池除外）十个品种再生资源回收总量约为 3.81 亿吨，同比增长 2.4%，其中废塑料、废纸、报废机动车、废旧纺织品、废电池（铅酸电池除外）的同比增长率均超过了 10%。2022 年，十个品种再生资源回收总量约为 3.71 亿吨，同比下降 2.6%，其中废玻璃、废旧纺织品和废弃电器电子产品的回收量降幅较为明显，同比分别下降 15.4%、12.6% 和 10.4%。2020~2021 年、2021~2022 年我国主要品种再生资源回收量及占比情况分别见图 4、图 5。

---

① 《中国统计年鉴 2022》，国家统计局网站，2022 年 9 月，http：//www.stats.gov.cn/sj/ndsj/2022/indexch.htm。

② 《中国再生资源回收行业发展报告（2022）》，中国物资再生协会网站，2022 年 10 月，http：//www.crra.com.cn/detail/9941。

③ 《中国再生资源回收行业发展报告（2023）》，中国物资再生协会网站，2023 年 7 月，http：//www.crra.com.cn/detail/11758。

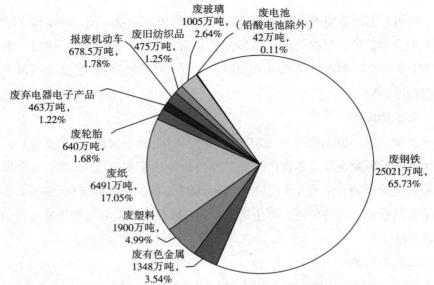

图 4 2020~2021 年我国主要品种再生资源回收量及占比情况

注：图中数据之和约为 100%，因资料来源中的数据如此，故不做修改。

资料来源：《中国再生资源回收行业发展报告（2022）》，中国物资再生协会网站，2022 年 10 月，http://www.crra.com.cn/detail/9941。

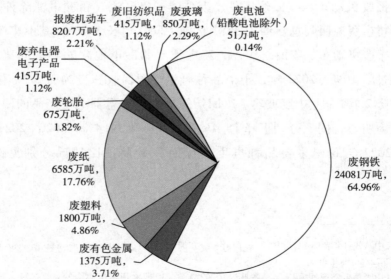

图 5 2021~2022 年我国主要品种再生资源回收量及占比情况

注：图中数据之和约为 100%，因资料来源中的数据如此，故不做修改。

资料来源：《中国再生资源回收行业发展报告（2023）》，中国物资再生协会网站，2023 年 7 月，http://www.crra.com.cn/detail/11758。

（五）声环境现状

根据《2022 中国生态环境状况公报》数据，2022 年我国地级及以上城市的声环境功能区昼间达标率达到了 96.0%，比 2021 年上升了 0.6 个百分点；夜间达标率为 86.6%，比 2021 年上升了 3.7 个百分点。昼间的达标率普遍高于夜间。在不同类别的声环境功能区中，3 类功能区的昼间达标率较高，而 4a 类功能区的夜间达标率较低。与 2021 年相比，各类功能区的昼间达标率上升了 0.2~1.2 个百分点，夜间达标率上升了 1.5~4.9 个百分点。在 2022 年，地级及以上城市区域的昼间等效声级平均值为 54.0 分贝，与 2021 年基本持平。2022 年城市区域的声环境总体水平显示，被评为一级的城市占比为 5.0%，较 2021 年上升了 0.1 个百分点；被评为二级的城市占比为 66.3%，同比上升了 4.6 个百分点；被评为三级的城市占比为 27.2%，同比下降了 4.3 个百分点；被评为四级的城市占比为 1.2%，同比下降了 0.7 个百分点；被评为五级的城市占比为 0.3%，同比上升了 0.3 个百分点。城市道路交通的声环境总体水平显示，2022 年昼间等效声级平均值为 66.2 分贝，较 2021 年下降了 0.3 分贝。在昼间噪声强度方面，2022 年被评为一级的城市占比为 77.8%，同比上升了 6.2 个百分点；被评为二级的城市占比为 19.8%，同比下降了 4.9 个百分点；被评为三级的城市占比为 2.1%，同比下降了 0.7 个百分点；被评为四级的城市占比为 0.3%，同比下降了 0.6 个百分点。2022 年没有被评为五级的城市，与 2021 年相同。2021~2022 年全国城市昼间区域声环境质量、道路交通声环境质量各级别城市比例分别见图 6 和图 7。

生态环境部 2022 年 11 月发布《2022 年中国噪声污染防治报告》。该报告数据显示，2021 年全国地级及以上城市"12345"市民服务热线以及生态环境、住房和城乡建设、公安、交通运输、城市管理综合行政执法等部门合计受理的噪声投诉举报约 401 万件（统计口径进行了调整），其中社会生活噪声投诉举报占 57.9%，建筑施工噪声投诉举报占 33.4%，工业噪声投诉举报占 4.5%，交通运输噪声投诉举报占 4.2%。生态环境部全国生态环境投诉举报平台共接到公众举报 45 万余件，其中噪声扰民问题占全部举报的

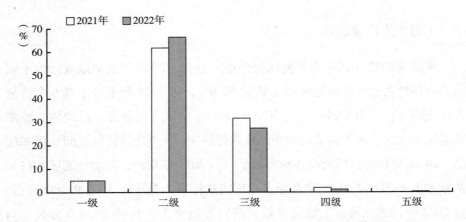

图 6 2021~2022 年全国城市昼间区域声环境质量各级别城市比例

资料来源：《2022 中国生态环境状况公报》，中华人民共和国生态环境部网站，2023 年 5 月 24 日，https：//www. mee. gov. cn/hjzl/sthjzk/zghjzkgb/202305/P020230529570623593284. pdf。

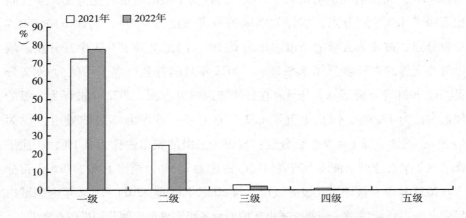

图 7 2021~2022 年全国城市昼间道路交通声环境质量各级别城市比例

资料来源：《2022 中国生态环境状况公报》，中华人民共和国生态环境部网站，2023 年 5 月 24 日，https：//www. mee. gov. cn/hjzl/sthjzk/zghjzkgb/202305/P020230529570623593284. pdf。

45.0%，噪声污染居各环境污染要素的第 2 位。中央生态环境保护督察组共受理山西、辽宁、吉林等 17 个省（区、市）生态环境投诉问题约 6.6 万件，其中噪声问题约占 22.5%。据不完全统计，省级生态环境保护督察组共受理北京、辽宁、浙江等 9 个省（区、市）生态环境投诉问题约 3.4 万件，其中噪声问题约占 14.6%。噪声污染防治涉及生态环境、住房和城乡建设、公安、交通运输、城市管理综合行政执法等诸多部门，需要各部门分工负责，协调联动，共同推动。①

（六）海洋环境现状

根据《2022 中国生态环境状况公报》的数据，2022 年夏季，我国管辖的海域中，达到Ⅰ类水质标准的海域面积占比为 97.4%，较 2021 年下降了 0.3 个百分点，具体到各个海域，渤海、黄海、东海和南海中未达到第一类水质标准的海域面积分别为 24650 平方千米、13710 平方千米、28940 平方千米和 9540 平方千米。与 2021 年相比，渤海和黄海中未达标的海域面积有所增加，而东海和南海则有所减少。总体来看，2022 年全国近岸海域的水质呈现改善的趋势，优良（Ⅰ、Ⅱ类）水质海域面积的比例为 81.9%，比 2021 年上升了 0.6 个百分点；劣Ⅳ类水质海域面积的比例为 8.9%，比 2021 年下降了 0.7 个百分点。主要超标污染物为无机氮和活性磷酸盐。在地区分布上，与 2021 年相比，天津、江苏、上海、浙江和广西的近岸海域海水优良水质面积比例有所上升，福建、广东和海南基本持平，而辽宁、河北和山东有所下降。在劣Ⅳ类水质面积比例方面，河北、天津、上海、浙江和广西有所下降，江苏、福建、广东和海南基本持平，辽宁和山东有所上升。2022 年，面积超过 100 平方千米的 44 个海湾中，有 10 个海湾在春、夏、秋三季均保持了优良水质，而有 20 个海湾在三季中均未出现劣Ⅳ类水质。2022 年夏季，管辖海域中呈现富营养状态的海域面积为 28770 平方千米，较 2021 年减少了 1400 平方千米。其中，轻度、中度和重度富营养状态的海域面积分别为 12900 平方千米、6940 平方千米和 8930 平方千米。重度富营养状态的海域主要集中在辽东湾、长江口、杭州湾和珠江口等近岸海域。

在 2022 年的海洋垃圾监测中，通过目测发现海上漂浮垃圾平均密度为

---

① 《2022 年中国噪声污染防治报告》，中华人民共和国生态环境部网站，2022 年 11 月 16 日，https：//www.mee.gov.cn/hjzl/sthjzjk/hjzywr/202211/t20221116_1005052.shtml。

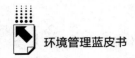

每平方千米 65 个；而通过表层水体拖网监测的海上漂浮垃圾平均密度更大，达到每平方千米 2859 个，平均质量密度为 2.8 千克/千米^2。在这些海上漂浮垃圾中，塑料类垃圾占了绝大多数，比例达到 86.2%；其次是木制品类垃圾和纸制品类垃圾，分别占 6.4% 和 6.0%。塑料类垃圾主要包括泡沫、塑料绳、塑料袋、塑料碎片、塑料薄膜和塑料瓶等。对海底垃圾的监测发现，海底垃圾的平均密度为每平方千米 2947 个，平均质量密度为 54.7 千克/千米^2。塑料类垃圾在海底垃圾中是数量最多的，占比为 86.8%，木制品类垃圾和金属类垃圾分别占 5.7% 和 3.8%。海底的塑料类垃圾主要由塑料绳和塑料袋组成。

根据《2022 中国海洋生态环境状况公报》数据，2022 年，我国对 124 个管辖海域的点位以及 13 个核电基地附近的海洋环境进行了放射性监测。监测结果表明，管辖海域海水中天然放射性核素的活度浓度保持在正常本底水平，人工放射性核素的活度浓度未发现异常，锶-90 和铯-137 的活度浓度远低于海水水质标准的限值。在近岸海域的海洋生物中，天然放射性核素的活度浓度也保持在正常本底水平，人工放射性核素的活度浓度未发现异常，锶-90 和铯-137 的活度浓度低于《食品中放射性物质限制浓度标准》（GB 14882—1994）所规定的限制浓度。核电基地周围海域的海水、沉积物、海洋生物等环境介质中放射性核素的活度浓度等与设施活动相关的指标总体上处于近年来的正常波动范围内。评估结果显示，各核电厂的运行对公众造成的辐射剂量远低于国家规定的剂量限值，因此未对环境安全以及公众健康产生任何影响。[1]

（七）气候变化现状

中国气象局 2023 年 2 月发布《2022 年中国气候公报》。该公报数据显示，2022 年，全国平均气温为 10.51℃，较常年气温高 0.62℃，除冬季气

---

① 《2022 中国海洋生态环境状况公报》，中华人民共和国生态环境部网站，2023 年 5 月 24 日，https：//www.mee.gov.cn/hjzl/sthjzk/jagb/202305/P020230529583634743092.pdf。

温略低外，春、夏、秋三季气温均为历史同期最高；全国平均降水量为606.1毫米，较常年少5%，冬春季降水较多、夏秋季较少，夏季平均降水量为1961年以来历史同期第二少。①

根据《2022中国生态环境状况公报》数据，2022年，全国洪水和干旱交叠并发。全国共经历了38次区域性暴雨事件，导致28个省（区、市）的624条河流出现超警以上的洪水，其中89条河流发生了超保洪水；主要江河发生了10次编号洪水，珠江流域出现了两次较大的流域性洪水。特别是北江发生了自1915年以来的最大洪水，辽河也发生了自1995年以来的最大洪水。此外，有27个省（区、市）遭受干旱，包括珠江流域冬春旱、黄淮海和西北地区春夏旱，以及长江流域夏秋连旱，其中长江流域夏秋连旱是自1961年有完整实测记录以来最严重的气象水文干旱，长江干流和洞庭湖、鄱阳湖都在汛期出现历史同期最低水位。在西北太平洋和南海共生成25个台风（中心附近最大风力≥8级），接近常年平均值25.1个，其中有4个台风登陆中国，比常年的7.1个少3.1个。全国共发生38次区域性强对流天气事件。高温天气（日最高气温≥35℃）出现的天数为14.3天，比常年同期多了6.3天，为历史同期最高纪录。全国共经历35次冷空气过程（包括寒潮过程11次），冷空气和寒潮过程均多于常年，其中寒潮过程多6次。北方地区共出现8次沙尘天气过程，比2000~2021年同期平均值（10.7次）少2.7次，其中沙尘暴过程1次。

（八）生物多样性现状

《2022中国生态环境状况公报》从生态系统多样性、物种多样性、遗传多样性等方面对生物多样性的现状进行了介绍。

1.生态系统多样性

中国拥有丰富多样的自然生态系统，包括森林、草地、荒漠、湿地、海

---

① 《2022年中国气候公报》，中国气象局网站，2023年2月6日，https：//www.cma.gov.cn/2011xwzx/2011qxxw/2011qxyw/202302/t20230206_5292349.html。

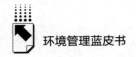

岛、海湾、红树林、珊瑚礁、海草床、河口和上升流等多种类型，还有农田、城市等人工和半人工生态系统。

2. 物种多样性

2022 年更新的《中国生物物种名录》共记录了 138293 个生物分类单位，包括 125034 个物种和 13259 个种下单元。在物种中，动物界有 63886种，植物界有 39188 种，细菌界有 463 种，色素界有 1970 种，真菌界有16369 种，原生动物界有 2503 种，以及病毒界有 655 种。在《国家重点保护野生动物名录》中，共有 980 种野生动物和 8 类动物群体被列入保护范围，其中包括 234 种和 1 类国家一级保护野生动物，以及 746 种和 7 类国家二级保护野生动物。一些中国特有的珍稀动物，如大熊猫、海南长臂猿、普氏原羚、褐马鸡、长江江豚、长江鲟和扬子鳄等，都在保护名录之列。《国家重点保护野生植物名录》记录了 455 种野生植物和 40 类植物群体，其中54 种和 4 类为国家一级保护野生植物、401 种和 36 类为国家二级保护野生植物。中国特有的一些珍稀植物，如百山祖冷杉、水杉、霍山石斛和云南沉香等，也被列入保护名录。

3. 遗传多样性

据不完全统计，中国有 528 类 1339 个栽培作物，经济树种超过 1000种，原产观赏植物种类达到 7000 种，家养动物品种为 948 个。截至 2022 年底，中国长期保存的农作物种质资源超过 53 万份，此外，还有 568 个畜禽地方品种。

三 中国环境管理现状

（一）水治理现状

2022 年 6 月 11 日，生态环境部、国家发展和改革委员会（简称"国家发展改革委"）、自然资源部、水利部四部门联合印发《黄河流域生态环境保护规划》，该规划是落实《黄河流域生态保护和高质量发展规划纲要》

"1+N+X" 要求的专项规划，是指导黄河流域当前和今后一个时期生态环境保护工作，制定实施相关规划方案、政策措施和工程项目建设的重要依据。该规划涉及的地区包括黄河干支流所经过的青海、四川、甘肃、宁夏、内蒙古、山西、陕西、河南和山东的相关县级行政区，国土面积约为 130 万平方公里。该规划提出，到 2030 年，生态环境质量明显改善；到 2035 年，生态环境全面改善；到 21 世纪中叶，生态安全格局全面形成。①

2022 年 8 月 5 日，为贯彻实施黄河流域生态保护和高质量发展国家重大战略，深入打好污染防治攻坚战，生态环境部联合其他相关部门印发《黄河生态保护治理攻坚战行动方案》。该行动方案旨在通过一系列攻坚措施，实现黄河流域生态系统质量和稳定性逐步提高，确保干流及主要支流的生态流量，持续改善水环境质量，显著提高污染治理的效果，有效控制生态环境风险，基本构建大保护、大治理的格局。该行动方案提出，到 2025 年，黄河流域森林覆盖率达到 21.58%，水土保持率达到 67.74%，退化天然林修复 1050 万亩，沙化土地综合治理 136 万公顷，地表水达到或优于Ⅲ类水体比例达到 81.9%，地表水劣Ⅴ类水体基本消除，黄河干流上中游（花园口以上）水质达到Ⅱ类，县级及以上城市集中式饮用水水源水质达到或优于Ⅲ类水体比例不低于 90%，县级城市建成区黑臭水体消除比例达到 90%以上。②

2022 年 8 月 31 日，生态环境部联合相关部门印发《深入打好长江保护修复攻坚战行动方案》。该行动方案的实施范围涵盖长江经济带的 11 个省（区、市），以及长江干流、支流和湖泊形成的集水区域所涉及的青海、西藏、甘肃、陕西、河南、广西的相关县级行政区域。行动的主要目的是，到 2025 年底，长江流域总体水质保持优良，干流水质保持Ⅱ类；饮用水安全保障水平持续提升；重要河湖生态用水得到有效保障，水生态质量明显提

① 《〈关于印发黄河流域生态环境保护规划〉的通知》，中华人民共和国生态环境部网站，2022年 6 月 28 日，https://www.mee.gov.cn/ywgz/zcghtjdd/ghxx/202206/t20220628_987021.shtml。
② 《关于印发〈黄河生态保护治理攻坚战行动方案〉的通知》，中华人民共和国生态环境部网站，2022 年 8 月 5 日，https://www.mee.gov.cn/xxgk2018/xxgk/xxgk03/202209/t20220905_993227.html。

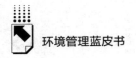
升；长江经济带县城生活垃圾无害化处理率达到 97% 以上；县级城市建成区黑臭水体基本消除；化肥农药利用率提高到 43% 以上。①

2022 年 12 月 16 日，为全面推进入河入海排污口排查、监测、溯源、整治及监督管理各项任务，有效管控入河入海污染物排放，生态环境部联合水利部印发了《关于贯彻落实〈国务院办公厅关于加强入河入海排污口监督管理工作的实施意见〉的通知》。该实施意见的核心目的是深入理解加强排污口监督的重要性，从而落实实施意见，分步推动排查整治工作，依法依规进行审批备案，强化事中和事后监管，加速信息化建设。该实施意见提出，到 2023 年底，各省需完成对主要流域干流、重要支流（水体）、重点湖泊和海湾的排污口排查，实现 80% 溯源和 30% 整治任务；对流域海域局审批权限范围外的入河排污口设置审批，并将由各省级生态环境部门负责确定行政区域内的分级审批权限；到 2024 年底，各省应基本完成上述排污口溯源，完成 70% 的整治任务；到 2025 年底前，全面完成《国务院办公厅关于加强入河入海排污口监督管理工作的实施意见》要求的各项目标任务。省级生态环境部门、各流域海域局每年 1 月底前，通过信息化平台向生态环境部报送上年度排污口监督管理工作情况。②

2022 年 12 月 29 日，生态环境部联合相关部门发布《关于公布 2022 年区域再生水循环利用试点城市名单的通知》。该通知明确指出，在选择 19个区域再生水循环利用试点城市时，已经综合考量了申报城市的工作基础、实施意愿以及推广示范效果等因素，从而确定了试点城市名单，要求省级生态环境部门会同发展和改革、住房城乡建设、水利等有关部门，指导试点地方根据《关于印发〈区域再生水循环利用试点实施方案〉的通知》要求做好试点各项工作，统筹项目内容和建设时序，加强资金政策保障，深化部门

① 《关于印发〈深入打好长江保护修复攻坚战行动方案〉的通知》，中华人民共和国生态环境部网站，2022 年 8 月 31 日，https://www.mee.gov.cn/xxgk2018/xxgk/xxgk03/202209/t20220919_994278.html。
② 《关于贯彻落实〈国务院办公厅关于加强入河入海排污口监督管理工作的实施意见〉的通知》，中华人民共和国生态环境部网站，2022 年 12 月 16 日，https://www.mee.gov.cn/xxgk2018/xxgk/xxgk05/202301/t20230109_1012078.html。

协作联动，加快推进项目建设，及早发挥试点效益。试点城市名单包括天津市滨海新区，山西省晋城市、运城市，内蒙古自治区包头市、鄂尔多斯市，浙江省台州市，安徽省宿州市，福建省莆田市，山东省烟台市、临沂市，河南省郑州市、开封市，湖南省株洲市，四川省内江市，陕西省延安市、榆林市，甘肃省张掖市、白银市，宁夏回族自治区银川市。①

2023年4月21日，为落实《水污染防治法》《长江保护法》《黄河保护法》等有关规定，生态环境部联合相关部门印发《重点流域水生态环境保护规划》，统筹水资源、水环境、水生态治理，推动重要江河湖库生态保护治理的具体行动。该规划以改善水生态环境质量为核心，持续深入打好碧水保卫战，大力推进美丽河湖保护与建设，为2035年基本实现美丽中国建设目标奠定良好基础；界定了长江、黄河等七大流域及东南诸河、西北诸河、西南诸河三大片区的总体水生态环境保护布局，并通过关键水体来具体实施并细化保护要点。此外，该规划还从为人民群众提供良好生态产品、巩固深化水环境治理、积极推动水生态保护、着力保障河湖基本生态用水、有效防范水环境风险五个方面明确规划的重点任务。②

2023年6月5日，生态环境部联合相关部门印发《长江流域水生态考核指标评分细则（试行）》。该细则专注于长江流域的显著生态环境问题，建立了以水生态系统健康为核心的考核指标体系。该体系以水生态系统健康、水生境保护、水环境保护和水资源保障为支柱，同时对河流、湖泊、水库进行分类评估。长江流域水生态考核范围为青海、四川、西藏、云南、重庆、湖北、湖南、江西、安徽、江苏、上海、甘肃、陕西、河南、贵州、广西、浙江17个省（区、市），涉及长江干流、主要支流、重点湖泊和水库等50个水体。该细则规定，2022~2024年在长江流域17个省（区、市）开

---

① 《生态环境部等4部委联合印发〈关于公布2022年区域再生水循环利用试点城市名单的通知〉》，中华人民共和国生态环境部网站，2023年3月17日，https://www.mee.gov.cn/ywgz/ssthjbh/swrgl/202303/t20230317_1019904.shtml。

② 《生态环境部等5部门联合印发〈重点流域水生态环境保护规划〉》，中华人民共和国生态环境部网站，2023年4月21日，https://www.mee.gov.cn/ywgz/ssthjbh/zdlybhxf/202304/t20230421_1027897.shtml。

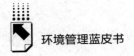
展水生态考核试点并确定考核基数，2025年开展第一次考核。试点期间，根据每年的水生态监测数据开展评价考核试算，并结合实际评估效果修改完善评分细则。①

2023年6月7日，为落实《电子工业水污染物排放标准》管控要求，防治环境污染，推动电子工业水污染防治技术进步，生态环境部发布的《电子工业水污染防治可行技术指南》（HJ 1298—2023）于7月1日起正式实施。该指南按照《污染防治可行技术指南编制导则》要求，针对电子工业废水类型和特点，从源头预防、过程控制、末端治理全过程提出了可规模应用的废水污染预防及治理可行技术和环境安全管理措施。②

2023年入汛以来，一些地方出现极端降雨过程，引发洪涝和地质灾害，给饮用水水源环境监管带来了新挑战。2023年8月11日，生态环境部印发《关于加强汛期饮用水水源环境监管工作的通知》，要求各地迅即采取有效措施，为切实防范汛期和退水期发生重大水污染事件，全力保障饮用水水源环境安全。该通知提出应根据汛期特点，完善重点河流环境应急"一河一策一图"，细化饮用水水源地环境应急措施，储备应急物资，有效提升应急处置能力。③

2023年8月30日，为推动地方深入开展黑臭水体整治，让治理成果更多更好地惠及城乡群众，生态环境部印发《关于进一步做好黑臭水体整治环境保护工作的通知》。在各地区、各部门共同努力下，到2022年底，我国地级及以上城市黑臭水体基本消除，县级城市黑臭水体消除比例达到40%。与此同时，一些地方黑臭水体的治理仍然面临挑战，存在治理范围不完整、

---

① 《关于印发〈长江流域水生态考核指标评分细则（试行）〉的通知》，中华人民共和国生态环境部网站，2023年6月5日，https：//www. mee. gov. cn/xxgk2018/xxgk/xxgk05/202308/t20230824_1039240. html。

② 《〈电子工业水污染防治可行技术指南〉正式实施》，中华人民共和国生态环境部网站，2023年11月4日，https：//www. mee. gov. cn/ywgz/ssthjbh/zdgcszbz/202311/t20231104_1055037. shtml。

③ 《生态环境部印发通知要求各地加强汛期饮用水水源环境监管工作》，中华人民共和国生态环境部网站，2023年8月11日，https：//www. mee. gov. cn/ywdt/hjywnews/202308/t20230811_1038405. shtml。

采取措施不精确、管理机制不完善等问题，对整治成效产生影响。①

2023 年 8 月 31 日，为指导各地推进排污口整治与规范化建设，生态环境部印发《入河入海排污口监督管理技术指南　整治总则》（简称《整治总则》）和《入河入海排污口监督管理技术指南　入河排污口规范化建设》两项标准。两项标准是落实《国务院办公厅关于加强入河入海排污口监督管理工作的实施意见》要求、构建 "1+N" 入河入海排污口监督管理体系的重要技术文件。《整治总则》对入河入海排污口的整治工作提出总体要求、工作流程、整治方案的编制内容，详细划分了 "依法取缔一批、清理合并一批、规范整治一批" 的具体情形、技术要点和销号标准；同时，为了明确责任、便于维护和加强监督，《整治总则》针对不同类型的入河入海排污口制定了包括标识牌设置、监测采样点、检查井设置以及档案建设在内的技术规范。两项标准的发布对各地开展排污口整治、加强规范化建设具有重要指导作用，有利于加快提升环境治理能力和治理体系现代化水平。②

2023 年 10 月 23 日，为落实《国务院办公厅关于加强入河入海排污口监督管理工作的实施意见》，规范入河入海排污口监督管理，生态环境部批准国家生态环境标准《入河入海排污口监督管理技术指南　名词术语》（HJ 1310—2023），该标准自 2023 年 11 月 1 日起实施。该标准规定了与入河入海排污口类型划分和监督管理相关的基础名词术语及其定义。该标准适用于入河入海排污口监督管理工作。入河入海排污口监督管理相关的其他生态环境标准使用的术语和定义，应遵循该标准规定。③

---

① 《生态环境部水生态环境司负责同志就〈关于进一步做好黑臭水体整治环境保护工作的通知〉答记者问》，中华人民共和国生态环境部网站，2023 年 8 月 30 日，https：//www.mee.gov.cn/ywdt/zbft/202308/t20230830_1039768.shtml。
② 《生态环境部发布〈入河入海排污口监督管理技术指南　整治总则〉等 2 项标准》，中华人民共和国生态环境部网站，2023 年 9 月 15 日，https：//www.mee.gov.cn/ywgz/ssthjbh/swrgl/202309/t20230915_1041025.shtml。
③ 《关于发布国家生态环境标准〈入河入海排污口监督管理技术指南　名词术语〉的公告》，中华人民共和国生态环境部网站，2023 年 10 月 23 日，https：//www.mee.gov.cn/xxgk2018/xxgk/xxgk01/202310/t20231027_1044116.html。

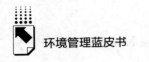

（二）大气治理现状

2022 年 11 月 10 日，生态环境部联合相关部门发布《关于印发〈深入打好重污染天气消除、臭氧污染防治和柴油货车污染治理攻坚战行动方案〉的通知》。该行动方案遵循精准科学和依法治污的基本原则，针对不同季节的特点，秋冬季重点解决 PM2.5 和重污染天气、夏季聚焦臭氧、全年紧抓对柴油货车开展攻坚；科学确定攻坚重点地区、对象、措施；严格依法治理、依法监管，反对"一刀切""运动式"攻坚。该行动方案的主要目标是，到 2025 年，全国重度及以上污染天气基本消除；PM2.5 和臭氧协同控制取得积极成效，臭氧浓度增长趋势得到有效遏制；柴油货车污染治理水平显著提高，移动源大气主要污染物排放总量明显下降。①

2022 年 12 月 28 日，为落实《中共中央 国务院关于深入打好污染防治攻坚战的意见》《"十四五"节能减排综合工作方案》的要求，强化 PM2.5 和臭氧协同控制，降低原油、成品油码头和油船挥发性有机物（VOCs）排放，推进《储油库大气污染物排放标准》（GB 20950—2020）、《油品运输大气污染物排放标准》（GB 20951—2020）等标准实施，生态环境部联合交通运输部发布《关于推进原油成品油码头和油船挥发性有机物治理工作的通知》。该通知强调，应提高认识，将原油成品油码头和油船作为当前挥发性有机物治理的重要领域；倒排工期，按标准要求推进油气回收设施建设；船岸协同，严格落实油气回收设施运行维护要求；鼓励试点，积极支持回收油品资源化定向利用；压实企业主体责任，确保油气回收设施安全运营；部门协作，强化指导帮扶和监督管理。②

---

① 《关于印发〈深入打好重污染天气消除、臭氧污染防治和柴油货车污染治理攻坚战行动方案〉的通知》，中华人民共和国生态环境部网站，2022 年 11 月 10 日，https：//www.mee.gov.cn/xxgk2018/xxgk/xxgk03/202211/t20221116_1005042.html。
② 《关于推进原油成品油码头和油船挥发性有机物治理工作的通知》，中华人民共和国生态环境部网站，2022 年 12 月 28 日，https：//www.mee.gov.cn/xxgk2018/xxgk/xxgk03/202212/t20221230_1009138.html。

2023 年 2 月 9 日，为防治生态环境污染、改善生态环境质量，以及规范环境空气和无组织排放监控点空气中挥发性有机物的测定方法，生态环境部制定《环境空气 65 种挥发性有机物的测定 罐采样/气相色谱-质谱法》（HJ 759—2023）。该标准规定了测定环境空气和无组织排放监控点空气中 65 种挥发性有机物的罐采样/气相色谱-质谱法，于 8 月 1 日起实施。该标准首次发布于 2015 年，此次是对《环境空气 挥发性有机物的测定 罐采样/气相色谱-质谱法》（HJ 759—2015）的第一次修订。[①]

2023 年 2 月 9 日，为规范固定污染源废气中烟气黑度的测定方法，生态环境部制定颁发《固定污染源废气 烟气黑度的测定 林格曼望远镜法》（HJ 1287—2023）。该标准规定了测定固定污染源废气中烟气黑度的林格曼望远镜法。[②]

2023 年 6 月 12 日，为履行《关于消耗臭氧层物质的蒙特利尔议定书》，加快推动含氢氯氟烃物质的淘汰，按照《消耗臭氧层物质管理条例》有关规定，生态环境部、工业和信息化部共同制定并发布了《中国消耗臭氧层物质替代品推荐名录》。该名录明确了被替代物质及替代品的用途类型和主要应用领域，突出了替代品臭氧层友好和绿色低碳的双重属性。[③]

2023 年 11 月 4 日，为积极应对气候变化，履行《〈关于消耗臭氧层物质的蒙特利尔议定书〉基加利修正案》，实现 2024 年氢氟碳化物（HFCs）生产和使用量冻结在基线值的履约目标，根据《消耗臭氧层物质管理条例》，生态环境部发布了《2024 年度氢氟碳化物配额总量设定与分配方案》。

---

① 《环境空气 65 种挥发性有机物的测定 罐采样/气相色谱-质谱法》，中华人民共和国生态环境部网站，2023 年 2 月 9 日，https://www.mee.gov.cn/ywgz/fgbz/bz/bzwb/jcffbz/202303/t20230314_1019446.shtml。
② 《固定污染源废气 烟气黑度的测定 林格曼望远镜法》，中华人民共和国生态环境部网站，2023 年 2 月 9 日，https://www.mee.gov.cn/ywgz/fgbz/bz/bzwb/jcffbz/202303/t20230314_1019449.shtml。
③ 《关于印发〈中国消耗臭氧层物质替代品推荐名录〉的通知》，中华人民共和国生态环境部网站，2023 年 6 月 12 日，https://www.mee.gov.cn/xxgk2018/xxgk/xxgk06/202306/t20230614_1033678.html。

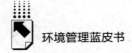

该方案提到，一是在以二氧化碳当量总量配额控制目标下，进一步按品种分配生产配额和备用生产配额，保持我国对《关于消耗臭氧层物质的蒙特利尔议定书》受控物质实施配额许可政策的连续性，有利于稳定市场预期，引导相关行业高质量发展；以二氧化碳当量为单位分配进口配额，在保障进口贸易灵活性的同时，满足国内相关行业进口需求。二是按需分配配额。考虑到 2024 年是冻结年，未来可能存在市场变化，部分配额本次暂未分配，生态环境部在 2024 年根据履约工作进展和相关行业需求，及时协商有关部门研究此部分配额分配方法，在不突破 2024 年全年总配额的前提下进行二次分配，包括用于增加配额发放量和半导体、泡沫等重点领域 HFCs 使用量等，充分保障相关行业发展需求。[1]

（三）土壤治理现状

2022 年 1 月 25 日，生态环境部联合相关部门印发《农业农村污染治理攻坚战行动方案（2021—2025 年）》，该行动方案全面部署了持续打好农业农村污染治理攻坚战的总体要求、主要任务和保障措施。作为生态环境保护"八个标志性战役"之一，农业农村污染治理攻坚战对促进农业农村绿色低碳发展和加强农村生态文明建设具有重大意义。该行动方案立足"三农"的实际情况和发展需要设立了主要目标：到 2025 年，农村环境整治水平得到显著提升，农业面源污染得到初步管理和控制，农村生态环境持续改善。新增完成 8 万个行政村环境整治，农村生活污水治理率达到 40%，基本消除较大面积农村黑臭水体；化肥农药使用量持续减少，主要农作物化肥、农药利用率均达到 43%，农膜回收率达到 85%；畜禽粪污综合利用率达到 80% 以上。[2]

2023 年 2 月 9 日，为规范土壤和沉积物中 15 种酮类和 6 种醚类化合物

① 《关于印发〈2024 年度氢氟碳化物配额总量设定与分配方案〉的通知》，中华人民共和国生态环境部网站，2022 年 11 月 4 日，https：//www. mee. gov. cn/xxgk2018/xxgk/xxgk05/202311/t20231107_1055295. html。

② 《关于印发〈农业农村污染治理攻坚战行动方案（2021—2025 年）〉的通知》，中华人民共和国生态环境部网站，2022 年 1 月 25 日，https：//www. mee. gov. cn/xxgk2018/xxgk/xxgk03/202201/t20220129_968575. html。

的测定方法以及土壤和沉积物中毒杀芬的测定方法，生态环境部制定《土壤和沉积物　15 种酮类和 6 种醚类化合物的测定　顶空/气相色谱—质谱法》（HJ 1289—2023）和《土壤和沉积物　毒杀芬的测定　气相色谱—三重四极杆质谱法》（HJ 1290—2023），自 8 月 1 日起实施。①

2022 年 5 月 24 日，为落实《地下水管理条例》规定，完善地下水污染防治标准体系，指导和规范地下水污染防治工作，生态环境部制定了《地下水污染可渗透反应格栅技术指南（试行）》《地下水污染地球物理探测技术指南（试行）》《污染地下水抽出—处理技术指南（试行）》《地下水污染同位素源解析技术指南（试行）》。②

2022 年 7 月 7 日，为贯彻落实《中华人民共和国土壤污染防治法》（简称《土壤污染防治法》），加强建设用地土壤污染状况调查工作的监督管理，指导做好过程质量控制，推动提高调查工作质量，生态环境部制定了《建设用地土壤污染状况初步调查监督检查工作指南（试行）》《建设用地土壤污染状况调查质量控制技术规定（试行）》。③

2022 年 11 月 28 日，为贯彻落实《土壤污染防治法》《工矿用地土壤环境管理办法（试行）》有关规定，指导和规范纳入土壤污染重点监管单位名录的炼焦化学工业企业依法做好土壤污染隐患排查工作，生态环境部组织编制了《炼焦化学工业企业土壤污染隐患排查技术指南》。④

---

① 《土壤和沉积物　15 种酮类和 6 种醚类化合物的测定　顶空/气相色谱—质谱法》《土壤和沉积物　毒杀芬的测定　气相色谱—三重四极杆质谱法》，中华人民共和国生态环境部网站，2023 年 2 月 9 日，https：//www.mee.gov.cn/ywgz/fgbz/bz/bzwb/jcffbz/202303/t20230314_1019453.shtml；https：//www.mee.gov.cn/ywgz/fgbz/bz/bzwb/jcffbz/202303/t20230314_1019454.shtml。

② 《关于印发〈地下水污染可渗透反应格栅技术指南（试行）〉等 4 项技术文件的通知》，中华人民共和国生态环境部网站，2022 年 5 月 24 日，https：//www.mee.gov.cn/xxgk2018/xxgk/xxgk05/202206/t20220613_985372.html。

③ 《关于印发〈建设用地土壤污染状况初步调查监督检查工作指南（试行）〉〈建设用地土壤污染状况调查质量控制技术规定（试行）〉的公告》，中华人民共和国生态环境部网站，2022 年 7 月 7 日，https：//www.mee.gov.cn/xxgk2018/xxgk/xxgk01/202207/t20220715_988807.html。

④ 《关于印发〈炼焦化学工业企业土壤污染隐患排查技术指南〉的通知》，中华人民共和国生态环境部网站，2022 年 11 月 28 日，https：//www.mee.gov.cn/xxgk2018/xxgk/xxgk06/202212/t20221206_1007024.html。

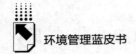

2022 年 12 月 21 日，为贯彻落实《土壤污染防治法》，指导建设用地土壤污染修复活动，规范并合理确定建设用地土壤污染修复目标值，生态环境部组织制定了《建设用地土壤污染修复目标值制定指南（试行）》。该指南规定了确定建设用地土壤污染修复目标值的基本原则、确定方式等要求，适用于采用修复方式管控建设用地土壤污染对人体健康的风险，保障人居环境安全的土壤污染修复目标值的确定。①

2023 年 8 月 31 日，为贯彻落实《地下水管理条例》有关规定，指导和规范地下水污染防治重点区划定工作，生态环境部会同水利部、自然资源部组织制定了《地下水污染防治重点区划定技术指南（试行）》。②

2023 年 10 月 23 日，为贯彻落实《地下水管理条例》《"十四五"土壤、地下水和农村生态环境保护规划》等要求，规范地下水环境背景值统计表征工作，生态环境部组织制定了《地下水环境背景值统计表征技术指南（试行）》。该指南适用于地下水超标成因判定等需开展地下水环境背景值统计表征工作的情形。③

2023 年 11 月 2 日，生态环境部组织制定了《地下水生态环境监管系统数据编码及目录要求（试行）》。该文件的编制目的是规范和指导地下水生态环境监管系统统一数据编码和目录，实现数据资源互联、互通、互享。适用于地下水生态环境监管系统数据的采集、汇总及共享。已有地下水生态环境监管系统可参照该文件执行。④

---

① 《关于印发〈建设用地土壤污染修复目标值制定指南（试行）〉的通知》，中华人民共和国生态环境部网站，2022 年 12 月 21 日，https：//www. mee. gov. cn/xxgk2018/xxgk/xxgk06/202212/t20221228_1008936. html。

② 《关于印发〈地下水污染防治重点区划定技术指南（试行）〉的通知》，中华人民共和国生态环境部网站，2023 年 8 月 31 日，https：//www. mee. gov. cn/xxgk2018/xxgk/xxgk06/202309/t20230913_1040809. html。

③ 《关于印发〈地下水环境背景值统计表征技术指南（试行）〉的通知》，中华人民共和国生态环境部网站，2023 年 10 月 23 日，https：//www. mee. gov. cn/xxgk2018/xxgk/xxgk06/202310/t20231027_1044123. html。

④ 《关于印发〈地下水生态环境监管系统数据编码及目录要求（试行）〉的通知》，中华人民共和国生态环境部网站，2023 年 11 月 2 日，https：//www. mee. gov. cn/xxgk2018/xxgk/xxgk06/202311/t20231107_1055325. html。

（四）固体废物治理现状

为贯彻落实习近平总书记关于黄河流域生态保护和高质量发展的重要讲话和重要指示批示精神，切实推动黄河流域生态保护和高质量发展，2021年5月，生态环境部开展黄河流域固体废物倾倒排查整治工作，及时消除环境污染隐患，保障黄河流域生态环境安全。黄河流域"清废行动"充分利用无人机和卫星遥感影像，并结合群众信访举报线索，沿用长江经济带"清废行动"的"遥感排查—分批交办—地方整改—专家帮扶—遥感再看"工作模式，推动非现场监管执法，提高执法效能。根据工作安排，黄河流域"清废行动"拟用2年完成，其中2021年排查整治内蒙古、四川、甘肃、青海、宁夏5省（自治区）。①

2022年3月27日，为防治环境污染，改善生态环境质量，规范和指导锰渣的环境管理，生态环境部发布关于国家生态环境标准《锰渣污染控制技术规范》（HJ 1241—2022）的公告，该标准自2022年10月1日起实施，适用于对标准实施后新产生的锰渣进行全过程污染控制，可作为与锰渣预处理、利用、充填、回填和填埋有关建设项目的环境影响评价、环境保护设施设计、竣工环境保护验收、排污许可管理、清洁生产审核等的技术参考。该标准实施前堆存锰渣的利用、充填和回填等过程中的污染控制也适用该标准。②

2022年4月6日，生态环境部发布《尾矿污染环境防治管理办法》。该办法自2022年7月1日起施行，适用于中华人民共和国境内尾矿的污染环境防治及其监督管理，放射性尾矿不适用该办法。该办法规定，在尾矿产生过程中，应当建立尾矿环境管理台账，翔实记载生产运营过程中产生的尾矿种类、

---

① 《生态环境部公布2021年黄河流域"清废行动"工作开展情况》，中华人民共和国生态环境部网站，2022年1月18日，https：//www.mee.gov.cn/ywdt/xwfb/202201/t20220118_967382.shtml。

② 《生态环境部固体废物与化学品司有关负责人就〈锰渣污染控制技术规范〉答记者问》，中华人民共和国生态环境部网站，2022年3月31日，https：//www.mee.gov.cn/ywdt/zbft/202203/t20220331_973215.shtml。

数量、流向、贮存、综合利用等信息；同时应记录尾矿库污染防治设施的建设和运行情况、环境监测情况、污染隐患排查治理情况、突发环境事件应急预案及其落实情况等信息；尾矿运输过程采用传送带方式输送尾矿的，应当采取封闭等措施；通过车辆运输尾矿的，应当采取遮盖等措施。该办法还新增了尾矿库分类分级环境监督管理和尾矿库污染隐患排查治理两项尾矿贮存制度。①

2022 年 4 月 24 日，为落实《中共中央　国务院关于深入打好污染防治攻坚战的意见》和《"十四五"时期"无废城市"建设工作方案》，生态环境部联合相关部门根据各省（区、市）推荐情况，综合考虑城市基础条件、工作积极性和国家相关重大战略安排等因素，确定并发布了"十四五"时期开展"无废城市"建设的城市名单，包括 31 个省（区、市），此外，雄安新区、兰州新区、光泽县、兰考县、昌江黎族自治县、大理市、神木市、博乐市 8 个特殊地区参照"无废城市"建设要求一并推进。②

2022 年 5 月 20 日，为提升尾矿库污染隐患排查与整治效果，确保尾矿库环境安全，防止和降低尾矿库可能引发的环境风险，生态环境部制定了《尾矿库污染隐患排查治理工作指南（试行）》。该指南的编制目的是贯彻落实尾矿库环境管理制度要求，提升尾矿库污染隐患的排查与治理水平，确保环境安全，并推动尾矿库污染隐患排查治理的制度化和常态化。该指南旨在指导生态环境部门组织开展尾矿库污染隐患排查治理和监督管理工作，并为尾矿库运营和管理单位提供指导，以便后续开展尾矿库污染隐患自查和治理。贮存放射性尾矿的尾矿库适用放射性污染防治有关法律法规的规定，不适用该指南。③

---

① 《尾矿污染环境防治管理办法》，中华人民共和国生态环境部网站，2022 年 4 月 6 日，https：//www. mee. gov. cn/xxgk2018/xxgk/xxgk02/202204/t20220411_974191. html。

② 《关于发布"十四五"时期"无废城市"建设名单的通知》，中华人民共和国生态环境部网站，2022 年 4 月 24 日，https：//www. mee. gov. cn/xxgk2018/xxgk/xxgk06/202204/t20220425_975920. html。

③ 《关于印发〈尾矿库污染隐患排查治理工作指南（试行）〉的通知》，中华人民共和国生态环境部网站，2022 年 5 月 20 日，https：//www. mee. gov. cn/xxgk2018/xxgk/xxgk01/202205/t20220526_983457. html。

2022 年 5 月 31 日，为防治环境污染，改善生态环境质量，规范和指导废塑料的环境管理，生态环境部发布《废塑料污染控制技术规范》（HJ 364—2022）。该技术规范自 2022 年 5 月 31 日起实施，是废塑料全生命周期污染防治的重要依据，规定了废塑料产生、收集、运输、贮存、预处理、再生利用和处置等过程的污染控制和环境管理要求。该技术规范是对《废塑料回收与再生利用污染控制技术规范（试行）》（HJ/T 364—2007）的修订。修订的主要内容是衔接最新管理要求，填补管理空白；强化全生命周期管理和环境风险防控要求；适应废塑料再生行业发展需求，明确化学再生污染控制要求。①

2022 年 6 月 20 日，为指导和规范产生危险废物的单位制定危险废物管理计划、建立危险废物管理台账和申报危险废物有关资料，加强危险废物规范化环境管理，生态环境部发布国家生态环境标准《危险废物管理计划和管理台账制定技术导则》（HJ 1259—2022），该标准自 2022 年 10 月 1 日起实施。②

2022 年 12 月 30 日，生态环境部批准《危险废物识别标志设置技术规范》（HJ 1276—2022）为国家生态环境标准，2023 年 1 月 20 日，生态环境部与国家市场监督管理总局联合印发《环境保护图形标志—固体废物贮存（处置）场》（GB 15562.2—1995）修改单，均自 2023 年 7 月 1 日起实施。以修改单的形式对《环境保护图形标志—固体废物贮存（处置）场》进行修订目的是使其更适应当前的环境管理需求，增强危险废物识别标志的规范性和提升信息化管理的水平。出台规范和修改单是贯彻落实党中央、国务院深入打好污染防治攻坚战决策部署的重要举措，对加强相关单位的环境风险防范意识，提升危险废物环境监管能力，保障公众健康，维护生态安全具有

---

① 《废塑料污染控制技术规范》，中华人民共和国生态环境部网站，2022 年 5 月 31 日，https：// www.mee.gov.cn/ywgz/fgbz/bz/bzwh/gthw/qtxgbz/202206/t20220607_984652.shtml。

② 《关于发布国家生态环境标准〈危险废物管理计划和管理台账制定技术导则〉的公告》，中华人民共和国生态环境部网站，2022 年 6 月 20 日，https：//www.mee.gov.cn/xxgk2018/ xxgk/xxgk01/202206/t20220630_987159.html。

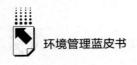
重要意义。①

2023 年 1 月 13 日，为进一步加强进口货物的固体废物属性鉴别工作，生态环境部联合海关总署发布《进口货物的固体废物属性鉴别程序》。该程序自 2023 年 1 月 16 日起实施，《关于发布进口货物的固体废物属性鉴别程序的公告》（生态环境部、海关总署公告 2018 年第 70 号）同时废止。该程序适用于海关发现进口货物疑似固体废物时，需开展固体废物属性鉴别的情形。其他有关执法部门及机构因工作需要，需委托鉴别机构开展进口货物固体废物属性鉴别的，可参照该程序执行。②

2023 年 5 月 29 日，为深入贯彻习近平生态文明思想和习近平法治思想，持续保持打击环境违法犯罪高压态势，巩固专项行动成果，最高检联合公安部、生态环境部发布 7 件依法严惩危险废物环境罪典型案例。③

2023 年 11 月 6 日，为深化危险废物规范化环境管理评估（简称"规范化评估"），强化危险废物全过程信息化环境管理，严密防控危险废物环境风险，生态环境部发布《关于进一步加强危险废物规范化环境管理有关工作的通知》。④

2023 年 11 月 6 日，为巩固提升试点工作成效，生态环境部发布《关于继续开展小微企业危险废物收集试点工作的通知》。试点工作要求与《关于开展小微企业危险废物收集试点的通知》（环办固体函〔2022〕66 号）一

---

① 《生态环境部固体废物与化学品司负责人就〈危险废物识别标志设置技术规范〉和〈环境保护图形标志—固体废物贮存（处置）场〉修改单答记者问》，中华人民共和国生态环境部网站，2023 年 2 月 25 日，https：//www.mee.gov.cn/ywdt/zbft/202302/t20230225_1017554.shtml。

② 《关于发布进口货物的固体废物属性鉴别程序的公告》，中华人民共和国生态环境部网站，2023 年 1 月 13 日，https：//www.mee.gov.cn/xxgk2018/xxgk/xxgk01/202301/t20230117_1013566.html。

③ 《最高检、公安部、生态环境部相关部门负责人答记者问：严厉惩治危险废物污染环境犯罪　切实打好污染防治攻坚战》，中华人民共和国中央人民政府网站，2023 年 5 月 29 日，https：//www.gov.cn/zhengce/202305/content_6883596.htm。

④ 《关于进一步加强危险废物规范化环境管理有关工作的通知》，中华人民共和国生态环境部网站，2023 年 11 月 6 日，https：//www.mee.gov.cn/xxgk2018/xxgk/xxgk05/202311/t20231108_1055528.html。

致，试点时间延长至 2025 年 12 月 31 日。①

2023 年 11 月 23 日，为贯彻落实《中华人民共和国固体废物污染环境防治法》（简称《固废法》）、《强化危险废物监管和利用处置能力改革实施方案》（简称《改革方案》）有关要求，加强废铅蓄电池污染防治，促进产业结构优化升级，推动废铅蓄电池跨省（区、市）转移便捷化，生态环境部发布《关于开展优化废铅蓄电池跨省转移管理试点工作的通知》。试点时间从 2023 年 11 月 27 日起至 2025 年 12 月 31 日止。在全国范围内选择一批环境管理表现优异、技术装备领先、污染防治设施完善且达到一定水平的再生铅企业，作为优化废铅蓄电池跨省转移管理的试点对象。该通知是贯彻落实《固废法》《改革方案》等法规政策要求的重要举措。开展试点工作有利于加强废铅蓄电池污染防治，推动危险废物跨省（区、市）转移便捷化，切实减轻企业负担，促进废铅蓄电池利用企业提升环境管理水平和技术进步，也为探索推进简化危险废物跨省（区、市）转移利用审批程序积累可复制推广的经验。②

（五）噪声治理现状

2021 年是"十四五"开局之年，噪声污染防治进入了新阶段，《中华人民共和国噪声污染防治法》的颁布进一步健全了噪声污染防治法律法规，《中华人民共和国国民经济和社会发展第十四个五年规划和 2035 年远景目标纲要》提出"加强环境噪声污染治理"的明确要求，《中共中央 国务院关于深入打好污染防治攻坚战的意见》提出"实施噪声污染防治行动，加快解决群众关心的突出噪声问题"等攻坚任务，生态文明建设不断深入推进。随着中央生态环境保护督察工作持续开展，"我为群众办实事"党史学习教

---

① 《关于继续开展小微企业危险废物收集试点工作的通知》，中华人民共和国生态环境部网站，2023 年 11 月 6 日，https://www.mee.gov.cn/xxgk2018/xxgk/xxgk06/202311/t20231113_1055765.html。
② 《关于开展优化废铅蓄电池跨省转移管理试点工作的通知》，中华人民共和国生态环境部网站，2023 年 11 月 23 日，https://www.mee.gov.cn/xxgk2018/xxgk/xxgk06/202311/t20231127_1057401.html。

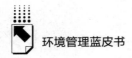

育实践活动全面落实，噪声污染防治工作得到推进。我国政府和地方政府遵循以规划为指导、预防为主、控制传播、保护受体的噪声污染治理策略，在加强法规制度构建、提升规划引领能力、改进声环境功能区划分与调整、不断推进噪声监测技术、加大噪声污染防治宣传和信息公开力度、促进噪声科学研究和产业发展等多个方面开展了大量工作。针对工业噪声、建筑施工噪声、交通运输噪声和社会生活噪声，各级政府采取多种防治举措，持续推动声环境质量改善。①

2021年12月24日，十三届全国人大常委会第三十二次会议审议通过《中华人民共和国噪声污染防治法》（简称《噪声污染防治法》），自2022年6月5日起施行。继《环境保护法》和水、大气、固体废物、土壤等污染防治法实施之后，《噪声污染防治法》成为党的十八大以来修订的又一部重要生态环境保护法律。《噪声污染防治法》的实施，是用最严格制度和最严密法治保护生态环境的生动实践，将为防治噪声污染、保障公众健康、保护和改善生活环境、维护社会和谐、推进生态文明建设、促进经济社会可持续发展提供重要法治遵循。②

2023年8月4日，为完善排污许可技术支撑体系，指导和规范排污许可证中工业噪声相关内容的申请与核发工作，生态环境部批准《排污许可证申请与核发技术规范　工业噪声》（HJ 1301—2023）为国家生态环境标准，该标准自2023年10月1日起实施。该技术规范是落实《噪声污染防治法》和《"十四五"噪声污染防治行动计划》的重要举措。③

2023年9月29日，为贯彻落实《噪声污染防治法》《排污许可管理条例》，依法实施工业噪声排污许可管理，生态环境部发布《关于开展工业噪

① 《2022年中国噪声污染防治报告》，中华人民共和国生态环境部网站，2022年11月，https：//www.mee.gov.cn/hjzl/sthjzk/hjzywr/202211/t20221116_1005052.shtml。
② 《2022年中国噪声污染防治报告》，中华人民共和国生态环境部网站，2022年11月，https：//www.mee.gov.cn/hjzl/sthjzk/hjzywr/202211/W020221116716100586404.pdf。
③ 《关于发布国家生态环境标准〈排污许可证申请与核发技术规范　工业噪声〉的公告》，中华人民共和国生态环境部网站，2023年8月4日，https：//www.mee.gov.cn/xxgk2018/xxgk/xxgk01/202308/t20230817_1038755.html。

声排污许可管理工作的通知》。该管理工作的目标是依法逐步将排放工业噪声的企事业单位和其他经营者（简称"排污单位"）纳入排污许可管理，促使排污单位主动申请排污许可证或填写排污登记表格，并计划在"十四五"规划期内，依法将所有工业噪声源纳入排污许可证的管理体系。该通知的实施范围按照《国民经济行业分类》（GB/T 4754）属于工业行业（行业门类为 B、C、D），且依据《固定污染源排污许可分类管理名录（2019年版）》（简称《名录》）属于第 3~99 类应当纳入排污许可管理的排污单位。属于《名录》第 3~99 类之外或者《名录》未作规定但确需纳入排污许可管理的排污单位，省级生态环境主管部门可根据《名录》第八条的规定，提出其工业噪声排污许可管理建议，报生态环境部确定。该通知规定的排污单位排污许可证的申请与核发适用《排污许可证申请与核发技术规范 工业噪声》（HJ 1301—2023）要求。[①]

（六）海洋治理现状

2022 年 1 月 5 日，为进一步提高政治站位，充分认识加强海水养殖生态环境监管对深入打好污染防治攻坚战、推动海水养殖转型升级的重要意义，生态环境部联合农业农村部发布了《关于加强海水养殖生态环境监管的意见》。该意见坚持以问题为引导、以人民环保需求为中心，总体上遵循"根据不同区域和类别、根据当地情况灵活处理、分步骤实施"的差异化监管策略。同时，该意见全面考虑海水养殖业者的经济承受能力和技术实施的可能性，旨在通过高标准的海洋生态环境保护举措来推动海水养殖业的绿色和高质量发展，确保精准、科学、依法治污的各项措施得到有效执行。该意见的主要内容包括严格环评管理和布局优化、实施养殖排污口排查整治、强化监测监管和执法检查、加强政策支持与组织实施 4 个方面 10 项举措，进一步明确了沿海各级生态环境部门和农业农村（渔业）部门加强海水养殖

---

① 《关于开展工业噪声排污许可管理工作的通知》，中华人民共和国生态环境部网站，2023 年 9 月 29 日，https：//www. mee. gov. cn/xxgk2018/xxgk/xxgk05/202310/t20231008_1042513. html。

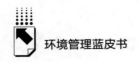

生态环境监管的重点任务。①

2022 年 1 月 29 日，生态环境部联合相关部门发布《关于印发〈重点海域综合治理攻坚战行动方案〉的通知》。《重点海域综合治理攻坚战行动方案》共有三个重点方向：（1）渤海地区以"1+12"沿海城市（天津市，辽宁省大连市、营口市、盘锦市、锦州市、葫芦岛市，河北省秦皇岛市、唐山市、沧州市，山东省滨州市、东营市、潍坊市、烟台市）及渤海范围内管理海域为重点，巩固深化陆海统筹的污染防治成效，加强重点海湾综合治理和美丽海湾建设，构建与高质量发展要求相协调的海洋生态环境综合治理长效机制。（2）长江口—杭州湾地区以"1+6"沿海城市（上海市，江苏省南通市，浙江省嘉兴市、杭州市、绍兴市、宁波市、舟山市）及其管理海域为重点，加强"两省一市"陆海污染源头治理和近岸海域水质改善，保护好重要河口生境，以海洋生态环境高水平保护促进长三角一体化发展。（3）珠江口邻近海域以 6 个沿海城市（广东省深圳市、东莞市、广州市、中山市、珠海市、江门市）及其管理海域为重点，稳步推进近岸海域水质改善和亲海环境质量提升，保护好重要海洋生物及栖息地环境，助力打造宜居宜业宜游的美丽湾区。该行动方案的主要目标是到 2025 年，渤海、长江口-杭州湾、珠江口邻近海域生态环境持续改善，陆海统筹的生态环境综合治理能力明显增强。三大重点海域水质优良（一、二类）比例较 2020 年提升 2 个百分点左右。入海排污口排查整治稳步推进，省控及以上河流入海断面基本消除劣 V 类海域。滨海湿地和岸线得到有效保护，海洋环境风险防范和应急响应能力明显提升，形成一批具有全国示范价值的美丽海湾。②

2022 年 11 月 11 日，为满足有关海域疏浚物的倾倒需求，生态环境部

① 《关于加强海水养殖生态环境监管的意见》，中华人民共和国生态环境部网站，2022 年 1 月 5 日，https：//www. mee. gov. cn/xxgk2018/xxgk/xxgk03/202201/t20220112_966759. html。

② 《关于印发〈重点海域综合治理攻坚战行动方案〉的通知》，中华人民共和国生态环境部网站，2022 年 1 月 29 日，https：//www. mee. gov. cn/xxgk2018/xxgk/xxgk03/202202/t20220217_969303. html。

设立围头湾外倾倒区、浙江大陈北部倾倒区、天津南部倾倒区、黄河口外远海倾倒区 4 个临时性海洋倾倒区。①

2023 年 5 月 6 日，生态环境部启动实施第三次海洋污染基线调查并开展春季航次海上调查工作。此次调查旨在摸清新时期我国海洋生态环境状况的最新"家底"、全面掌握海洋生态环境基本状况及变化规律等。我国分别于 1976~1982 年、1996~2000 年开展了第一次和第二次全国海洋污染基线调查。第三次海洋污染基线调查紧紧围绕"摸清家底、发现问题、分析原因、提出对策"的总体思路，以近岸海域和 283 个海湾为重点，把摸清我国管辖海域环境介质中各类污染物本底状况、精细化掌握各海湾生态环境状况特征和人为活动影响等作为主要目标，统一组织实施、统一时间节点、统一技术规范、统一质控要求、统一数据报送、统一成果集成，形成系统性调查评估成果。调查工作坚持部门协同、上下联动，成立了由相关领域知名院士专家组成的专家咨询组，充分利用生态环境系统内外和沿海地方的优势技术力量，确保调查各项任务的高质量推进。②

（七）气候变化治理现状

1. 温室气体变化

2022 年 2 月 15 日，根据《碳排放权交易管理办法（试行）》相关规定，结合全国碳市场第一个履约周期相关工作安排，就全国碳市场第一个履约周期后续相关工作事项，生态环境部发布了《关于做好全国碳市场第一个履约周期后续相关工作的通知》。一是抓紧时间完成本行政区域全国碳市场第一个履约周期未按时足额清缴配额的重点排放单位的限期改正和处理工作。请组织重点排放单位生产经营场所所在地设区的市级生态环境主管部

---

① 《关于启用围头湾外倾倒区等 4 个临时性海洋倾倒区的公告》，中华人民共和国生态环境部网站，2022 年 11 月 11 日，https：//www.mee.gov.cn/xxgk2018/xxgk/xxgk01/202211/t20221114_1004734.html。
② 《生态环境部启动第三次海洋污染基线调查工作》，中华人民共和国生态环境部网站，2023 年 5 月 6 日，https：//www.mee.gov.cn/ywdt/hjywnews/202305/t20230506_1029163.shtml。

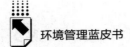

门，于 2022 年 2 月 28 日前完成各行政区域未按时足额清缴配额重点排放单位的责令限期改正，依法立案处罚。二是组织做好各行政区域全国碳市场第一个履约周期重点排放单位配额清缴完成和处理信息公开相关工作。根据《碳排放权交易管理办法（试行）》，对未按时足额缴清碳排放配额的重点排放单位处罚信息，由做出处罚的生态环境主管部门依据《关于在生态环境系统推进行政执法公示制度执法全过程记录制度重大执法决定法制审核制度的实施意见》的相关规定，向社会公布执法机关、执法对象、执法类别、执法结论等信息。①

2022 年 3 月 10 日，为了提升企业温室气体排放数据的管理效率，并加强对数据质量的管理和监督，生态环境部发布了《关于做好 2022 年企业温室气体排放报告管理相关重点工作的通知》，以指导和规范相关工作。该通知提到，2020 年第 2021 年任一年温室气体排放量达 2.6 万吨二氧化碳当量（综合能源消费量约 1 万吨标准煤）及以上的发电行业企业或其他经济组织（火力发电、热电联产、生物质能发电），需要开展 2021 年度温室气体核算和报告工作。符合上述年度排放量要求的自备电厂（不限行业）视同发电行业重点排放单位管理。②

2022 年 6 月 10 日，生态环境部联合相关部门印发《减污降碳协同增效实施方案》。该方案提出到 2025 年和 2030 年的分阶段目标要求，到 2025 年，减污降碳协同推进的工作格局基本形成，重点区域和重点领域结构优化调整和绿色低碳发展取得明显成效，形成一批可复制、可推广的典型经验，减污降碳协同度有效提升；到 2030 年，减污降碳协同能力显著提升，大气污染防治重点区域碳达峰与空气质量改善协同推进取得显著成效，水、土

---

① 《关于做好全国碳市场第一个履约周期后续相关工作的通知》，中华人民共和国生态环境部网站，2022 年 2 月 15 日，https：//www. mee. gov. cn/xxgk2018/xxgk/xxgk06/202202/t20220217_969302. html。

② 《关于做好 2022 年企业温室气体排放报告管理相关重点工作的通知》，中华人民共和国生态环境部网站，2022 年 3 月 10 日，https：//www. mee. gov. cn/xxgk2018/xxgk/xxgk06/202203/t20220315_ 971468. html。

壤、固体废物等污染防治领域协同治理水平显著提高。①

2022年12月19日，为进一步提升碳排放数据质量，完善全国碳排放权交易市场制度机制，增强技术规范的科学性、合理性和可操作性，生态环境部制定了《企业温室气体排放核算与报告指南　发电设施》《企业温室气体排放核查技术指南　发电设施》，指南自2023年1月1日起施行。②

2023年10月19日，为了对全国的温室气体自愿减排交易及其相关活动进行规范化管理，生态环境部与国家市场监管总局联合发布了《温室气体自愿减排交易管理办法（试行）》，该办法是保障全国温室气体自愿减排交易市场有序运行的基础性制度。③

2023年10月24日，为规范全国温室气体自愿减排项目设计、实施、审定和减排量核算、核查工作，根据《温室气体自愿减排交易管理办法（试行）》，生态环境部印发了《温室气体自愿减排项目方法学　造林碳汇（CCER-14-001-V01）》《温室气体自愿减排项目方法学　并网光热发电（CCER-01-001-V01）》《温室气体自愿减排项目方法学 并网海上风力发电（CCER-01-002-V01）》《温室气体自愿减排项目方法学 红树林营造（CCER-14-002-V01）》4项方法学。④

2023年10月27日，为全面反映我国在应对气候变化领域的政策行动和工作情况，向国内外展示中国积极应对气候变化的成效，生态环境部编

---

① 《关于印发〈减污降碳协同增效实施方案〉的通知》，中华人民共和国生态环境部网站，2022年6月10日，https://www.mee.gov.cn/xxgk2018/xxgk/xxgk03/202206/t20220617_985879.html。

② 《关于印发〈企业温室气体排放核算与报告指南　发电设施〉〈企业温室气体排放核查技术指南　发电设施〉的通知》，中华人民共和国生态环境部网站，2022年12月19日，https://www.mee.gov.cn/xxgk2018/xxgk/xxgk06/202212/t20221221_1008430.html。

③ 《生态环境部、市场监管总局联合发布〈温室气体自愿减排交易管理办法（试行）〉》，中华人民共和国生态环境部网站，2023年10月21日，https://www.mee.gov.cn/ywgz/ydqhbh/wsqtkz/202310/t20231021_1043700.shtml。

④ 《关于印发〈温室气体自愿减排项目方法学　造林碳汇（CCER-14-001-V01）〉等4项方法学的通知》，中华人民共和国生态环境部网站，2023年10月24日，https://www.mee.gov.cn/xxgk2018/xxgk/xxgk06/202310/t20231024_1043877.html。

制了《中国应对气候变化的政策与行动 2023 年度报告》，该年度报告介绍了 2022 年以来中国应对气候变化的新进展，总结了中国应对气候变化的新部署、新要求，反映了重点领域控制温室气体排放、适应气候变化、碳市场建设、政策和支撑保障以及积极参与应对气候变化全球治理的进展，并阐述了中国对《联合国气候变化框架公约》第 28 次缔约方大会的基本主张和立场。①

2023 年 11 月 7 日，生态环境部联合相关部门印发《甲烷排放控制行动方案》。该行动方案由甲烷控排面临的形势、总体要求、重点任务、组织实施 4 部分组成。该行动方案的核心目标是，在"十四五"计划期间，逐步构建甲烷排放控制的政策、技术和标准框架，有效提升甲烷排放的统计核算、监测和监管等基础能力，并在甲烷的资源化利用和排放控制方面取得实质性进展。该行动方案还明确，实现种植业和养殖业单位农产品甲烷排放强度的稳定和下降，以及全国城市生活垃圾资源化利用率和城市污泥无害化处置率的持续提高；在"十五五"计划期间，进一步强化甲烷排放控制的政策、技术和标准体系，明显提升甲烷排放统计核算、监测监管等基础能力，有效提高甲烷排放的控制能力和管理水平。此外，该行动方案要求进一步提高煤矿瓦斯的利用效率，并且进一步降低种植业和养殖业单位农产品的甲烷排放强度。②

2.适应气候变化

2022 年 3 月 16 日，国家发展和改革委员会联合相关部门发布《国家发展改革委等部门关于推进共建"一带一路"绿色发展的意见》。该意见的主要目标是到 2025 年，共建"一带一路"生态环保与气候变化国际交流合作不断深化，绿色丝绸之路理念得到各方认可，绿色基建、绿色能源、绿

---

① 《生态环境部发布〈中国应对气候变化的政策与行动 2023 年度报告〉》，中华人民共和国生态环境部网站，2023 年 10 月 27 日，https：//www.mee.gov.cn/ywgz/ydqhbh/wsqtkz/202310/t20231027_1044178.shtml。

② 《生态环境部等 11 部门关于印发〈甲烷排放控制行动方案〉的通知》，中华人民共和国生态环境部网站，2023 年 11 月 7 日，https：//www.mee.gov.cn/xxgk2018/xxgk/xxgk03/202311/t20231107_1055437.html。

色交通、绿色金融等领域务实合作扎实推进，绿色示范项目引领作用更加明显，境外项目环境风险防范能力显著提升，共建"一带一路"绿色发展取得明显成效；到 2030 年，共建"一带一路"绿色发展理念更加深入人心，绿色发展伙伴关系更加紧密，"走出去"企业绿色发展能力显著增强，境外项目环境风险防控体系更加完善，共建"一带一路"绿色发展格局基本形成。①

2022 年 6 月 7 日，生态环境部联合相关部门印发《国家适应气候变化战略 2035》，对当前至 2035 年适应气候变化工作作出统筹谋划部署。该战略提出，到 2025 年，适应气候变化政策体系和体制机制基本形成，气候相关灾害防治体系和防治能力现代化取得重大进展，适应气候变化区域格局基本确立，气候适应型城市建设试点取得显著进展，全社会自觉参与适应气候变化行动的氛围初步形成；到 2030 年，气候变化观测预测、影响评估、风险管理体系基本形成，自然生态系统和经济社会系统气候脆弱性明显降低，适应气候变化技术体系和标准体系基本形成，气候适应型社会建设取得阶段性成效；到 2035 年，气候变化监测预警能力达到同期国际先进水平，气候风险管理和防范体系基本成熟，重特大气候相关灾害风险得到有效防控，全社会适应气候变化能力显著提升，气候适应型社会基本建成。②

2022 年 8 月 1 日，生态环境部联合相关部门印发《工业领域碳达峰实施方案》。该方案旨在"十四五"期间实现产业结构和能源消费结构的显著改善，大幅提高能源资源的利用效率，并成功建设一系列绿色工厂和绿色工业园区。该方案提到，将研究和开发、示范和推广一系列具有显著减排效果的低碳、零碳和负碳技术、工艺、装备和产品，为工业领域实现碳达峰奠定坚实的基础；到 2025 年，规模以上工业单位的能耗强度相较于 2020 年降低

---

① 《国家发展改革委等部门关于推进共建"一带一路"绿色发展的意见》，中华人民共和国生态环境部网站，2022 年 3 月 16 日，https://www.mee.gov.cn/xxgk2018/xxgk/xxgk10/202203/t20220329_972898.html。

② 《生态环境部等 17 部门联合印发〈国家适应气候变化战略 2035〉》，中华人民共和国生态环境部网站，2022 年 6 月 13 日，https://www.mee.gov.cn/ywgz/ydqhbh/syqhbh/202206/t20220613_985408.shtml。

13.5%，单位工业增加值的二氧化碳排放降低幅度将超过全社会平均水平，关键行业的二氧化碳排放强度将显著下降；在"十五五"期间，进一步优化产业结构布局，持续降低工业能耗强度和二氧化碳排放强度，努力实现碳达峰和削减峰值；在工业领域实现碳达峰的基础上，加强碳中和能力，基本构建一个以高效、绿色、循环、低碳为重要特征的现代工业体系，并确保到2030年前工业领域的二氧化碳排放达到峰值。[①]

2023年8月18日，为贯彻落实《国家适应气候变化战略2035》，持续实施《城市适应气候变化行动方案》，积极探索气候适应型城市建设路径和模式，有效提升城市适应气候变化能力，生态环境部决定在前期工作基础上进一步深化气候适应型城市建设试点工作，联合相关部门印发《关于深化气候适应型城市建设试点的通知》。该试点计划旨在2025年之前，挑选出一些基础工作扎实、组织保障有力、预期能够发挥显著示范引领作用的试点城市率先进行气候适应型城市建设的尝试。我国将气候适应型城市建设作为重点工作任务，并纳入其经济社会发展的规划。通过这些试点，基本建立起完善的适应气候变化的工作机制，有效推进重点领域的适应性行动，并在气候适应型城市的建设过程中积累有价值的经验和做法。到2030年，试点城市扩展到100个左右，气候适应型城市建设试点经验得到有效推广并进一步巩固深化，城市适应气候变化理念广泛普及，城市气候变化风险评估和适应气候变化能力明显提升。到2035年，气候适应型城市建设试点经验得到全面推广，地级及以上城市全面开展气候适应型城市建设。[②]

3. 气候变化国际合作

2022年，中华人民共和国生态环境部与哥斯达黎加共和国环境和能源部共同签署《中华人民共和国生态环境部与哥斯达黎加共和国环境和能

---

① 《工业和信息化部　国家发展改革委　生态环境部关于印发工业领域碳达峰实施方案的通知》，中华人民共和国生态环境部网站，2022年7月7日，https：//www.mee.gov.cn/xxgk2018/xxgk/xxgk10/202208/t20220802_990575.html。

② 《关于深化气候适应型城市建设试点的通知》，中华人民共和国生态环境部网站，2023年8月18日，https：//www.mee.gov.cn/xxgk2018/xxgk/xxgk05/202308/t20230825_1039387.html。

源部关于应对气候变化南南合作物资援助的谅解备忘录》。中哥双方应对气候变化南南合作项目是落实习近平主席提出的南南合作"十百千"倡议和"一带一路"应对气候变化南南合作计划的具体举措。根据双方签署的合作谅解备忘录，此次中方援助的电动公交车将为哥方实现低碳交通转型提供助力。①

2022 年 5 月 30 日，中华人民共和国生态环境部与斐济总理办公室共同签署《中华人民共和国生态环境部与斐济总理办公室关于应对气候变化南南合作物资援助的谅解备忘录》。此项目是落实习近平主席提出的面向发展中国家建设 10 个低碳示范区、实施 100 个减缓和适应气候变化项目、提供 1000 个应对气候变化培训名额的"十百千"倡议和"一带一路"应对气候变化南南合作计划的具体举措和可视成果。②

2022 年 5 月 27 日，中华人民共和国生态环境部与基里巴斯共和国总统办公室共同签署《中华人民共和国生态环境部与基里巴斯共和国总统办公室关于应对气候变化南南合作物资援助项目第一期执行协议—户用光伏发电系统子项目》。此次签署的中基应对气候变化南南合作项目光伏物资执行协议是落实习近平主席提出的应对气候变化南南合作"十百千"倡议和"一带一路"应对气候变化南南合作计划的又一具体举措。③

2022 年 11 月 11 日，中国已向《联合国气候变化框架公约》秘书处正式提交了《中国落实国家自主贡献目标进展报告（2022）》。该报告详细记录了自 2020 年中国宣布新的国家自主贡献目标（NDCs）以来，中国在实现

---

① 《中国与哥斯达黎加签署应对气候变化南南合作物资援助谅解备忘录》，中华人民共和国生态环境部网站，2022 年 3 月 2 日，https：//www. mee. gov. cn/ywgz/ydqhbh/qhbhlf/202203/t20220302_970346. shtml。

② 《中国与斐济签署应对气候变化南南合作物资援助谅解备忘录》，中华人民共和国生态环境部网站，2022 年 6 月 3 日，https：//www. mee. gov. cn/ywgz/ydqhbh/qhbhlf/202206/t20220603_984302. shtml。

③ 《中国与基里巴斯签署应对气候变化南南合作光伏物资援助项目第一期执行协议》，中华人民共和国生态环境部网站，2022 年 6 月 2 日，https：//www. mee. gov. cn/ywgz/ydqhbh/qhbhlf/202206/t20220602_984300. shtml。

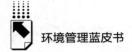

这些目标方面所取得的进展，展示了中国在推动绿色低碳发展、积极应对全球气候变化方面的坚定决心和所付出的努力。报告不仅总结了中国在更新国家自主贡献目标后采取的新战略和措施，还详细阐述了在应对气候变化的顶层设计，以及在工业、城乡建设、交通、农业、全民行动等重点领域减少温室气体排放方面取得的新的成就。此外，报告还归纳了能源绿色低碳转型、生态系统碳汇的巩固与增强、碳市场建设、适应气候变化等方面的成果。报告还包括香港特别行政区（简称"香港特区"）和澳门特别行政区（简称"澳门特区"）应对气候变化的进展。①

2023 年 11 月 15 日，中美双方重申致力于合作并与其他国家共同努力应对气候危机，发表《关于加强合作应对气候危机的阳光之乡声明》。其中提到中美两国回顾、重申并致力于进一步有效和持续实施 2021 年 4 月中美应对气候危机联合声明和 2021 年 11 月中美关于在 21 世纪 20 年代强化气候行动的格拉斯哥联合宣言。中美两国认识到，气候危机对世界各国的影响日益显著。中美两国致力于有效实施《巴黎协定》及其决定，包括《格拉斯哥气候协议》和《沙姆沙伊赫实施计划》。中美两国决定启动"21 世纪 20年代强化气候行动工作组"，开展对话与合作，以加速 21 世纪 20 年代的具体气候行动。中美两国将于《联合国气候变化框架公约》第 28 次缔约方大会（COP28）之前及其后在该工作组下重点加速推进有关能源转型、甲烷和其他非二氧化碳温室气体排放、循环经济和资源利用效率、地方合作、森林、温室气体和大气污染物减排协同、2035 年国家自主贡献和 COP28 等具体行动，特别是切实可行和实实在在的合作计划和项目。②

（八）生物多样性治理现状

2022 年 12 月 19 日，联合国《生物多样性公约》第 15 次缔约方大会

① 《中国落实国家自主贡献目标进展报告（2022）》，中华人民共和国生态环境部网站，2022 年 11 月 11 日，https：//www.mee.gov.cn/ywgz/ydqhbh/qhbhlf/202211/t20221111_1004576.shtml。
② 《关于加强合作应对气候危机的阳光之乡声明》，中华人民共和国生态环境部网站，2023 年 11 月 15 日，https：//www.mee.gov.cn/ywdt/hjywnews/202311/t20231115_1056452.shtml。

（COP15）第二阶段会议 19 日凌晨通过"昆明—蒙特利尔全球生物多样性框架"，各缔约方在框架目标、资源调动、遗传资源数字序列信息（DSI）等关键议题上达成了一致。会议除了"昆明—蒙特利尔全球生物多样性框架"和相关的监测框架，还通过了关于资源调动和技术科学合作及支持其执行的决定、关于规划监测报告和审查机制的决定、关于 DSI 的决定等一揽子文件。①

2023 年 4 月 26 日，十四届全国人大常委会第二次会议表决通过《中华人民共和国青藏高原生态保护法》，法律自 2023 年 9 月 1 日起施行。该法对加强青藏高原生态保护、建设国家生态文明高地具有重要意义。该法的适用范围为西藏自治区、青海省的全部行政区域和新疆维吾尔自治区、四川省、甘肃省、云南省的相关县级行政区域。该法为加强生态保护和修复制定了相关规定，涵盖了雪山、冰川、冻土、河湖、草原、森林、湿地等关键生态系统要素的保护和修复，以及生物多样性的保护。该法特别强调了对三江源等重要生态核心区域的保护，并强化了对青藏高原上珍贵、濒危或特有野生动植物物种的保护措施。此外，该法还规定了建立完善生态廊道、防治水土流失、建设绿色矿山等一系列制度措施。该法规定，在珍贵、濒危或特有野生动植物天然集中分布区和重要栖息地等区域，设立国家公园、自然保护区、自然公园等自然保护地，推动自然保护地的建设，以保持重要自然生态系统的原真性和完整性。同时，该法要求开展野生动植物物种调查，加强野生动物重要栖息地、迁徙洄游通道和野生植物原生境保护，对青藏高原珍贵濒危或者特有野生动植物物种实行重点保护，完善相关名录制度。②

2023 年 5 月 18 日，为掌握生物多样性受威胁状况，加强生物多样性保护，生态环境部和中国科学院联合更新了《中国生物多样性红色名录—脊椎动物卷（2020）》和《中国生物多样性红色名录—高等植物卷（2020）》。

---

① 《"昆明—蒙特利尔全球生物多样性框架"成功通过》，中华人民共和国生态环境部网站，2022 年 12 月 19 日，https：//www.mee.gov.cn/ywdt/hjywnews/202212/t20221219_1008239.shtml。

② 《中华人民共和国青藏高原生态保护法》，中华人民共和国生态环境部网站，2023 年 4 月 27 日，https：//www.mee.gov.cn/ywgz/fgbz/fl/202304/t20230427_1028458.shtml。

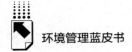
其中，脊椎动物卷包括哺乳类、鸟类、爬行类、两栖类、淡水鱼类五大类，高等植物卷包括苔藓植物、石松类和蕨类植物、裸子植物、被子植物四大类。①

2023 年 11 月 17 日，作为联合国《生物多样性公约》第 15 次缔约方大会的主席国，中国与《联合国防治荒漠化公约》第 15 次缔约方大会的主席国科特迪瓦以及《联合国气候变化框架公约》第 27 次缔约方大会的主席国埃及携手发布了《〈联合国防治荒漠化公约〉〈生物多样性公约〉〈联合国气候变化框架公约〉缔约方大会主席联合声明》。这一声明体现了三个公约主席国在应对全球环境挑战方面的共同立场和合作意志。该联合声明的发布彰显了中国作为第 15 次缔约方大会主席国积极参与全球环境治理、推动全球可持续发展的领导力。②

（九）化学品治理现状

2022 年 1 月 6 日，国务院安全生产委员会（简称"国务院安委会"）印发《全国危险化学品安全风险集中治理方案》，部署各地区、各有关部门和单位自 2022 年 1 月起，利用一年时间开展危险化学品安全风险集中治理工作。该方案明确，各地区、各有关部门和单位要深入贯彻习近平总书记关于安全生产重要论述，强化底线思维和红线意识，统筹好发展和安全，深入分析研判、紧紧扭住抓牢贯彻落实中共中央办公厅、国务院办公厅《关于全面加强危险化学品安全生产工作的意见》和国务院安委会《全国安全生产专项整治三年行动计划》过程中发现的突出矛盾以及国内外典型事故暴露的重大风险隐患，坚持严格监管执法与强化信息技术支撑并重，完善危险化学品安全风险防范化解工作机制，务必做到重大风险隐

---

① 《关于印发〈中国生物多样性红色名录—脊椎动物卷（2020）〉和〈中国生物多样性红色名录—高等植物卷（2020）〉的公告》，中华人民共和国生态环境部网站，2023 年 5 月 18 日，https://www.mee.gov.cn/xxgk2018/xxgk/xxgk01/202305/t20230522_1030745.html。

② 《"里约三公约"主席国共同发布联合声明》，新华网，2023 年 11 月 17 日，https://www.news.cn/world/2023-11/17/c_1129980905.htm。

患排查见底、防范治理措施落实到位，真正从根本上消除事故隐患、从根本上解决问题，坚决防范遏制危险化学品重特大事故，为迎接党的二十大胜利召开营造安全稳定环境。①

2022年3月21日，应急管理部印发《"十四五"危险化学品安全生产规划方案》。该规划方案为"十四五"期间的危险化学品安全生产工作提供了明确的指导思想和基本原则，同时设定了主要目标并制定了具体措施，对全国范围内的危险化学品安全生产工作进行了全面的规划和部署。该规划方案指出"十四五"时期我国危险化学品安全生产仍处于爬坡过坎、攻坚克难的关键期，既具有安全生产形势持续稳定好转的有利条件，也面临新旧风险叠加的严峻挑战。②

2022年3月2日，按照《新化学物质环境管理登记办法》（生态环境部令第12号）和《关于发布〈新化学物质环境管理登记指南〉及相关配套表格和填表说明的公告》（生态环境部公告2020年第51号）的相关要求，生态环境部将已登记的18种符合要求的新化学物质列入《中国现有化学物质名录》，按现有化学物质管理，并对标注新用途环境管理范围的化学物质实施新用途环境管理。③

2022年5月4日，国务院办公厅印发了《新污染物治理行动方案》，该方案的核心目标是到2025年实现一系列环境风险管理目标。具体包括：完成对高关注和高产（用）量化学物质的环境风险筛查，对一批化学物质进行环境风险评估；定期更新并发布重点管控的新污染物清单；对列入重点管控清单的新污染物采取包括禁止、限制和限排在内的环境风险管控措施。有

---

① 《国务院安委会部署开展全国危险化学品安全风险集中治理》，中华人民共和国应急管理部网站，2022年1月6日，https://www.mem.gov.cn/xw/yjglbgzdt/202201/t20220106_406335.shtml。

② 《应急管理部出台"十四五"危险化学品安全生产规划方案》，中华人民共和国应急管理部网站，2022年3月21日，https://www.mem.gov.cn/xw/yjglbgzdt/202203/t20220321_410005.shtml。

③ 《关于已登记新化学物质列入〈中国现有化学物质名录〉（2022年第1批 总第9批）的公告》，中华人民共和国生态环境部网站，2022年3月2日，https://www.mee.gov.cn/xxgk2018/xxgk/xxgk01/202203/t20220307_970789.html。

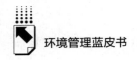

毒有害化学物质环境风险管理法规制度体系和管理机制逐步建立健全，新污染物治理能力明显增强。①

2022 年 6 月 6 日，为规范化学物质环境管理中化学物质测试术语的使用，生态环境部发布国家生态环境标准《化学物质环境管理 化学物质测试术语》（HJ 1257—2022），该标准自 2022 年 6 月 15 日起实施，规定了化学物质环境风险评估中常用的化学物质测试术语和定义，还规定了化学物质环境风险评估中常用的化学物质测试术语和定义适用于化学物质环境风险管理领域中化学物质测试使用的术语。②

2022 年 7 月 7 日，生态环境部颁布了国家生态环境标准《报废机动车拆解企业污染控制技术规范》（HJ 348—2022），旨在规范和指导报废机动车拆解企业的污染防治工作。该标准自 2022 年 10 月 1 日起正式施行。该规范的主要修订内容包括：一是对报废机动车拆解企业的基础设施和拆解过程中的污染控制要求，以及污染物排放要求进行了详细规定；二是增加了对报废机动车拆解企业管理和企业环境监测的新要求；三是新增了对报废电动汽车拆解全过程污染控制的要求；四是新增了附录 A，对报废机动车主要拆解产物的特性和处理去向提出了具体要求。③

2023 年 8 月 25 日，为改善生态环境质量，规范和指导相关行业的健康发展，生态环境部批准《氮肥工业污染防治可行技术指南》（HJ 1302—2023）、《调味品、发酵制品制造工业污染防治可行技术指南》（HJ 1303—2023）、《制革工业污染防治可行技术指南》（HJ 1304—2023）、《制药工业污染防治可行技术指南 原料药（发酵类、化学合成

① 《国务院办公厅关于印发新污染物治理行动方案的通知》，中华人民共和国生态环境部网站，2022 年 5 月 4 日，https：//www.mee.gov.cn/zcwj/gwywj/202205/t20220524_983032.shtml。
② 《关于发布国家生态环境标准〈化学物质环境管理 化学物质测试术语〉的公告》，中华人民共和国生态环境部网站，2022 年 6 月 6 日，https：//www.mee.gov.cn/xxgk2018/xxgk/xxgk01/202206/t20220613_985257.html。
③ 《关于发布国家生态环境标准〈报废机动车拆解企业污染控制技术规范〉的公告》，中华人民共和国生态环境部网站，2022 年 7 月 7 日，https：//www.mee.gov.cn/xxgk2018/xxgk/xxgk01/202207/t20220722_989474.html。

类、提取类）和制剂类》（HJ 1305—2023）、《电镀污染防治可行技术指南》（HJ 1306—2023）5 项标准为国家生态环境标准，标准自 2023 年 11 月 1 日起实施。①

2023 年 10 月 16 日，生态环境部联合相关部门发布《中国严格限制的有毒化学品名录》（2023 年）。名录规定凡进口或出口上述名录所列有毒化学品的，应按《关于发布〈中国严格限制的有毒化学品名录〉（2023 年）的公告》及附件规定向生态环境部申请办理有毒化学品进（出）口环境管理放行通知单，并凭有毒化学品进（出）口环境管理放行通知单向海关办理进出口手续。公告自 2023 年 10 月 18 日起实施。《关于印发〈中国严格限制的有毒化学品名录〉（2020 年）的公告》（生态环境部、商务部和海关总署公告 2019 年第 60 号）同时废止。②

（十）重金属治理现状

2022 年 3 月 7 日，生态环境部印发《关于进一步加强重金属污染防控的意见》。该意见的主要目标是到 2025 年，全国重点行业重点重金属污染物排放量比 2020 年下降 5%，重点行业绿色发展水平较快提升，重金属环境管理能力进一步增强，推进治理一批突出历史遗留重金属污染问题；到 2035 年，建立健全重金属污染防控制度和长效机制，重金属污染治理能力、环境风险防控能力和环境监管能力得到全面提升，重金属环境风险得到全面有效管控。③

① 《关于发布〈氮肥工业污染防治可行技术指南〉等 5 项国家生态环境标准的公告》，中华人民共和国生态环境部网站，2023 年 8 月 25 日，https：//www. mee. gov. cn/xxgk2018/xxgk/xxgk01/202309/t20230926_1041920. html。

② 《关于发布〈中国严格限制的有毒化学品名录〉（2023 年）的公告》，中华人民共和国生态环境部网站，2023 年 10 月 16 日，https：//www. mee. gov. cn/xxgk2018/xxgk/xxgk01/202310/t20231019_1043580. html。

③ 《关于进一步加强重金属污染防控的意见》，中华人民共和国生态环境部网站，2022 年 3 月 7 日，https：//www. mee. gov. cn/xxgk2018/xxgk/xxgk03/202203/t20220315_971552. html。

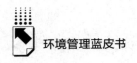
四 2022~2023年环境管理进展

（一）管理政策进展概况

2022年是党和国家历史上极为重要的一年。党的二十大胜利召开，描绘了全面建设社会主义现代化国家的宏伟蓝图。一年来，面对复杂严峻的国内外形势，生态环境部会同有关部门和各地区，坚持以习近平新时代中国特色社会主义思想为指导，深入学习宣传贯彻党的二十大精神，坚定践行习近平生态文明思想，坚持稳中求进工作总基调，统筹疫情防控、经济社会发展和生态环境保护扎实推进美丽中国建设，生态环境保护工作取得来之不易的新成效，全国生态环境质量保持改善态势。①

2023年8月22日，为了确保美丽中国建设的安全底线，有效地应对和妥善处理各类突发环境事件，生态环境部发布了《关于加强地方生态环境部门突发环境事件应急能力建设的指导意见》。该意见强调，应以有效应对突发环境事件为核心，重点提升应急保障、应急准备和响应处置的能力，以此为坚决守住生态环境安全底线、推动经济社会高质量发展提供有力支撑。该意见针对应急保障、应急准备和响应时效3个关键环节，部署了10项具体任务。从加强组织管理、优化支撑队伍、提升专业素质3个方面切实强化应急保障。②

2023年9月19日，为了贯彻落实党中央和国务院的决策安排，进一步加强环境影响评价的要素保障，持续释放改革效能，以高标准的保护促进经济的高质量发展，生态环境部发布了《关于进一步优化环境影响评价工作的意见》。该意见设定了到2025年的主要目标：各项改革试点任务总体完成，生态环境分区

---

① 《2022中国生态环境状况公报》，中华人民共和国生态环境部网站，2023年5月24日，https://www.mee.gov.cn/hjzl/sthjzk/zghjzkgb/202305/P020230529570623593284.pdf。

② 《生态环境部印发〈关于加强地方生态环境部门突发环境事件应急能力建设的指导意见〉》，中华人民共和国生态环境部网站，2023年8月22日，https://www.mee.gov.cn/ywgz/hjyj/gzdt_jyj/202308/t20230822_1039104.shtml。

管控、环境影响评价、排污许可、执法监督等制度之间的衔接更加顺畅，基层审批和评估能力得到进一步提升，信息化支持水平显著增强，事中事后监管水平和企业履行环境影响评价责任的意识持续提高，环境影响评价工作得到进一步优化；到 2027 年，试点成果规范化、制度化取得积极进展，制度合力进一步发挥，源头预防作用进一步提升，守好绿水青山的第一道防线。①

2023 年 10 月 13 日，为规范国家生态环境监测标准预研究工作，依据生态环境标准管理有关规定，生态环境部制定了《国家生态环境监测标准预研究工作细则（试行）》。该细则规定了国家生态环境监测标准预研究工作的程序、内容、时限及其他要求，适用于预研究工作全过程的管理。②

2023 年 10 月 14 日，按照《关于组织开展 2023 年国家环境健康管理试点推荐申报工作的通知》（环办法规函〔2023〕78 号）要求，经地方申报推荐、材料审查、专家评审及公示等程序，生态环境部发布《关于确定2023 年国家环境健康管理试点名单的通知》，确定天津市中新天津生态城等20 个地区（单位）为国家环境健康管理试点地区（单位），试点时限自2024 年 1 月至 2026 年 12 月。③

（二）气候变化、碳达峰、碳中和

近年来，在习近平新时代中国特色社会主义思想特别是习近平生态文明思想指导下，中国完整、准确、全面贯彻新发展理念，加快构建新发展格局，着力推动高质量发展，已将应对气候变化提升为国家治理的重要议题，并实施了积极应对气候变化的国家战略。将碳达峰和碳中和目标纳入生态文明建设整体框架以及经济社会发展全局规划，将减污降碳的协同增效作为推

---

① 《关于进一步优化环境影响评价工作的意见》，中华人民共和国生态环境部网站，2023 年 9 月19 日，https：//www. mee. gov. cn/xxgk2018/xxgk/xxgk03/202309/t20230926_1041906. html。

② 《关于印发〈国家生态环境监测标准预研究工作细则（试行）〉的通知》，中华人民共和国生态环境部网站，2023 年 10 月 13 日，https：//www. mee. gov. cn/xxgk2018/xxgk/sthjbsh/202310/t20231018_1043470. html。

③ 《关于确定 2023 年国家环境健康管理试点名单的通知》，中华人民共和国生态环境部网站，2023年 10 月 14 日，https：//www. mee. gov. cn/xxgk2018/xxgk/xxgk06/202310/t20231017_ 1043316. html。

动经济社会全面绿色转型的关键。自 2021 年以来，中国积极履行《巴黎协定》，增大了国家自主贡献的力度，围绕碳达峰和碳中和目标，有力、有序、有效地推进重点工作，并取得了显著成效。中国已经构建了碳达峰、碳中和的"1+N"政策体系，制定了中长期温室气体排放控制战略，推动全国碳排放权交易市场的建设，并编制实施了国家适应气候变化的战略。据初步核算，2021 年，中国单位国内生产总值（GDP）的二氧化碳排放量比 2020 年降低了 3.8%，与 2005 年相比累计下降了 50.8%。非化石能源在一次能源消费中的占比达到 16.6%，风电和太阳能发电的总装机容量达到了 6.35 亿千瓦。单位 GDP 的煤炭消耗显著下降，森林覆盖率和蓄积量连续 30 年实现"双增长"。此外，全国碳排放权交易市场启动一周年时，碳市场的碳排放配额（CEA）累计成交量达到 1.94 亿吨，累计成交金额为 84.92 亿元。[①]

1. 完善应对气候变化工作的顶层设计

中国已将应对气候变化提升为国家层面的战略，并将其整合到生态文明建设的整体框架以及经济社会发展的全局规划中。在整个碳达峰与碳中和工作的过程中，中国强调了系统观念的重要性，并加强了顶层设计。

加强统筹协调。为了加强对碳达峰与碳中和各项工作的组织领导和统筹协调，中国在 2021 年成立了碳达峰碳中和工作领导小组。同时，各省（区、市）也成立了相应的领导小组，以加强地方层面的碳达峰与碳中和工作的统筹。通过上下联动、统筹有序的工作机制，中国已经建立了一个有效的组织结构来推进实现碳达峰碳中和的目标。

将绿色低碳发展作为国民经济社会发展规划的重要组成部分。在中国的"十四五"规划和 2035 年远景目标纲要中，将"2025 年单位 GDP 二氧化碳排放较 2020 年降低 18%"设定为约束性指标。各省（区、市）在制定"十四五"规划时也均将绿色低碳发展作为核心内容，明确了具体的减排目标和任务。中国已经构建了碳达峰碳中和的"1+N"政策体系，其中"1"代

---

① 《中国应对气候变化的政策与行动 2022 年度报告》，中华人民共和国生态环境部网站，2022 年 10 月，http://www.mee.gov.cn/ywgz/ydqhbh/syqhbh/202210/w02022/027551216559294.pdf。

表中国实现碳达峰碳中和的指导思想和顶层设计，由 2021 年发布的《关于完整准确全面贯彻新发展理念做好碳达峰碳中和工作的意见》和《2030 年前碳达峰行动方案》两个文件组成，明确了碳达峰碳中和工作的具体时间表、路线图和施工图。"N"则涵盖了重点领域和行业的实施方案，以及相关的支撑保障方案，重点领域包括能源、工业、交通运输、城乡建设、农业农村、减污降碳等，而重点行业则包括煤炭、石油天然气、钢铁、有色金属、石化化工、建材等。此外，还有科技支撑、财政支持、统计核算等方面的支撑保障方案。各省（区、市）也根据自身情况制定了碳达峰实施方案。总体来看，这一系列文件构成了一个目标明确、分工合理、措施有力、衔接有序的碳达峰碳中和政策体系，形成了各方面共同推进的良好格局，为实现"双碳"目标提供了持续的工作动力。

2.制定中长期温室气体排放控制战略

2021 年 10 月，中国正式向国际社会提交了《中国落实国家自主贡献成效和新目标新举措》与《中国本世纪中叶长期温室气体低排放发展战略》。这些文件的提交是中国履行《巴黎协定》义务的实际行动，展现了中国在推动绿色低碳发展以及积极应对全球气候变化方面的坚定决心和不懈努力。这些文件提出了中国在实现国家自主贡献目标方面的新目标和新举措，进一步强化了中国在全球气候治理中的积极角色。中国提出了新的国家自主贡献目标是"二氧化碳排放力争于 2030 年前达到峰值，努力争取 2060 年前实现碳中和。到 2030 年，中国单位国内生产总值二氧化碳排放将比 2005 年下降 65% 以上，非化石能源占一次能源消费比重将达到 25% 左右，森林蓄积量将比 2005 年增加 60 亿立方米，风电、太阳能发电总装机容量将达到 12 亿千瓦以上"。[①] 为了实现这些目标，中国从三大方面提出了超过 20 项重要政策和举措，包括统筹有序地推进碳达峰和碳中和、主动适应气候变化、强化支撑保障体系。中国制定了长期温室气体低排放发展战略，面向 2060 年前实

---

① 《中国应对气候变化的政策与行动 2022 年度报告》，中华人民共和国生态环境部网站，2022年 10 月，http://www.mee.gov.cn/ywgz/ydqhbh/syqhbh/202210/w02022/027551216559294.pdf。

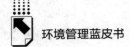

现碳中和，提出了 21 世纪中叶长期温室气体低排放发展的基本方针、战略愿景和技术路径，并部署了经济、能源、工业、城乡建设、交通运输等 10 个方面的战略重点。到 2060 年，中国计划全面建立一个清洁、低碳、安全、高效的能源体系，使能源利用效率达到国际先进水平，并将非化石能源消费比重提高到 80% 以上。这些举措体现了中国在实现碳中和目标方面的长远规划和坚定承诺。

3. 编制实施国家适应气候变化战略

中国一直秉持减缓与适应气候变化并重的原则，积极推动和实施适应气候变化的重大战略。2022 年 5 月，中国发布《国家适应气候变化战略 2035》，提出新时期中国适应气候变化工作的指导思想、主要目标和基本原则，依据各领域、区域对气候变化不利影响和风险的暴露度和脆弱性，划分自然生态系统和经济社会系统两个维度，明确了水资源、陆地生态系统、海洋与海岸带、农业与粮食安全、健康与公共卫生、基础设施与重大工程、城市人居环境、敏感二三产业等重点领域，多层面构建适应气候变化区域格局，将适应气候变化与国土空间规划结合，提出覆盖全国八大区域和京津冀、长江经济带、粤港澳大湾区、长三角、黄河流域等重大战略区域的适应气候变化行动，并进一步健全保障措施，为适应气候变化工作提供了重要指导和依据。①

（三）生产者责任延伸制度

2022 年 1 月 17 日，国家发展和改革委员会联合生态环境部等 6 部门印发《关于加快废旧物资循环利用体系建设的指导意见》。2016 年，国务院办公厅印发《生产者责任延伸制度推行方案》，提出推动实施生产者责任延伸制度，确定中国率先在电器电子、汽车、铅酸蓄电池和包装物 4 类产品中实施生产者责任延伸制度。这一制度要求生产企业通过开展产品生态设计、使用再生原料、规范回收利用、加强信息公开等措施，来切实履行其在资源和

---

① 《中国应对气候变化的政策与行动 2022 年度报告》，中华人民共和国生态环境部网站，2022 年 10 月，https://www.mee.gov.cn/ywgz/ydqhbh/syqhbh/202210/W020221027551216559294.pdf。

环境保护方面的责任。这种做法旨在促使生产者在整个产品生命周期中承担更多的环境责任，从而推动更加可持续的生产和消费模式。工业和信息化部培育包括纺织印染企业在内的一批绿色供应链管理企业，推动印染纺织企业与上下游企业联动，加强印染助剂包装桶等包装及产品的回收利用。①

（四）环境保护督察

2023 年 11 月 21 日，党中央和国务院批准，中央生态环境保护督察组（简称"督察组"）将分批进驻福建、河南、海南、甘肃、青海这 5 个省，启动第三轮第一批中央生态环境保护督察工作。中央生态环境保护督察工作领导小组办公室坚决执行中央的决策部署，精准、科学、依法地推进边督边改，避免采取"一刀切"和"滥问责"的做法，并简化督察接待安排，以减轻基层的工作负担。督察组强调，相关省严禁采取紧急停工、停业、停产等简单粗暴的方式来应对督察，以及"一律关停""先停再说"等敷衍了事的应对措施。这些省在督察组进驻期间，应严格按照"严肃、精准、有效"的原则，实事求是地开展工作，通过必要的问责机制来传导压力、落实责任，并建立长效机制。相关文件明确，中央生态环境保护督察是督察组与有关省共同承担的一项重要政治任务，需要双方以高度的政治责任感共同推进，完整、准确、全面贯彻新发展理念，加快构建新发展格局，着力推动高质量发展。②

（五）排污许可

2023 年 10 月 26 日，为落实《国务院办公厅关于加强入河入海排污口监督管理工作的实施意见》要求，指导入河入海排污口分类、溯源、信息

---

① 《对十三届全国人大五次会议第 5761 号建议的答复》，中华人民共和国生态环境部网站，2022 年 9 月 22 日，https：//www.mee.gov.cn/xxgk2018/xxgk/xxgk13/202301/t20230117_1013407.html。

② 《中央生态环境保护督察工作领导小组办公室致函要求精准科学依法推进边督边改、严禁"一刀切""滥问责"》，中华人民共和国生态环境部网站，2023 年 11 月 21 日，https：//www.mee.gov.cn/ywgz/zysthjbhdc/dcjl/202311/t20231121_1056868.shtml。

采集与交换工作，有效管控入河入海污染物排放，生态环境部发布《入河入海排污口监督管理技术指南　排污口分类》（HJ 1312—2023）、《入河入海排污口监督管理技术指南　溯源总则》（HJ 1313—2023）、《入河入海排污口监督管理技术指南　信息采集与交换》（HJ 1314—2023）3 项国家生态环境标准，标准自 2023 年 11 月 1 日起实施。实施意见明确提出国家有关部门制定排污口监督管理规定及技术规范。以上 3 项标准是实施排污口监督管理实施意见的具体要求，也是构建"1+N"入河入海排污口监督管理体系的关键技术文件。这些标准的发布对于指导和规范各地进行排污口的分类、溯源以及信息采集与交换工作至关重要，有助于加快提高环境治理体系和治理能力的现代化水平。排污口分类标准规定了入河入海排污口的三级分类体系。一级分类与实施意见保持一致，分为工业排污口、城镇污水处理厂排污口、农业排口和其他排口 4 类。在此基础上，排污口进一步细分为 16 个二级分类，并对工矿企业排污口和工矿企业雨洪排口进行了更细致的三级分类，以支持更有效的差别化管理。溯源总则提出了排污口溯源可以采取非现场溯源和现场溯源两种方法，这些方法的应用有助于更准确地识别和追踪污染源，从而有效地进行污染控制和环境管理。实施这些标准可以更好地保护水资源，减少污染物入河入海，促进水环境的持续改善。信息采集与交换规定了排污口监督管理信息采集与交换的总体框架，以及信息采集、信息交换和信息安全要求。[①]

（六）环保科技专项

2023 年 3 月 8 日，十四届全国人大一次会议在北京人民大会堂举行第二次全体会议，根据国务院关于提请审议国务院机构改革方案的议案，重新组建科学技术部（以下简称"科技部"）。根据改革方案，科技部将保留部分国家基础研究和应用基础研究、国家实验室建设、国家科技重大专项等相关职责，其组织拟订科技促进社会发展规划和政策的职责将分别划入国家发

---

① 《关于发布〈入河入海排污口监督管理技术指南　排污口分类〉等 3 项国家生态环境标准的公告》，中华人民共和国生态环境部网站，2023 年 10 月 26 日，https：//www.mee.gov.cn/xxgk2018/xxgk/xxgk01/202311/t20231106_1055238.html。

展和改革委员会、生态环境部、卫健委等部门。此前，《科技支撑碳达峰碳中和实施方案（2022—2030年）》《黄河流域生态保护和高质量发展科技创新实施方案》《"十四五"生态环境领域科技创新专项规划》等重要政策文件均主要由科技部联合其他有关部门完成。科技促进生态环保领域发展相关规划及政策文件或将主要由生态环境部来负责。①

五　中国环境管理重要行动

（一）塑料污染治理

2021年9月8日，《"十四五"塑料污染治理行动方案》进一步完善全链条治理体系，控源头，重回收，抓末端。该方案提出，到2025年，塑料污染治理机制运行更加有效，地方、部门和企业责任有效落实，塑料制品生产、流通、消费、回收利用、末端处置全链条治理成效更加显著。具体措施有源头减量，如大幅减少不合理使用一次性塑料制品。本次公布的方案进一步完善了塑料污染全链条治理体系，进一步细化了塑料使用源头减量，塑料垃圾清理、回收、再生利用、科学处置等方面部署，进一步压紧压实了部门和地方责任，推动塑料污染治理在"十四五"时期取得更大成效。该方案明确了一系列环境保护和健康安全举措。首先，对于生产环节，超薄塑料购物袋（厚度小于0.025毫米）、超薄聚乙烯农用地膜（厚度小于0.01毫米）以及含有塑料微珠的日化产品等，因其对环境和人体健康的潜在危害，将被全面禁止生产；在商品零售、电子商务、外卖、快递、住宿等重点领域，将大力减少不合理使用一次性塑料制品的现象；电商快件将基本实现不再进行二次包装，同时推动可循环快递包装的应用，预计其规模将达到1000万个。在回收与处置方面，该方案要求地级及以上城市根据自身实际情况，建立一套完整的生活垃圾分类投放、收集、运输、处理系统，显著提升塑料废弃物

---

① 《重磅！国务院拟重组科技部，部分职责将划入生态环境部》，环保在线网，2023年3月8日，https：//www.hbzhan.com/news/detail/159644.html。

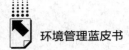

的收集转运效率。全国城镇生活垃圾焚烧日处理能力将提升至约 80 万吨，以大幅减少塑料垃圾的直接填埋量。同时，农膜的回收率达到 85%，确保全国地膜残留量实现零增长。对于清理整治工作，该方案强调了对重点水域、重点景区以及农村地区历史遗留的露天塑料垃圾进行基本清零的要求。由于一次性塑料垃圾具有体积小、重量轻的特点，若被随意丢弃，它们极容易造成江河湖海、农田及风景名胜区的"白色污染"，因此对其进行有效清理和整治显得尤为重要。为补齐塑料垃圾收集处置的短板，该方案在垃圾清理方面，要求重点水域、重点旅游景区、农村地区的历史遗留露天塑料垃圾基本清零。①

2022 年 8 月 16 日，国家发展和改革委员会携手生态环境部等 21 个塑料污染治理专项工作机制成员部门和单位，共同召开了 2022 年全国塑料污染治理工作电视电话会议。会议旨在全面回顾和总结过去一年塑料污染治理工作的成效与进展，深入剖析当前所面临的形势与挑战，并对未来塑料污染治理工作进行精准部署。会议强调，党中央、国务院对塑料污染治理工作给予了高度重视。在各部门和各地区的共同努力下，塑料污染治理体系已初步形成，法律政策标准体系不断完善，执行机制持续强化，全链条治理有序推进。这些措施显著降低了塑料垃圾对环境的潜在风险，有效遏制了环境污染的蔓延。会议要求，要进一步深化对塑料污染治理重要性的认识，对当前形势和问题保持清醒头脑，增强工作的政治自觉、思想自觉和行动自觉。会议指出，要坚持以习近平新时代中国特色社会主义思想为指导，深入贯彻习近平生态文明思想，坚持问题导向和目标导向，遵循客观规律和群众需求，在塑料污染全链条治理的基础上，更加精准地聚焦薄弱环节和关键领域。会议还强调，要以"钉钉子"的精神，切实抓好各项治理任务的落实。在源头上，要科学稳妥地推进减量替代工作；在回收、利用和处置环节，要大力推进规范化操作；同时，要加大对江河湖海水漂垃圾的常态化清理力

---

① 《〈"十四五"塑料污染治理行动方案〉进一步完善全链条治理体系：控源头 重回收 抓末端》，中华人民共和国中央人民政府网站，2021 年 10 月 27 日，https://www.gov.cn/xinwen/2021-10/27/content_5645106.htm。

度，重点解决农膜、外卖、电商、快递等领域的塑料污染问题。此外，我国还将深度参与全球塑料污染治理，为构建人类命运共同体贡献中国智慧和中国方案。要切实加强政策保障和组织实施，强化落实机制、完善法律政策、加强宣传引导，持之以恒、久久为功，积小胜为大胜，推动塑料污染治理取得更大成效，以实际行动迎接党的二十大胜利召开。[①]

2023 年 10 月，联合国环境规划署将环保领域的最高荣誉"地球卫士奖"中的"商界卓识奖"授予中国的"蓝色循环"海洋塑料废弃物治理新模式。这一表彰旨在认可"蓝色循环"模式在减少近岸海域塑料污染方面所做出的杰出贡献。联合国环境规划署在声明中指出，"蓝色循环"模式凭借区块链和物联网等前沿技术，成功实现了海洋塑料废弃物从收集、再生、再制造到再销售的全流程可视化追踪。至今，该模式已成功收集超过 1 万吨的海洋废弃物，成为中国规模最大的海洋塑料废弃物回收项目。"蓝色循环"模式自 2020 年起在中国浙江探索与实践，由沿海民众、船舶以及多家企业共同参与。通过吸引沿海民众参与海洋塑料废弃物的收集工作，政府联合塑料应用企业，设立"蓝色联盟共富基金"进行价值再分配，这一模式不仅有效保护了海洋生态环境，还带动了当地民众经济收益的提高，实现了生态与经济的双重"共赢"。[②]

（二）"无废城市"建设

2021 年 11 月 7 日，《中共中央 国务院关于深入打好污染防治攻坚战的意见》提出，"十四五"时期，推进 100 个左右地级及以上城市开展"无废城市"建设，鼓励有条件的省份全域推进"无废城市"建设。要充分认识此项工作的重要意义，认真总结试点经验，以"无废"为主线，坚持"减

---

① 《国家发展改革委联合有关部门召开 2022 年全国塑料污染治理工作电视电话会议》，中华人民共和国中央人民政府网站，2022 年 8 月 17 日，https：//www.gov.cn/xinwen/2022-08/17/content_5705647.htm。

② 《中国海洋塑料污染治理新模式获联合国"地球卫士奖"》，中华人民共和国中央人民政府网站，2023 年 10 月 30 日，https：//www.gov.cn/yaowen/liebiao/202310/content_6912726.htm。

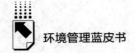

量化、资源化、无害化"这一重要原则，抓住减污降碳协同增效这一关键，拓展和深化"十四五"时期"无废城市"建设工作，助力城市绿色低碳转型。①

2021年12月15日，生态环境部会同相关部门联合制定并印发了《"十四五"时期"无废城市"建设工作方案》，此方案围绕固体废物污染防治的重点领域和关键环节，主要明确了7个方面的任务。

①科学编制实施方案，强化顶层设计引领。重点是加强规划衔接，建立评估考核制度，强化基础设施保障。

②加快工业绿色低碳发展，减轻工业固体废物处置压力。重点是结合工业领域减污降碳要求，加快探索重点行业工业固体废物减量化和"无废矿区""无废园区""无废工厂"建设的路径模式。

③促进农业农村绿色低碳发展，提升主要农业固体废物综合利用水平。重点是发展生态种植、生态养殖，建立农业循环经济发展模式，促进畜禽粪污、秸秆、农膜、农药包装物回收利用。

④推动形成绿色低碳生活方式，促进生活源固体废物减量化、资源化。重点是大力倡导"无废"理念，深入开展垃圾分类，加快构建废旧物资循环利用体系，推进塑料污染全链条治理，推进市政污染源头减量和资源化利用。

⑤加强全过程管理，推进建筑垃圾综合利用。重点是大力发展节能低碳建筑，全面推广绿色低碳建材，推动建筑材料循环利用。

⑥强化监管和利用处置能力，切实防控危险废物环境风险。重点是实施危险废物规范化管理、探索风险可控的利用方式、提升集中处置基础保障能力。

⑦加强制度、技术、市场和监管体系建设，全面提升保障能力。重点是完善部门责任清单、统计、信息披露等制度，加强先进技术的研发应用和标

---

① 《系列解读（8）｜坚持"三化"原则　聚焦减污降碳协同增效　拓展和深化"无废城市"建设》，中华人民共和国生态环境部网站，2021年11月18日，https://www.mee.gov.cn/zcwj/zcjd/202111/t20211118_960866.shtml。

准制定，完善市场化机制，强化信息化、排污许可等管理措施。①

为落实《中共中央 国务院关于深入打好污染防治攻坚战的意见》和《"十四五"时期"无废城市"建设工作方案》，2022 年 4 月 24 日，生态环境部会同有关部门，根据各省推荐情况，综合考虑城市基础条件、工作积极性和国家相关重大战略安排等因素，确定了"十四五"时期开展"无废城市"建设的城市名单。此外，生态环境部还要求雄安新区、兰州新区、光泽县、兰考县、昌江黎族自治县、大理市、神木市、博乐市 8 个特殊地区参照"无废城市"建设要求一并推进。②

自《"十四五"时期"无废城市"建设工作方案》和《"无废城市"建设试点名单》印发后，全国各城市及地区积极开展"无废城市"建设工作。各地区因地制宜，形成具有地方特色的"无废城市"建设方案。2022 年 1 月 9 日，江苏省政府办公厅正式发布了《江苏省全域"无废城市"建设工作方案》，聚焦大宗工业固体废物、主要农业废弃物、生活垃圾、建筑垃圾以及危险废物这五大核心固体废物。该工作方案旨在构建一个健全完善的政策制度体系，同时集成创新科技治理体系，以全力打造绿色市场体系，并探索建立协同监管体系。通过这一工作方案，江苏将形成一套由党委领导、政府主导、以企业为主体、市场驱动、公众参与以及社会监督共同作用的固体废物管理体制机制，以确保"无废城市"建设的全面推进。2022 年 3 月 30 日，河北省政府办公厅印发《河北省"十四五"时期"无废城市"建设工作方案》，提出河北省各市（含定州、辛集市，下同）同步启动"无废城市"建设，有序纳入国家建设行列，形成雄安新区率先突破、各市梯次发展的"无废城市"集群。2022 年 6 月 11 日，川渝两地政府办公厅联合印发了《关于推进成渝地区双城经济圈"无废城市"共建的指导意见》，从减污

---

① 《生态环境部固体废物与化学品司负责人就〈"十四五"时期"无废城市"建设工作方案〉有关问题答记者问》，中华人民共和国生态环境部网站，2021 年 12 月 16 日，https：//www.mee.gov.cn/ywdt/zbft/202112/t20211216_964382.shtml。

② 《关于发布"十四五"时期"无废城市"建设名单的通知》，中华人民共和国生态环境部网站，2022 年 4 月 24 日，https：//www.mee.gov.cn/xxgk2018/xxgk/xxgk06/202204/t20220425_975920.html。

降碳研究、统筹基础设施建设、统一标准体系等方面共同推进"无废城市"建设。2023 年 2 月 24 日,吉林省印发了《吉林省"十四五"时期"无废城市"建设方案》,全域"无废城市"建设有序推进。"无废城市"建设试点过程中,依托旅游产业优势,三亚市组织开展了全方位"无废细胞工程"建设,建立面向旅游人口的"无废"理念宣贯体系,旨在推动旅游产业绿色升级,树立绿色旅游品牌形象,打造"无废城市"宣传窗口,推动城市绿色发展。

2023 年 7 月 24 日,生态环境部在杭州召开 2023 年"无废城市"建设工作推进会。会议强调,要深入学习贯彻全国生态环境保护大会精神,进一步激发做好"无废城市"建设工作的强大动力,狠抓落实,推动高质量建设。一是提高政治站位,加快构建党委领导、政府主导、企业主体、社会组织和公众共同参与的工作格局。二是坚持问题导向,聚焦解决难点堵点痛点问题,扎实推动各领域重点任务取得实效。三是发挥有效市场和有为政府作用,拓宽投融资渠道,加快工程项目落地。四是加大宣传教育力度,营造浓厚"无废"文化氛围。①

(三)新污染物治理

习近平总书记在 2023 年全国生态环境保护大会上的重要讲话提出,要把应对气候变化、新污染物治理等作为国家基础研究和科技创新重点领域,狠抓关键核心技术攻关。②

2022 年 5 月 24 日,国务院办公厅印发《新污染物治理行动方案》,对新污染物治理工作进行全面部署,为深入打好污染防治攻坚战拓宽了广度、延伸了深度、开辟了新领域。有效防控新污染物环境与健康风险,是建设美

---

① 《2023 年"无废城市"建设工作推进会在杭州召开》,中华人民共和国中央人民政府网站,2023 年 7 月 25 日,https://www.gov.cn/lianbo/bumen/202307/content_6894060.htm。

② 《习近平在全国生态环境保护大会上强调:全面推进美丽中国建设 加快推进人与自然和谐共生的现代化》,中华人民共和国中央人民政府网站,2023 年 7 月 18 日,https://www.gov.cn/yaowen/liebiao/202307/Content_6892793.htm。

丽中国、健康中国的重要内容。该方案明确，到 2025 年，完成高关注、高产（用）量的化学物质环境风险筛查，完成一批化学物质环境风险评估，对重点管控新污染物实施禁止、限制、限排等环境风险管控措施。

《新污染物治理行动方案》详细规划了六大行动方向以应对新污染物治理挑战。第一，强化法律法规制度和技术标准体系，构建跨部门协调机制，确保新污染物治理在全国、省、市、县各级得到全面有效的实施，并建立健全相应的治理体系。第二，计划开展全面调查监测，对新污染物的环境风险进行评估，并动态更新重点管控新污染物清单，以便更精准地应对风险。第三，全面执行新化学物质环境管理登记制度，严格实施淘汰或限用措施，加强对产品中重点管控新污染物含量的控制，从源头上防止新污染物的产生。第四，促进清洁生产和绿色制造，规范抗生素类药品和农药的使用管理，强化过程控制，以最大限度地减少新污染物的排放。第五，针对新污染物在多环境介质中的存在，将加强协同治理，特别关注含特定新污染物废物的收集、利用和处置，深化末端治理，以降低新污染物的环境风险。第六，加大科技投入，强化基础能力建设，为新污染物治理提供坚实的科技支撑和基础设施保障。[①]

2022 年 11 月 4 日，新污染物治理部际协调小组第一次会议在京召开。协调小组组长、生态环境部部长出席会议并讲话。会议审议通过了《新污染物治理部际协调小组工作规则》及《〈新污染物治理行动方案〉重点任务部门分工方案及双年滚动工作计划（2022—2023 年）》。生态环境部部长指出，开展新污染物治理必须坚持以人民为中心，把保障生态环境安全和人民群众健康放在首位，树牢底线思维，有效防范新污染物环境与健康风险。在推动新污染物治理工作中，必须坚守系统观念，秉持全生命周期环境风险管理的核心理念，从而构建一套覆盖全过程、涵盖各类别、采取多样化举措的治理体系。同时，还应坚持联防联控的原

---

① 《国务院办公厅印发〈新污染物治理行动方案〉》，中华人民共和国中央人民政府网站，2022 年 5 月 24 日，https://www.gov.cn/xinwen/2022-05/24/content_5692104.htm。

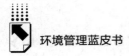
则，有效发挥跨部门协调机制的作用，以实现新污染物治理工作的全面、统筹推进。必须坚持改革创新，在新污染物治理的立法实践、管理制度和体制机制建设，人才和资金保障，治理和替代技术研发示范等领域大胆探索、大胆实践。①

2022年11月29日，《重点管控新污染物清单（2023年版）》由生态环境部2022年第五次部务会议审议通过，并经工业和信息化部、农业农村部、商务部、海关总署、国家市场监督管理总局等部门联合印发，自2023年3月1日起施行。此清单根据《中华人民共和国环境保护法》、《中共中央 国务院关于深入打好污染防治攻坚战的意见》以及国务院办公厅印发的《新污染物治理行动方案》等相关法律法规和规范性文件而制定。该清单规定，对列入本清单的新污染物，应当按照国家有关规定采取禁止、限制、限排等环境风险管控措施。②

截至2023年，全国31个省（区、市）和新疆生产建设兵团均印发省级新污染物治理工作实施方案，许多地级市也印发了落实新污染物治理任务的实施方案。以《新污染物治理行动方案》为标志，化学品环境管理进入新阶段。生态环境部牵头成立新污染物治理部际协调小组。党的二十大之后，生态环境部部长第一时间主持召开新污染物治理部际协调小组第一次会议，审议并印发部门重点任务分工方案和2022～2023年双年滚动计划，将《新污染物治理行动方案》分解为62项工作任务，细化为125项落实措施以及138项需要在2022年和2023年完成的双年度任务。新污染物治理部际协调小组下设立新污染物治理专家委员会，委员由新污染物治理部际协调小组各部门推荐，全力保障我国新污染物治理工作的顺利开展。

---

① 《新污染物治理部际协调小组第一次会议在京召开》，中华人民共和国中央人民政府网站，2022年11月6日，https：//www.gov.cn/xinwen/2022-11/06/content_5724983.htm。

② 《重点管控新污染物清单（2023年版）》，中华人民共和国中央人民政府网站，2022年11月29日，https：//www.gov.cn/gongbao/content/2023/content_5742208.htm。

（四）减污降碳

固体废物污染防治"一头连着减污，一头连着降碳"。全球范围内的实践均已验证，加强固体废物管理对于降低碳排放具有显著效果。巴塞尔公约亚太区域中心深入分析了全球 45 个国家和地区的固体废物管理在碳减排方面的潜力数据，结果显示，通过提升城市、工业、农业和建筑四大领域固体废物的全过程管理水平，可以使这些国家和地区碳排放量下降 13.7% ~ 45.2%，平均下降幅度高达 27.6%。这一数据充分证明了固体废物管理在减碳方面的重要性和潜力。中国循环经济协会测算，"十三五"期间发展循环经济对我国碳减排的贡献率约为 25%。①

自党的十八大以来，我国在生态文明建设和生态环境保护方面取得了具有历史意义的卓越成就，这一成果不仅体现在生态环境质量的显著提升上，还表现在碳排放强度的显著下降上。但也要看到，我国发展不平衡、不充分问题依然突出，当前的形势依然严峻，结构性、根源性、趋势性的压力尚未完全消解。实现美丽中国建设和碳达峰碳中和的目标过程中，我国仍面临艰巨而长远的任务。与发达国家在环境污染问题基本解决后转入强化碳排放控制阶段不同，我国当前正同时面临两大战略任务：一是实现生态环境的根本好转，二是实现碳达峰碳中和的目标。这要求我国在生态环境治理上采取多目标协同的策略，而协同推进减污降碳已成为我国新发展阶段经济社会全面绿色转型的必经之路。面对生态文明建设新形势、新任务、新要求，基于环境污染物和碳排放高度同根同源的特征，必须立足实际，遵循减污降碳内在规律，强化源头治理、系统治理、综合治理，切实发挥好降碳行动对生态环境质量改善的源头牵引作用，充分利用现有生态环境制度体系协同促进低碳发展，创新政策措施，优化治理路线，推动

---

① 《系列解读（8）｜坚持"三化"原则　聚焦减污降碳协同增效　拓展和深化"无废城市"建设》，中华人民共和国生态环境部网站，2022 年 11 月 18 日，https：//www.mee.gov.cn/zcwj/zcjd/202111/t20211118_960866.shtml。

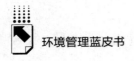

减污降碳协同增效。①

减污降碳提出了六大关键任务举措。第一，强化源头防控，实施生态环境分区管控、加强生态环境准入管理、推动能源绿色低碳转型，并倡导加快形成绿色生活方式。第二，聚焦重点领域，特别是工业、交通运输、城乡建设、农业和生态建设等，以推动减污降碳的协同增效。第三，优化环境治理，确保大气、水、土壤、固体废物污染防治与温室气体协同控制。第四，开展模式创新，在区域、城市、产业园区、企业等多个层面，组织实施减污降碳的协同创新试点。第五，强化支撑保障，包括加强技术研发应用、完善法规标准、加强协同管理、强化经济政策，以及提升基础能力。第六，加强组织实施，确保减污降碳的各项任务得到有效执行。这包括加强组织领导、宣传教育、国际合作以及考核督察等方面的工作。②

2023 年 11 月，中共中央政治局召开有关审议《关于进一步推动长江经济带高质量发展若干政策措施的意见》《中国共产党领导外事工作条例》的会议，会议强调，推动长江经济带高质量发展，根本上依赖于长江流域高质量的生态环境。要毫不动摇坚持共抓大保护、不搞大开发，在高水平保护上下更大功夫，守住管住生态红线，协同推进降碳、减污、扩绿、增长。③

（五）推进蓝天、碧水、净土保卫战

2022 年，生态环境部携手多个相关部门共同发布了《深入打好重污染天气消除、臭氧污染防治和柴油货车污染治理攻坚战行动方案》，这一方案

---

① 《关于印发〈减污降碳协同增效实施方案〉的通知》，中华人民共和国生态环境部网站，2022 年 6 月 10 日，https://www.mee.gov.cn/xxgk2018/xxgk/xxgk03/202206/t20220617_985879.html。

② 《7 部门印发方案推进减污降碳协同增效》，中华人民共和国中央人民政府网站，2022 年 6 月 17 日，https://www.gov.cn/xinwen/2022-06/17/content_5696359.htm。

③ 《中共中央政治局召开会议 审议〈关于进一步推动长江经济带高质量发展若干政策措施的意见〉《中国共产党领导外事工作条例》中共中央总书记习近平主持会议》，中华人民共和国生态环境部网站，2023 年 11 月 27 日，https://www.mee.gov.cn/ywdt/szyw/202311/t20231127_1057380.shtml。

的实施旨在全面强化大气污染防治工作的顶层设计。此外，生态环境部与多个相关部门紧密合作，发布了针对钢铁、石化化工、有色、建材等重点行业以及工业、能源、交通领域的碳达峰实施方案，这些方案明确提出了产业、能源和运输结构的优化调整要求，以协同推进减污降碳工作，进一步完善了碳达峰碳中和的"1+N"政策体系。值得一提的是，2022年新增了25个城市作为中央财政支持的北方地区清洁取暖试点城市，截至2022年11月，已完成大约3700万户的散煤治理工作。同时，为有序推动大宗货物的运输方式由公路转向铁路和水路，积极创造新能源重卡的应用场景。特别针对石化化工、工业涂装、包装印刷等行业，完成了超过4.6万个挥发性有机物突出问题的排查与整改工作。2.1亿吨粗钢产能完成超低排放改造。[①] 加强消耗臭氧层物质和氢氟碳化物环境管理。顺利完成北京冬奥会、冬残奥会和第五届上海进博会等重大活动期间空气质量保障工作，"冬奥蓝""北京蓝""进博蓝"在各大媒体平台频频亮相，得到国际、国内社会一致好评。[②]

自印发《国务院办公厅关于加强入河入海排污口监督管理工作的实施意见》《深入打好长江保护修复攻坚战行动方案》《黄河生态保护治理攻坚战行动方案》等文件以来，持续推进全国入河排污口排查整治工作，截至2022年底，全国累计排查河湖岸线24.5万千米，排查出入河排污口16.6万余个，约30%已整治。[③] 我国制定、印发流域海域局入河排污口审批权限划分方案，大力推行"一网通办"，便民惠企，"让群众少跑路，让信息多跑腿"。2022年，各级生态环境部门严格把关，共审批了超过2600个入河排污口。为了深化工业园区的水污染防治工作，特别针对长江经济带，我国

① 《生态环境部部长黄润秋在2023年全国生态环境保护工作会议上的工作报告》，中华人民共和国生态环境部网站，2023年2月23日，https://www.mee.gov.cn/xxgk/hjyw/202302/t20230223_1017248.shtml。

② 《北京冬奥会、冬残奥会空气质量保障任务顺利完成》，中华人民共和国生态环境部网站，2022年3月15日，https://www.mee.gov.cn/ywdt/hjywnews/202203/t20220315_971533.shtml。

③ 《全国入河入海排污口约三分之一完成整治》，中华人民共和国生态环境部网站，2023年2月24日，https://www.mee.gov.cn/ywdt/spxw/202302/t20230224_1017507.shtml。

开展了一系列工业园区水污染整治专项行动。这些行动促使 1174 家工业园区建成了 1549 座污水集中处理设施，有效解决了包括污水管网不完善、违法排污等在内的 400 多个问题。同时，工业园区水污染整治也取得了显著进展。通过深入实施相关措施，推动 756 家工业园区建成了 976 座污水集中处理设施。此外，为了更精准地控制总磷污染，生态环境部门还指导各地根据当地实际情况推进总磷污染控制工作。湖北、湖南、江西、江苏、贵州和广西这 6 个省（自治区）均已发布了有针对性的总磷污染控制方案。我国补齐医疗机构污水处理设施短板，累计排查医疗机构 2.4 万余家，发现问题 6400 余个，指导督促各地推动问题整改。政府实施 2022 年城市黑臭水体整治环境保护行动，推动全国地级及以上城市黑臭水体治理成效进一步巩固，县级城市完成黑臭水体消除比例达到 40% 的年度目标任务。政府还开展区域再生水循环利用试点，发布首批 19 个试点城市清单。积极推动全国乡镇级集中式饮用水水源保护区划定工作，截至 2022 年底，全国累计完成 19633 个乡镇级集中式饮用水水源保护区划定。①

我国实施土壤污染源头管控重大工程项目，强化土壤污染重点监管单位的环境监管；严格建设用地准入管理，加强关闭搬迁企业地块土壤污染管控，保障住得安心。截至 2022 年底，累计将 2 万余家企业纳入土壤污染重点监管单位名录，将 1700 余个地块纳入建设用地土壤污染风险管控和修复名录。政府持续开展耕地土壤污染源排查整治，解决一批影响土壤生态环境质量的突出污染问题；推动落实《地下水管理条例》，持续完善地下水污染防治技术标准体系。我国印发《农业农村污染治理攻坚战行动方案（2021—2025 年）》，截至 2022 年底，全国新增完成 1.6 万个行政村环境整治，农村生活污水治理水平持续提升，完成 900 余个较大面积农村黑臭水体整治。②

---

① 《2022 中国生态环境状况公报》，中华人民共和国生态环境部网站，2023 年 5 月 29 日，https：//www. mee. gov. cn/hjzl/sthjzk/zghjzkgb/202305/P020230529570623593284. pdf。

② 《生态环境部部长黄润秋在 2023 年全国生态环境保护工作会议上的工作报告》，中华人民共和国生态环境部网站，2023 年 2 月 23 日，https：//www. mee. gov. cn/xxgk/hjyw/202302/t20230223_1017248. shtml。

固体废物环境管理篇

B.2

我国固体废物环境管理现状及进展报告
（2022~2023）

董庆银　朱思萌　谭全银　李金惠*

摘　要： 在推进生态文明建设的进程中，党中央高度重视固体废物的环境污染治理情况，将其置于战略性的优先位置，并持续加大力度推进相关治理工作。这样的举措不仅有助于减少环境污染，还有助于构建绿色、可持续的发展环境。近年来，我国不断完善固体废物治理的相关法律法规，通过建立环保督察工作机制，监管各地践行固体废物污染防治，将工作重心置于塑料污染、生活垃圾防治等重点领域，并取得了不少阶段性的成效。本报告全面概括了 2022~2023 年我国为推进固体废物污染环境管控采取的重要举措，提出系统性地建设"无废城市"，推进生活垃圾分类和废旧物资循环监管，

---

* 董庆银，巴塞尔公约亚太区域中心副研究员，主要研究方向为固体废物和危险废物管理政策；朱思萌，巴塞尔公约亚太区域中心助理工程师，主要研究方向为固体废物管理政策研究；谭全银，清华大学环境学院助理研究员，主要研究方向为新兴固体废物回收技术与产业政策、环境风险防控，固体废物与塑料污染治理及国际环境公约履约策略；李金惠，清华大学环境学院教授，主要研究方向为循环经济、国际环境治理、化学品和废物管理与政策。

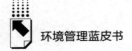

提高全国人民的"无废"理念，并通过分析目前危险废物、医疗废物等固体废物处理过程中信息化管理等工作的推进情况，全面总结了近年来我国固体废物的环境管理现状及进展。

关键词： 固体废物　无废城市　污染防治

一　中国固体废物环境管理形势

党的十八大以来，党中央高度重视固体废物的环境污染治理情况，重点强调全面开展固体废弃物和垃圾处置工作的重要性。党的二十大报告明确提出要"加快构建废弃物循环利用体系"①。随着我国对固体废物污染的重视程度逐渐提高，对固体废物的处理处置能力显著增强，危险废物的运输与处置也得到全过程信息化管理和控制，多项环境治理政策的改革措施取得了显著的突破性进展。

中央深化改革委员会年度工作重点包括禁止"洋垃圾"② 入境、"无废城市"建设、生活垃圾分类、危险废物信息化监管等关键任务。这些改革举措与固体废物的管理和处置之间存在着紧密的关联性，旨在构建更加科学、高效、安全的固体废物处理体系，以切实保障人民群众生态环境权益。其具体措施主要体现在以下 4 个方面。

（一）法律机制不断健全

自 1995 年通过《中华人民共和国固体废物污染环境防治法》（以下简

---

① 《习近平：高举中国特色社会主义伟大旗帜　为全面建设社会主义现代化国家而团结奋斗——在中国共产党第二十次全国代表大会上的报告》，人民政协网，2022 年 10 月 25 日，https：//www.rmzxb.com.cn/c/2022-10-25/3229500.shtml。

② 《2021 年 1 月 1 日起，我国禁止以任何方式进口固体废物——洋垃圾禁入将有效减轻生态压力》，中华人民共和国中央人民政府网站，2020 年 12 月 3 日，https：//www.gov.cn/xinwen/2020-12/03/content_5566564.htm。

称《固废法》）并在全国范围内实施后，经过三次修正和一次修订，2020年4月29日，十三届全国人大常委会第十七次会议审议通过了第二次修订的《固废法》，于2020年9月1日起施行。新《固废法》明确了全国范围内固体废物污染防治的原则，即坚持生产减量化、回收资源化和处理无害化，完善了工业一般固体废物的污染防治制度，强化废物从生产及处理全过程的生产者责任制，强调建立高效的信息化监管体系。

2021年，中共中央政治局常委栗战书带领执法检查组检查新《固废法》在全国范围内的实施情况，对陕西、上海、内蒙古等8个省（区、市）中26个地市的128个单位进行实地检查和随机抽查，并委托其他23个省（区、市）对本地守法情况展开调查。① 新《固废法》落实后，截至2021年底，共有接近300个大、中型城市启动了生活垃圾分类工作；全国23个省（区、市）建立了系统的涉危险废物的跨区域控制机制，12套联合机制联防联控、联合执法，共同应对危险废物的环境污染问题，共有220多万个固定污染源被纳入排污许可管理，医疗废物的收集处置能力得到了大幅提升，实现了多种固体废物的协同治理。②

（二）环保督察有序进行

在环保督察制度设计之初，中央全面深化改革领导小组会议上，习近平总书记指出，建立环保督察工作机制是建设生态文明的重要抓手，环保督察工作对严格落实环境保护主体责任和监管责任、解决突出环境问题具有重要意义。③ 2019年6月，《中央生态环境保护督察工作规定》的发布为生态环

---

① 《减污降碳，固废法实施取得明显成效》，中国人大网，2021年11月23日，http：//www. npc. gov. cn/c2/c30834/202111/t20211123_314893. html。

② 《国务院关于研究处理全国人大常委会固废法执法检查报告及审议意见情况的报告显示：六个方面逐条逐项落实》，中国人大网，2022年6月23日，http：//www. npc. gov. cn/npc// c2/c30834/202206/t20220623_318222. html。

③ 《习近平主持召开中央全面深化改革领导小组第十四次会议并发表重要讲话》，中华人民共和国中央人民政府网，2015年7月1日，https：//www. gov. cn/xinwen/2015-07/01/content_ 2888298. htm。

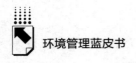

境保护督察工作指明了新的方向。①

在中央生态环境保护督察的有力推动下,各地积极有效落实法定责任,全面加强组织领导,监管职责得到有力加强,配套的法规、标准、制度不断完善,固体废物污染防治在重点领域取得显著效果,同时危险废物的处理处置能力也不断增强。

浙江、海南两个沿海省将生活垃圾焚烧填埋量基本降至 0,湖南长沙建成了完善系统的固废管理信息化平台,解决了生活垃圾的智能化管理问题;行政执法和司法保障不断强化,依法打击了各类固体废物违法行为,办理相关生态环境损害赔偿案件 351 件,清理固体废物等 5576 万吨。②

截至 2022 年 4 月底,第一轮环境保护督察和"回头看"整改方案明确的 3294 项整改任务,总体完成率已达 95%,③ 加强了我国对固体废物的全过程监管,强化了产废源头防控管理,解决了瞒报漏报问题,补齐了固体废物处理能力的短板,加快了危险废物处置设施的建设。2019~2022 年,第二轮共 6 个环保督察组对 32 个省(区、市)展开了为期三年的环保督察行动,本次共下发 2000 余项整改任务,截至 2023 年 6 月底,已完成 1398 项,完成率达到 65%,并且其余整改任务正在积极有序地推进过程中。④

为落实 2023 年 7 月全国生态保护大会的工作部署,在党中央和国务院的批准下,2023 年 11 月,我国启动了第三轮环境保护督察工作。第一批督察预计耗费一个月,共有 5 个环保督察组分别对河南、青海等 5 个省(自治区)开展督察工作。在督察工作中,我们将重点关注生态文明建设的重要

① 王灿发、张祖增:《人与自然和谐共生式现代化的环境法制进路探索》,《学术交流》2023 年第 5 期。

② 《减污降碳,固废法实施取得明显成效》,中国人大网,2021 年 11 月 23 日,http://www. npc. gov. cn/c2/c30834/202111/t20211123_314893. html。

③ 《动真碰硬,解决生态环境突出问题》,人民网,2022 年 9 月 12 日,http://paper. people. com. cn/mszk/html/2022-09/12/content_25941232. htm。

④ 《第二轮中央生态环境保护督察整改情况全部对外公开》,中华人民共和国生态环境部网站,2023 年 10 月 10 日,https://www. mee. gov. cn/ywgz/zysthjbhdc/dczg/202310/t20231010_1042707. shtml。

指示及重大决策部署的落实情况；坚决遏制"两高一低"①（高污染、高能耗、低效益）项目的产生，并淘汰产能落后、节奏缓慢的企业。此外，此轮环境保护督察工作还将着力解决区域重大战略实施过程中出现的固体废物污染问题，严格监管重大生态破坏、污染情况及环境隐患的处理进展，将密切监测环境基础设施的建设和运行情况，并对之前督察期间发现的问题点进行持续的整改监督。同时，环保督察组将积极回应并解决人民群众通过上访、举报等渠道反映的生态环境问题。最后，环保督察组将对"党政同责""一岗双责"②的落实情况进行重点检查，确保责任到人，确保生态环境保护工作落到实处。

（三）系统推进"无废城市"建设

2018年12月29日，国务院办公厅印发了关于《"无废城市"建设试点工作方案》的通知。经过两年多的探索，试点工作取得显著成效，达到国家预期。试点工作自启动以来，生态环境部、国家发展和改革委员会等部门积极贯彻落实党中央和国务院的部署，指导深圳、包头等11个城市和雄安新区等5个特殊地区（以下简称"11+5"试点城市）③深入推进改革任务，实现了生态环境与社会效益经济效益之间的合作共赢，使遗留的固废环境问题得到妥善解决，大力发展投资固体废物源头减量化和资源化，为将来全国性的"无废城市"建设构建了系统的指标体系，积累了无数经验，探索出了最佳的建设路径。④

---

① 《中国落实国家自主贡献目标进展报告（2022）》，中华人民共和国生态环境部网站，2022年11月8日，https://www.mee.gov.cn/ywgz/ydqhbh/qhbhlf/202211/W020221117637165233691.pdf。
② 《习近平：党政同责 一岗双责 齐抓共管 失职追责》，中国新闻网，2015年8月17日，https://www.chinanews.com.cn/ll/2015/08-17/7472704.shtml。
③ 《"11+5"个城市和地区通过"无废城市"建设试点实施方案评审》，中华人民共和国生态环境部网站，2019年9月17日，https://www.mee.gov.cn/home/ztbd/2020/wfcsjssdgz/wfcsxwbd/wfcsmtbd/201910/t20191014_737484.shtml。
④ 《生态环境部固体废物与化学品司负责人就〈"十四五"时期"无废城市"建设工作方案〉有关问题答记者问》，中华人民共和国生态环境部网站，2021年12月16日，https://www.mee.gov.cn/ywdt/zbft/202112/t20211216_964382.shtml。

2021 年 11 月,《"十四五"时期"无废城市"建设工作方案》①(以下简称《工作方案》)强调,协调城市要提高固体废物管理能力,做到经济环保协同发展,聚焦减污降碳,明确了七方面的任务。计划到 2025 年,固体废物的产废能力减弱,综合利用能力提升,提高资源化和无害化的处置能力,实现监管工作的系统化与信息化,让"无废"的理念得到广大群众的认同,并显著提升固体废物的处理与处置能力。② 2022 年 4 月 24 日,生态环境部办公厅印发了《"十四五"时期"无废城市"建设名单》,包括石家庄市、太原市等 113 个地级及以上城市和滨海高新技术产业开发区等 8 个参照推进的地区,③ 推动形成国家和地方齐头并进的工作模式,协同促成全国"无废城市"的建设工作取得实效。

目前,"无废"的理念已得到各方认同,天津、上海等 7 个省(区、市)印发了省级全域"无废城市"建设方案,重庆、四川共同推进成渝地区双城经济圈合作共建"无废城市"等。据不完全统计,全国共安排固体废物利用处置工程项目 3200 余项,涉及资金超过 1 万亿元。④

(四)重点领域固体废物治理

为进一步加强新《固废法》的治理能力,提高新《固废法》与其他类型污染防治相关的法律法规之间的协同配合作用,我国又相继出台或修正了许多新政策与文件,包括对塑料污染治理、生活垃圾分类回收处理等重点领域实施重点监管。

---

① 王胜:《"双碳"目标下"无废城市"建设与碳减排的协同发展研究》,《环境保护与循环经济》2022 年第 12 期。
② 《关于印发〈"十四五"时期"无废城市"建设工作方案〉的通知》,中华人民共和国生态环境部网站,2021 年 12 月 15 日,https://www.mee.gov.cn/xxgk2018/xxgk/xxgk03/202112/t20211215_964275.html。
③ 周志强:《强化固体废物环境管理和新污染物治理助推绿色发展建设美丽中国》,《环境与可持续发展》2023 年第 3 期。
④ 郭芳:《深入学习贯彻全国生态环境保护大会精神扎实推进"无废城市"高质量建设》,《环境保护》2023 年第 24 期。

1. 塑料污染治理

为进一步推进塑料减量化，《关于扎实推进塑料污染治理工作的通知》《"十四五"塑料污染治理行动方案》等相继推行，[1] 达到综合治理"白色污染"的目的。

2. 生活垃圾分类回收处理

《关于依法推动生活垃圾分类工作》《关于进一步推进生活垃圾分类工作的若干意见》强调，试点城市加快建成生活垃圾分类回收体系，为全国生活垃圾分类处理系统的建立提供先进的指导经验。

3. 危险废物

2020 年，国家卫生健康委员会等部门联合发布了《国家危险废物名录（2021 年版）》，该名录自 2021 年 1 月 1 日起施行。此后，为加强对危险废物的监管，实现危险废物处理过程管理的信息化与系统化，我国发布了《关于进一步加强危险废物规范化环境管理有关工作的通知》，并在《危险废物重大工程建设总体实施方案（2023—2025 年）》中提出，到 2025 年，通过建设 1 个国家技术中心、6 个区域中心和 20 个区域处置中心（简称"1+6+20"）[2]，提升危险废物的生态环境风险防控研究能力、利用处置技术和管理决策技术的研发能力，旨在为全国危险废物的利用处置起到引领示范的作用。

4. 医疗废物

为指导各地及时高效地无害化处置医疗废物，使其应急处置的管理措施更加规范化，国家修订了《医疗废物管理条例》，相继发布了《医疗废物处理处置污染控制标准》《医疗废物消毒处理设施运行管理技术规范》《医疗机构废弃物综合治理工作方案》等，印发了《医疗废物分类目录（2021 年版）》，强化了对医疗废物的规范管理与妥善处置能力，有效防止疾病传播和交叉感染，保护群众身体健康，保障医疗护理

---

[1] 滕玥：《全链条治理海洋垃圾污染》，《环境经济》2022 年第 21 期。

[2] 《危险废物重大工程建设总体实施方案（2023—2025 年）》，中华人民共和国人民政府网站，2023 年 5 月 9 日，https://www.gov.cn/zhengce/zhengceku/202305/P020230512443666728675.pdf。

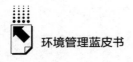

质量。

5. 黄河和长江流域固体废物治理

2018 年 12 月，在国务院批准下，生态环境部联合国家发展和改革委员会印发了《长江保护修复攻坚战行动计划》，连续三年组织开展长江流域"清废行动"。①《长江流域水生态考核指标评分细则（试行）》于 2023 年 6 月 5 日发布，规定对长江流域固体废物倾倒和堆存情况进行监管与处置，为长江流域水生生态数据提供检测数据保障。

在巩固长江流域"清废行动"成果的基础上，2022 年 8 月，生态环境部联合自然资源部等 11 个部门和单位发布了《黄河生态保护治理攻坚战行动方案》，计划用两年时间完成对黄河流域的"清废行动"，以无人机摄像技术结合卫星遥感技术，紧抓当地民众提供的有效意见，进一步开展黄河流域固体废物倾倒整治工作。

二 中国固体废物环境现状

（一）固体废物的分类现状

根据《固废法》、《固体废物分类目录（征求意见稿）》及《国家危险废物名录》，固体废物的分类与组成见表 1。

（二）2021年固体废物和再生资源现状

1. 工业固体废物

根据《2021 年中国生态环境统计年报》的数据，2021 年，全国重点调查工业企业 16.5 万多家，其中产生一般工业固体废物的企业有 11.5 万多家，产生工业危险废物的企业有 8.8 万多家。据统计，全国一般工业固体废

---

① 《关于印发〈长江保护修复攻坚战行动计划〉的通知》，中华人民共和国中央人民政府网，2018 年 12 月 31 日，https://www.gov.cn/zhengce/zhengceku/2018-12/31/content_ 5438135.htm。

物产生量约为 40 亿吨，综合利用量为 23 亿多吨，处置量为 9 亿多吨；工业危险废物产生量为 8600 多万吨，利用处置量为 8400 多万吨。①

表 1　固体废物的分类与组成

序号	名称	定义	组成
1	工业固体废物	工业生产活动中产生的固体废物	材料的边角余料、燃料废渣、污泥、粉尘等
2	生活垃圾	人们在日常生活中产生的固体废物	可回收垃圾、餐厨垃圾、有害垃圾和其他垃圾等
3	建筑垃圾	在工程中人为或者自然等产生的建筑废料	废渣土、弃土、淤泥以及弃料等
4	农业固体废物	农业生产过程和农民生活中所排放的固体废弃物	废竹、木屑、稻草、麦秸、蔗渣、人畜粪便及废旧农机具等
5	危险废物	具有污染性、传染性、放射性等危险特征的固体垃圾	化工废渣、废电池、病患者体液或排泄物污染的医疗用品等

资料来源：笔者自制。

2. 生活垃圾

根据《2021 年中国城市建设状况公报》，截至 2021 年 12 月 31 日，我国大中型城市生活垃圾产生量增至 2.7 亿吨。从地区来看，全国共有 4 个省每天能无害化处理 7 万吨以上的生活垃圾，分别是浙江、江苏、广东和山东。

3. 危险废物

根据《2021 年中国生态环境统计年报》的数据，2021 年，全国纳入排放源统计调查的危险废物集中处理厂有 1528 家，年运行费用为 400 亿元，其中（单独）医疗废物集中处置厂共有 389 家。全年危险废物的利用处置量为 3593.3 万吨，其中综合利用量为 2018.5 万吨，处置量为 1574.8 万吨。

① 《2021 年中国生态环境统计年报》，中华人民共和国生态环境部网站，2023 年 1 月 18 日，https：//www.mee.gov.cn/hjzl/sthjzk/sthjtjnb/202301/W020230118392178258531.pdf。

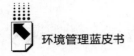

处置量中处置工业危险废物 1269.5 万吨、医疗废物 153.3 万吨、其他危险废物 152.1 万吨。处置量中填埋量为 415.2 万吨、焚烧量为 630.2 万吨。[①]

4. 再生资源

参考《中国再生资源回收行业发展报告（2022）》提供的数据，截至2021 年底，我国 10 个品种再生资源回收总量约为 4.0 亿吨，回收总额约为 1.4 万亿元，同比增长 35.1%，不同类型再生资源的回收量和回收额均呈增长态势。其中，回收额增速最快的为报废机动车，其次是废电池（铅酸电池除外），二者的回收额同比增速分别高达 62.4% 和 61.6%。[②]

（三）2022年固体废物和再生资源现状

2022 年，全国共有 244 个大、中城市向社会公布了固体废物污染防治信息。

1. 工业固体废物

截至 2022 年底，全国一般工业固体废物产生量为 41.1 亿吨，其中综合利用量为 23.7 亿吨，处置量为 8.9 亿吨。[③]

2. 生活垃圾

据《2022 年中国城市建设状况公报》统计数据，截至 2022 年 12 月 31 日，全国城市生活垃圾无害化处理率已达 99.90%，相较于 2021 年，这一数据上升了 0.02 个百分点。生活垃圾无害化处理能力达到每天 110 万吨，同比增长 4.95%，其中，焚烧处理能力占比为 72.53%。

3. 危险废物

截至 2022 年，全国各省（区、市）颁发的危险废物许可证共 1921 份，危险废物经营单位处置规模达到每年 4000 万吨，共计回收利用 1000 万吨，实际处置量为 400 万吨。

① 《2021 年中国生态环境统计年报》，中华人民共和国生态环境部网站，2023 年 1 月 18 日，https://www.mee.gov.cn/hjzl/sthjzk/sthjtjnb/202301/W020230118392178258531.pdf。

② 《中国再生资源回收行业发展报告（2022）》，中国物资再生协会网站，2022 年 10 月，http://www.crra.com.cn/detail/9941。

③ 《2022 中国生态环境状况公报》，中华人民共和国生态环境部网站，2023 年 5 月 29 日，https://www.mee.gov.cn/hjzl/sthjzk/zghjzkgb/202305/P020230529570623593284.pdf。

4. 再生资源

根据《中国再生资源回收行业发展报告（2023）》，2022 年，我国 10 个品种再生资源回收总量约为 3.7 亿吨，总额约为 1.3 亿元，相较于 2021 年分别下降了 2.6% 和 4.0%，受到国内外经济危机的影响，大宗商品价格持续下降，降低了部分产品中再生资源的回收量，进而引发回收价格下跌，最终导致全年回收总额同步下降。①

三　中国固体废物环境管理重点行动

党的十八大以来，党中央高度重视我国生态环境保护和生态文明建设，尤其近年来，随着人民生活水平和科技水平的不断提高，对固体废物污染治理重视程度达历史新高。党中央部署开展了"无废城市"建设、"清废行动"、加强塑料污染治理、危险废物监管、生活垃圾无害化处理、废旧物质循环利用等多项重大改革，解决了很多长期遗留的环境问题。

（一）"无废城市"建设

我国人口众多，农业和工业十分发达。据统计，我国各类固体废物年产生量超百亿吨，累计堆存量为 600 亿吨至 700 亿吨，且呈现逐年增长态势。② 因此，统筹固体废物减量化、无害化、资源化，加快补齐设施短板，系统解决固体废物问题已势在必行。

"无废城市"建设对于提升固体废物治理体系和治理能力具有积极作用，同时有助于推进水、气、土环境污染工作的协同治理，还促进了城市经济社会的绿色转型，实现高质量发展。更重要的是，它能够协同减污降碳的

---

① 《中国再生资源回收行业发展报告（2023）》，中国物资再生协会网站，2023 年 7 月 4 日，http://www.crra.com.cn/detail/11758。
② 《协同推进固体废物"三化"助力减污降碳》，中国环境报网站，2022 年 7 月 26 日，http://epaper.cenews.com.cn/html/2022-07/26/content_78436.htm。

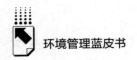

目标，对于美丽中国建设起到了积极推动作用。

2018 年初，中央全面深化改革委员会会议总结了 2018 年改革工作任务，其中最重要的一条就是推进"无废城市"建设。2019 年 8 月，国务院成立了"无废城市"建设试点国家技术小组。"无废城市"试点期间，解决了城市突出环境问题，使得城市的管理水平更精准、更细致，推动城市经济更快更高质量发展。

《"十四五"时期"无废城市"建设工作方案》提出，预计到 2025 年，全国固体废物的产生强度预计将显著减少，同时，其综合利用的水平和比例将大幅提升。

2023 年 7 月，习近平总书记在全国生态环境保护大会上肯定了"无废城市"建设工作，并提出了下一阶段建设的工作部署。今后 5 年不仅是美丽中国建设的关键阶段，更是"无废城市"建设具有决定性意义的时期。我们必须坚定不移地肩负起"无废城市"建设的政治重任，从解决突出生态环境问题入手，注重点面结合、标本兼治，主动自觉地推动生态文明建设，实现固体废物治理由被动面对到主动出击的重大转变。

（二）开展"清废行动"

2018 年以来，生态环境部连续 3 年组织在长江流域开展"清废行动"，目的是对长江流域固体废物倾倒情况进行监管与整治，利用遥感技术，共排查长江经济带 11 个省（市）共 129 个地级市，发现问题点位 3252 个，截至 2021 年 7 月，已整改完成 99%，清理固体废物 5676.1 万吨，消除了沿江违规倾倒和堆存固体废物的污染问题与安全隐患，提高了长江流域生态保护能力。①

在巩固好长江流域污染治理优秀成果的基础上，从 2021 年起，生态环境部利用无人机和卫星遥感技术，结合群众举报线索，用两年时间开展了黄

---

① 《打击固体废物非法转移和倾倒　保障黄河流域生态环境安全黄河流域"清废行动"拉开序幕》，中华人民共和国生态环境部网站，2021 年 7 月 12 日，https：//www.mee.gov.cn/ywdt/hjywnews/202107/t20210712_846420.shtml。

河流域"清废行动"。排查内蒙古、青海等 5 省（自治区）的黄河沿岸城市，清理各类固体废物 882.6 万吨，解决生活垃圾堆放的问题点位 92 个，清理量达到了 12.3 万吨，整治危险废物 2.1 万吨，投入资金 2400 余万元，有效防范了黄河流域生态环境安全风险。[①]

（三）加强塑料污染治理

1. 解决"白色污染"

2020 年 7 月 10 日，《关于扎实推进塑料污染治理工作的通知》要求，各省级单位要重点关注通知中提到的 2020 年塑料污染防治任务，对超薄农用地膜、一次性塑料餐具等塑料制品采取禁止或限制使用的措施，加强塑料制品分类回收和处置等重点工作，并于当年 8 月底前启动执法检查组，对限塑专项行动展开督导检查。[②]

2022 年 5 月 31 日，生态环境部批准发布了《废塑料污染控制技术规范》（HJ 364—2022），该规范主要强调推进塑料废弃物的资源化利用，减少塑料废弃物污染，降低碳排放，达到减污降碳协同增效。

2. 塑料污染治理联合专项行动

2021 年 9 月 8 日，国家发展和改革委员会制定了《"十四五"塑料污染治理行动方案》。该方案要求各地方、部门和企业加大塑料生产和使用的控制力度、积极推广可降解可回收的替代产品，强调塑料废弃物回收利用的系统化规范化，着力提升塑料废弃物处置末端的处置能力。计划到 2025 年，在源头减量方面，大幅减少不合理、不规范使用不可回收塑料制品的现象；在回收处置方面，全国大、中型城市基于自身基础设施建设水平初步构建覆盖全市范围的生活垃圾分类处理系统；力求在环保的基础上大幅缩减塑料废

---

① 《生态环境部公布 2021 年黄河流域"清废行动"工作开展情况》，中华人民共和国生态环境部网站，2022 年 1 月 18 日，https://www.mee.gov.cn/ywdt/xwfb/202201/t20220118_967382.shtml。

② 《九部门联合印发〈关于扎实推进塑料污染治理工作的通知〉》，中华人民共和国生态环境部网站，2020 年 7 月 17 日，https://www.mee.gov.cn/xxgk/hjyw/202007/t20200717_789643.shtml。

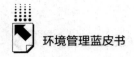

弃物垃圾的直接填埋量。①

截至 2021 年，我国塑料废弃物材料化回收量已达约 1900 万吨，这一数字超过全球塑料废弃物平均回收水平 1.74 倍，且我国的材料化回收率已实现了 100% 本国材料化回收利用。塑料废弃物回收利用产值达到 1050 亿元，同比增长 33%。除此之外，中国城镇生活垃圾已基本达到 100% 清理运输，行政村生活垃圾处置体系覆盖率已超过 90%，积极使用能源化回收的方式处理无法材料化利用的塑料废弃物，能源化利用率达到 45.7%。计划到2025 年，我国塑料废弃物实现可回收材料化和再生能源化，二者的利用率之和稳定在 75% 以上。②

（四）危险废物有效监管

1. 危险废物的管理与处置

2020 年 11 月 25 日，生态环境部联合其他 4 个相关部门和单位公布了《国家危险废物名录（2021 年版）》，自 2021 年 1 月 1 日施行，明确提出了危险废物监管责任制，强调提升危险废物的系统化管控能力和高效处置利用能力。为填补我国在危险废物管理体系上的缺口，2020 年 5 月 20 日，生态环境部发布《废铅蓄电池危险废物经营单位审查和许可指南（试行）》。

随后，为进一步推进危险废物环境管理信息化，2021 年 5 月 11 日，国务院办公厅发布《强化危险废物监管和利用处置能力改革实施方案》（以下简称《实施方案》）。2021 年 9 月 18 日，生态环境部召开部务会议，审议并通过《危险废物转移管理办法》，强调在危险废物的收集、转移过程中实施全过程的监督管理，从而防止环境污染，大力打击破坏环境的违法犯罪行为。

---

① 《国家发展改革委 生态环境部关于印发〈"十四五"塑料污染治理行动方案〉的通知》，中华人民共和国中央人民政府网，2021 年 9 月 8 日，https://www.gov.cn/zhengce/zhengceku/2021-09/16/content_ 5637606. htm。
② 《中国是全球塑料污染治理的引领者和贡献者》，中华人民共和国国家发展和改革委员会网站，2022 年 12 月 27 日，https://www.ndrc.gov.cn/xwdt/ztzl/slwrzlzxd/202212/t20221227_ 1344073. html。

2022 年 2 月 23 日，生态环境部发布《关于开展小微企业危险废物收集试点工作的通知》，在全国范围组织开展小微企业危险废物收集试点工作。同年 6 月 21 日，生态环境部批准发布了《危险废物管理计划和管理台账制定技术导则》，严格依据《固废法》和《实施方案》等相关法律和政策，针对危险废物管理做出具体规定，推动实现危险废物从产生到处置的全过程监督和信息化追溯，利用信息化手段进行分类管理，科学合理地为不同单位和企业提供危险废物管理计划、管理台账制定和危险废物申报等服务。①

2023 年 5 月 8 日，为贯彻落实《国民经济和社会发展第十四个五年规划和 2035 年远景目标纲要》、《中共中央　国务院关于深入打好污染防治攻坚战的意见》和《实施方案》，生态环境部与发展和改革委员会发布了《危险废物重大工程建设总体实施方案（2023—2025 年）》②。2023 年 11 月 13日，生态环境部办公厅发布了《关于继续开展小微企业危险废物收集试点工作的通知》，健全完善的危险废物收集单位管理制度，旨在有效解决危险废物收集处理问题。

2. 危险废物专项整治三年行动

从 2020 年 4 月到 2022 年 12 月，生态环境部门通过三年整治，健全完善了危险废物等环境安全问题的风险分级管控系统和隐患排查的责任体系、制度标准和工作机制。全面开展危险废物排查，完善废物管理机制，加快危险废物处置能力建设，开展重点环保设施和项目安全风险评估论证，推行"煤改气"③、洁净型煤的使用，并在试行燃用过程中进行安全隐患的排查治

---

① 《危险废物管理计划和管理台账制定技术导则》，中华人民共和国生态环境部网站，2022 年 10 月 1 日，https：//www. mee. gov. cn/ywgz/fgbz/bz/bzwb/gthw/qtxgbz/202206/t20220630_987178. shtml。

② 《危险废物重大工程建设总体实施方案（2023—2025 年）》，中华人民共和国生态环境部网站，2023 年 5 月 8 日，https：//www. mee. gov. cn/xxgk2018/xxgk/xxgk03/202305/t20230509_1029446. html。

③ 《国家能源局——煤改气，落实气源是前提》，中华人民共和国中央人民政府网站，2017 年 12 月 15 日，https：//www. gov. cn/xinwen/2017-12/15/content_5247131. htm。

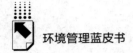

理，开展渣土和垃圾填埋、污水处理过程中安全排查治理，强化粉尘企业安全风险管控。① 全国各省（区、市）积极响应行动号召，根据自身环境污染现状制定实施了适合本地的危险废物专项整治三年行动方案。截至 2021 年底，我国已对全国 6 万余家工业制造企业开展了危险废物环境风险隐患排查，发现并整治了 2 万多个问题，建立了规范化、系统化的危险废物重点监管单位清单。

（五）生活垃圾无害化处理

近年来，我国垃圾分类工作持续深入推进，截至 2023 年 5 月，全面实施生活垃圾分类的城市和地区已达到 297 个，有 82.5% 的居民小区做到了生活垃圾分类处理回收整治，垃圾的处理能力达到每日 53 万吨，其中焚烧处理占 77.6%，提高了城市生活垃圾资源化处理利用水平。②

2020 年 11 月，住房和城乡建设部、生态环境部等 11 个部门印发了《关于进一步推进生活垃圾分类工作的若干意见》，旨在到 2025 年实现地级以上城市基本建立生活垃圾分类投放、分类收集、分类运输、分类处理系统。③ 2021 年 4 月 9 日，住房和城乡建设部发布《农村生活垃圾收运和处理技术标准》，目的在于提高农村生活垃圾的回收处理能力。同年 5 月 6 日，国家发展和改革委员会印发了《"十四五"城镇生活垃圾分类和处理设施发展规划》，推动实施生活垃圾分类制度，实现垃圾减量化、无害化和资源化处理，大力推行焚烧处理，健全回收转运体系，提升生活垃圾的处理能力。

2022 年 2 月 15 日，住房和城乡建设部办公厅发布了《关于依法推动生活垃圾分类工作的通知》。2022 年 5 月 26 日，住房和城乡建设部等相关部

---

① 《全国安全生产专项整治三年行动计划》，全国商业消防与安全协会网站，2020 年 4 月 24 日，http://www.ncfcsa.cn/UploadFiles/75/2020-4/P132321881911760.pdf。
② 《2025 年底前，我国将基本实现垃圾分类全覆盖》，腾讯网，2023 年 5 月 25 日，https://new.qq.com/rain/a/20230525A07X0100。
③ 《12 部门联合印发〈意见〉46 城年底前实现生活垃圾分类基本全覆盖》，中华人民共和国中央人民政府网站，2020 年 12 月 5 日，https://www.gov.cn/xinwen/2020-12/05/content_5567131.htm。

门发布了《关于进一步加强农村生活垃圾收运处置体系建设管理的通知》，并于同年 11 月 14 日发布了《关于加强县级地区生活垃圾焚烧处理设施建设的指导意见》，① 目标是到 2025 年，全国县级地区基本形成生活垃圾分类和处理体系；到 2030 年，小型生活垃圾焚烧处理设施技术进一步成熟，基本实现生活垃圾无害化处理。②

（六）废旧物资循环利用

2022 年 1 月，为进一步提升废旧物资回收循环再利用，国家发展和改革委员会印发了《关于加快废旧物资循环利用体系建设的指导意见》（发改环资〔2022〕109 号），该意见指出，到 2025 年，基本建立庞大的回收网络，再生资源加工利用量达 4.5 亿吨。③

为提高废旧物资循环利用能力，2022 年 7 月 19 日，国家发展和改革委员会等 7 个部门发布了废旧物资循环利用体系建设重点城市名单，要求名单中的各城市加快健全废旧物资回收网络体系，为全国废旧物资循环体系的建立提供成功典型经验。④ 同年 12 月 29 日，国家发展和改革委员会办公厅发布了《关于做好推进有效投资重要项目中废旧设备规范回收利用工作的通知》⑤，要求提升再生资源加工利用水平，鼓励实施高质量再制造项目，治理行业散乱污的状况。

---

① 《鼓励农村推行符合农村生活习惯的垃圾分类方式》，《农村百事通》2023 年 2 月 1 日。
② 《国家发展改革委等部门关于加强县级地区生活垃圾焚烧处理设施建设的指导意见》，中华人民共和国国家发展和改革委员会网站，2022 年 11 月 14 日，https：//zfxxgk. ndrc. gov. cn/web/iteminfo. jsp？id＝19003。
③ 《国家发展改革委等部门关于加快废旧物资循环利用体系建设的指导意见》，中华人民共和国国家发展和改革委员会网站，2022 年 1 月 17 日，https：//zfxxgk. ndrc. gov. cn/web/iteminfo. jsp？id＝18632。
④ 《国家发展改革委办公厅等关于印发废旧物资循环利用体系建设重点城市名单的通知》，中华人民共和国国家发展和改革委员会网站，2022 年 7 月 19 日，https：//zfxxgk. ndrc. gov. cn/web/iteminfo. jsp？id＝18903。
⑤ 《国家发改委：推进废旧设备回收利用 引导加大金融支持力度》，《经济参考报》2023 年 2 月 15 日。

（七）尾矿库污染防治

为加强尾矿库的污染治理情况，防范和化解尾矿库环境风险，2022年5月23日，生态环境部办公厅印发《尾矿库污染隐患排查治理工作指南（试行）》，要求尾矿库运营和管理单位建立健全环境污染防治制度，根据问题清单制定治理方案，消除污染隐患。①

---

① 《关于发布〈尾矿库污染隐患排查治理工作指南（试行）〉的公告》，中华人民共和国生态环境部网站，2022年5月20日，https://www.mee.gov.cn/xxgk2018/xxgk/xxgk01/202205/t20220526_983457.html。

B.3
固体废物利用和处置管理的对比与启示

李影影　赵娜娜　李金惠*

摘　要： 自2017年起，《控制危险废物越境转移及其处置的巴塞尔公约》（简称《巴塞尔公约》）附件四"关于废物利用和最终处置方式"开始修订，历时五年仍未取得积极进展。附件四是《巴塞尔公约》定义废物管理的方式，各国废物管理方式的多元化使得此项修订谨慎而缓慢。我国关于固体废物是"利用"还是"处置"的区分也有很多争议，法律法规的不同定义和要求对日常管理及执法量刑有较大影响，给各级生态环境管理部门和企业带来了较大的困扰。本报告通过对我国及其他主要国家利用和处置固体废物方式以及日常管理和执法中遇到的典型情况进行探讨和分析，发现各国对"利用"和"处置"的理解略有不同，我国法律法规关于固体废物"利用"和"处置"也有不同的定义和管理要求。研究内容以期对我国固体废物管理提供参考和借鉴。

关键词： 固体废物　《巴塞尔公约》　管理规定

一　《巴塞尔公约》相关规定

《巴塞尔公约》是1989年通过的以保护发展中国家环境和人民身体健

---

* 李影影，巴塞尔公约亚太区域中心工程师，主要研究方向为固体废物和有毒有害化学品环境管理政策和技术；赵娜娜，巴塞尔公约亚太区域中心高级工程师，主要研究方向为固体废物和有毒有害化学品环境管理政策和技术；李金惠，清华大学环境学院教授，主要研究方向为循环经济、国际环境治理、化学品和废物管理与政策。

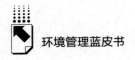

康为目的的公约，目前共有包括我国在内的 189 个缔约方。根据《巴塞尔公约》，"废物"指"处置或打算予以处置或按照国家法律法规规定必须加以处置的物质或物品"。其中的"处置"包括"利用"和"最终处置"两方面，"利用"包括"能量回收""提取溶剂"等 14 种方式，"最终处置"包括"填埋""焚烧"等 12 种方式。

目前处置作业方式（《巴塞尔公约》附件四）正在修订，计划将现行的两部分内容改为"A. 最终处置作业方式"和"B. 回收再利用作业方式"。其中，"最终处置"指非回收、非循环的操作，即使最终处置过程会伴随物质和能量回收的次要结果。"回收再利用"指废物以代替其他材料或履行某种功能为最终目的的操作。针对每种方式的具体名称和分类尚在讨论中。

二 主要发达国家有关规定

（一）欧盟

欧盟有关废物处理的基本法律是 2008 年制定的《废物框架指令》（2008/98/EC），对废物采用等级管理制度，优先顺序自上而下分别是：准备再使用、利用、其他材料回收方式（如回填）、能量回收、处置。针对废物焚烧属于利用还是处置的问题，欧盟认为焚烧设施如果配备了热能回收装置即为利用，并对能效计算进行了规定。

（二）加拿大

加拿大也采用废物等级管理制度，优先顺序自上而下依次是预防和减量、再使用—修复、再制造—翻新、利用、能量回收、填埋。《危险废物和危险可回收材料进出口条例》列明了对危险废物的利用和处置操作，针对废物焚烧是利用还是处置的判定标准为废物在能量回收系统中作为燃料时的热值至少为 12780kJ/kg，相当于原煤热值的 60%。

（三）美国

《资源保护与回收法案》（RCRA）是美国固体废物管理的基础性法律，其管理范围包括一般固体废物和危险废物两大类。美国在对一般固体废物的管理规定中仅对利用、回收、处置做了界定。美国对固体废物的管理同样采用等级管理制度，优先顺序自上而下分别是源头减量和再使用、利用（包括堆肥）、能量回收、处理和填埋。

（四）日本

日本对废物管理提出了"3R"理念，包含四大原则：一是优先进行再使用，可解释为延长产品的使用寿命；二是将无法再使用的废物进行循环利用，可理解为材料化利用；三是将无法循环利用的废物尽可能地转化为能源，即能量回收；四是对无法按照前三种方式进行回收利用的废物，则予以处置。日本对部分处理方式做出定义："利用"指以回收资源的全部或部分为原料，"能量回收"指利用全部或部分可用于或可能用于燃烧的再生资源来获取热量。

（五）小结

欧盟、美国、日本、加拿大等均对固体废物采用等级管理制度，基本为源头减量、再使用（包括维修、翻新）、材料化利用、能量回收、焚烧和填埋处置。各国对"利用"的解释略有不同，但基本均可理解为"材料化利用"。这些国家均将"能量回收"作为一种方式单独列出。

三　我国对利用和处置固体废物的管理规定

我国多项固体废物相关法律、法规、标准涉及"利用"和"处置"。我国针对这两种方式提出了不同的管理要求。

一是《固废法》。该法对固体废物"利用"和"处置"进行了定义，是

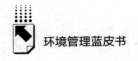

此类定义的最高层级规定。其中，"利用"是指"从固体废物中提取物质作为原材料或者燃料的活动"。此处存在争议的为是否必须存在"提取"的过程，例如粉煤灰用于生产水泥、秸秆饲料化利用等全量利用方式不存在"提取"的过程，这种方式是否可归入《固废法》的"利用"范围还存在争议。

另外，《固废法》对固体废物以"利用"和"处置"为不同目的的跨省转移也做了不同要求，其中，以"利用"为目的的跨省转移只需要向属地生态环境管理部门进行备案，而以"处置"为目的的跨省转移则要进行申请审批。

二是《固体废物再生利用污染防治技术导则》（HJ1091—2020）。该导则中没有"利用"的定义，但它对"再生利用"进行了定义，即"将固体废物直接作为原料或燃料利用，或者通过分离、纯化等工艺处理后进行物质资源化利用的过程，分为用作原料或替代材料的物质再生利用和用作替代燃料的能量再生利用"。与《固废法》相比，该导则的"再生利用"在《固废法》规定的"提取"的基础上增加了"直接作为原料或燃料利用"，比《固废法》"利用"的定义范围更广，还增加了"建材利用"和"土地利用"两种细化方式。

三是《危险废物鉴别导则通则》（GB5085.7）。该通则对危险废物利用后产生的固体废物的判定原则为"仅具有毒性的危险废物，利用后产生的固体废物可以鉴别，而处置后产生的危险废物仍然为危险废物"。在此情况下，对利用或处置方式的判定，与后续废物能否"解套"直接挂钩，对危险废物经营企业影响深远。此规定产生争议的主要是该通则规定的"利用"是否仅包括《固废法》的定义范围，《固体废物再生利用污染防治技术导则》规定的"再生利用"的方式是否可以等同对待。

四是《危险废物转移环境管理办法》。该管理办法对跨省（区、市）处置危险废物的原则进行了规定，即"应当以转移至相邻或者开展区域合作的省、自治区、直辖市的危险废物处置设施，以及全国统筹布局的危险废物处置设施为主"，却未对跨省"利用"危险废物进行原则性要求。

五是《排污许可证申请与核发技术规范　工业固体废物和危险废物治理》（HJ1033）。该文件附录对废物利用、处置方式进行了细化，分为利用方式（作为燃料或以其他方式产生能量、溶剂回收、再生酸或碱、废油再提炼等）、处置方式（填埋、物理化学处理、焚烧、水泥窑共处置等）和其他方式［生产建筑材料、清洗（包装容器）］。除了"水泥窑共处置"外，利用和处置方式的内容基本出自《巴塞尔公约》附件四。该文件在《固废法》的定义之外额外增加了"其他"这个既不归为"利用"也不归为"处置"的方式。但是根据《固体废物再生利用污染防治技术导则》，"生产建筑材料""清洗（包装容器）"均符合"再生利用"的定义。

可以看出，我国法律法规关于固体废物"利用"和"处置"有不同的定义和管理要求，各级生态环境部门和研究机构对"利用"和"处置"也有不同的理解，这导致管理要求和违法犯罪量刑尺度不一以及一些疑问。例如，危险废物热解、工业窑炉共处置产生的固体废物以及包装桶清洗后是否可以根据危险废物利用后鉴别原则进行鉴别？水泥窑共处置是否可以认定为"利用"而不受跨省转移的限制？

四 利用和处置方式界定模糊的典型情况分析

目前，我国在日常管理和危险废物鉴别过程中有多种利用和处置方式界定模糊不清，不同法规对它们的解释不同，较为典型的有以下几种。

（一）能量回收

根据《固废法》，"从固体废物中提取物质作为原材料或燃料的活动"即为"利用"，但未提取而直接焚烧是否为能量回收存在争议，例如近年来各地有强烈需求的废物衍生燃料（RDF 或 SRF）没有提取的过程，按照《固废法》，它无法被界定为"利用"；根据《固体废物再生利用污染防治技术导则》的定义，"直接作为燃料利用"是一种"再生利用"方式；根据《排污许可证申请与核发技术规范　工业固体废物和危险废物治理》，"作为燃料或以其他方式产生能量"是一种"利用"方式；2021 年 6 月，湖南省生态环境厅发布的《规范危险废物经营管理的若干规定（试行）》规定，"替代燃料为高温窑炉提供热能的协同处理属于处置，替代原材料并最终转

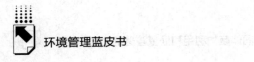

化为产品的协同处理属于利用"。

《巴塞尔公约》将"能量回收"列为"利用",欧盟、加拿大、美国、日本等均将"能量回收"单独作为一种方式,介于"材料化利用"和处置之间。

(二)水泥窑共处置

按《固废法》要求"从固体废物中提取物质作为原材料或燃料的活动"即为"利用",但水泥窑共处置是将固体废物直接生产成水泥产品,没有"提取"的过程,它是否属于"利用"存在争议。根据《固体废物再生利用污染防治技术导则》的定义,水泥窑共处置属于"建材利用"。根据《排污许可证申请与核发技术规范 工业固体废物和危险废物治理》,水泥窑共处置属于"处置"。根据《规范危险废物经营管理的若干规定(试行)》,水泥窑共处置属于"利用"。

《巴塞尔公约》目前没有将"水泥窑共处置"列为"利用"或"最终处置"方式,在附件四修订的讨论过程中,除我国以外的其他国家普遍认为此种方式应为"利用"。

(三)热解

《国家危险废物名录》中,焚烧处置残渣(HW18)将危险废物焚烧、热解都列为处置方式。2021年,中国环境科学研究院发布的《〈国家危险废物名录(2021年版)〉常见问题解答》指出,该名录所述"热解"为采用热解焚烧工艺处置危险废物,若采用热解工艺回收含油污泥中的矿物油则属于"利用"。2010年,工业和信息化部发布的《废旧轮胎综合利用指导意见》将废轮胎热解列为"综合利用"四大业务板块之一。

《巴塞尔公约》目前没有将"热解"列为"利用"或"最终处置"方式。其附件四修订的讨论过程还未明确是否列出此种方式。

(四)清洗

《排污许可证申请与核发技术规范 工业固体废物和危险废物治理》将

"清洗"列为"其他"方式；在《固体废物再生利用污染防治技术导则》中，"清洗"符合"再生利用"的定义。在实际操作中，包装容器（如油桶等）清洗的目的是包装容器再利用。

《巴塞尔公约》目前没有将"清洗"列为"利用"或"最终处置"方式。其附件四修订的讨论过程还未明确是否列出此种方式。

五　建议

（一）协调法律法规框架中不同定义及解释

我国应借鉴发达国家管理制度，重新审视各项法律、法规、标准中关于"利用"和"处置"及"再生利用"等相关名词的定义，特别是关于废物衍生燃料等"能量回收"方式、工业窑炉协同处理方式等新兴需求和问题，通过及时修法、修规或发布法律解释文件的方式，避免法规之间的不一致，防范"处置"范围扩大化，减少分歧。

（二）重新审视不同废物处理方式的管理要求

目前，我国重视"利用"和"处置"定义的原因是其相关法律要求有较大差异。固体废物特别是危险废物管理以环境风险防控为主要目的，我国应通过包括环境影响评估、排污许可在内的多种方式共同防控固体废物全过程管理中的环境风险，"利用"和"处置"都是固体废物处理方式，我国不应过度依赖处理方式来判断废物管理过程的风险。

（三）以外促内推动我国固体废物管理工作，以内促外通过谈判使我国做法成为国际惯例

《巴塞尔公约》附件四仍在修订过程中，专家工作组将进一步讨论作业方式的分类。对于我国而言，《巴塞尔公约》附件四修订工作一方面是了

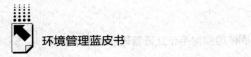

解其他国家在不同经济发展阶段遇到的废物管理问题及相应对策的渠道，另一方面是使公约的要求与我国现行制度吻合的必经路径。因此，我国应积极跟踪并参与此项修订工作，学习各国经验，并将我国的管理实践反映到《巴塞尔公约》里，使国内外法律定义吻合。

B.4
从世界卫生组织电子废物报告
谈我国电子废物管理策略和重点*

谭全银 董庆银 李金惠**

摘　要： 2021 年 6 月 15 日，世界卫生组织发布《儿童与电子废物垃圾场：电子废物接触与儿童健康报告》。该报告援引了 2005 年以来我国部分学者的研究成果，以阐释电子废物非正规处理对当地人群健康，尤其是儿童健康的影响。援引文献涉及我国贵屿、台州等地。该报告第二章大篇幅引用我国学者论文介绍电子废物非正规处理可能引发的健康风险，但未展现我国历史数据的演变情况，也不能反映目前我国的电子废物管理现状，失之偏颇。建议密切关注舆论并做好引导工作，进一步提升对废弃电器电子产品行业管理的重视程度，并将打击非法拆解列入各级政府环保督察的重要工作内容。

关键词： 电子废物　儿童健康　世界卫生组织

我国自 2000 年起禁止电子废物进口。2002 年，绿色和平组织赴广东贵屿开展电子废物处理调研，并于 2003 年联合中山大学发布《汕头贵屿电子

---

* 项目来源：国家社会科学基金重大项目"社会源危险废弃物环境责任界定与治理机制研究"（项目编号：16ZDA071）。

** 谭全银，清华大学环境学院助理研究员，主要研究方向为新兴固体废物回收技术与产业政策、环境风险防控，固体废物与塑料污染治理及国际环境公约履约策略；董庆银，巴塞尔公约亚太区域中心副研究员，主要研究方向为固体废物和危险废物管理政策；李金惠，清华大学环境学院教授，主要研究方向为循环经济、国际环境治理、化学品和废物管理与政策。

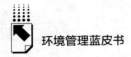

垃圾拆解业的人类学调查报告》①。2004～2005 年，绿色和平组织继续在贵屿开展电子废物非正规处理情况调研。

针对电子废物管理，2007 年原国家环境保护总局发布《电子废物污染环境防治管理办法》②，2009 年国务院发布《废弃电器电子产品回收处理管理条例》③（以下简称《条例》，自 2011 年 1 月 1 日起施行），确立了废弃电器电子产品多渠道回收和集中处理制度，以规范回收处理活动，促进资源综合利用和循环经济发展，保护环境，保障人体健康。考虑到非正规场地的污染问题，2010 年原环境保护部设立《典型电子废物集中处置区域污染调查与环境风险评价（后续电子废物及城区污染场地管理）》项目，开展典型地区的风险识别与环境风险评价研究。同时，2010 年原环境保护部制定了设施发展规划、资格许可、补贴审核、信息管理等配套《条例》实施的系列政策，建立了相对完善的废弃电器电子产品管理制度。

长期以来，电子废物一直是国际社会重点关注的废物类别。《巴塞尔公约》自 2002 年起持续关注电子废物向发展中国家出口问题和环境无害化管理议题。2006 年，《巴塞尔公约》通过了《电子废物环境无害化管理的内罗毕宣言》，呼吁采取行动应对电子废物非法越境转移问题；自2008 年起，相关国家和组织围绕电子废物环境无害化管理，开展了伙伴关系、区域能力建设、编制《废旧电子和电气设备越境转移特别是废物和非废物加以区别的技术准则》④（以下简称《技术准则》）等工作。2017 年，我国牵头对《技术准则》草案进行了修订，于 2019 年《巴塞尔公

---

① 《汕头贵屿电子垃圾拆解业的人类学调查报告》，绿色和平组织网站，2003 年 9 月 1 日，https：//www. greenpeace. org. cn/2003/09/01/guiyu-report/。

② 《电子废物污染环境防治管理办法》，中华人民共和国生态环境部网站，2007 年 9 月 27 日，https：//www. mee. gov. cn/gzk/gz/202112/t20211203_962863. shtml。

③ 《废弃电器电子产品回收处理管理条例》（国务院令第 551 号），中华人民共和国中央人民政府网站，2009 年 2 月 25 日，https：//www. gov. cn/gongbao/content/2019/content_5468893. htm。

④ "The Revised Technical Guidelines on Transboundary Movements of Electrical and Electronic Waste and Used Electrical and Electronic Equipment, in Particular Regarding the Distinction between Waste and Non waste under the Basel Convention," Basel Convention，https：//www. basel. int/Implementation/Ewaste/TechnicalGuidelines/DevelopmentofTGs/tabid/2377/Default. aspx。

约》缔约方会议第 14 次会议（COP14）暂行通过，鼓励各国向秘书处反馈相关意见。目前，国际上仍存在电子废物非法越境转移以及非正规拆解处理问题，导致一定的环境和健康隐患。基于此，世界卫生组织（WHO）于 2021 年 6 月发布《儿童与电子废物垃圾场：电子废物接触与儿童健康报告》（以下简称《报告》）。本报告分析了它的背景和主要内容，提出我国电子废物管理的若干建议。

一 《报告》简介

（一）编制背景

2013 年，WHO 启动"电子废物与儿童健康倡议"①，以更多地获取关于电子废物健康影响的证据、知识和认识，提高卫生部门在管理和预防相应风险、跟踪风险进展情况以及完善旨在保护儿童健康的电子废物政策方面的能力，改进对电子废物接触风险的监测和促进保护公众健康的干预措施。WHO 在 2013 年关于电子废物暴露的健康影响综述基础上，对前五年关于电子废物健康问题的研究成果进行了更新，于 2021 年发布了《儿童与电子废物垃圾场：电子废物接触与儿童健康报告》②。

（二）编写人员

《报告》由 WHO 气候、环境与卫生司儿童健康专家玛丽-诺埃尔·布吕内·德里塞（Marie-Noël Bruné Drisse）组织协调，WHO 顾问菲奥娜·戈尔迪（Fiona Goldizen）曾与朱莉娅·戈尔曼（Julia Gorman）带领的专家团队

---

① World Health Organization, "WHO Initiative on E-waste and Child Health (leaflet)," https：//iris. who. int/bitstream/handle/10665/341755/WHO－HEP－ECH－CHE－21. 01－eng. pdf? sequence＝1.

② World Health Organization, "Children and Digital Dumpsites：E-waste Exposure and Child Health," https：//apps. who. int/iris/bitstream/handle/10665/341718/9789240023901－eng. pdf.

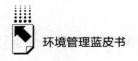

编写。汕头大学医学院徐锡金教授是《报告》致谢提及的唯一中国学者，其他人员均为国外人员，且 WHO 体系内的人员占多数。

（三）内容

《报告》指出，迫切需要采取有效和有约束力的行动来保护全世界数百万儿童、青少年和孕妇，避免他们的健康因非正规处理废弃电器电子产品而受到威胁。《报告》呼吁进出口商和政府采取有效和有约束力的行动，以便确保电子废物的环境无害化处置以及工人、其家庭和社区的健康与安全；监测电子废物接触风险和健康结果；促进材料更好地再利用；鼓励制造更耐用的电器电子产品。《报告》同时呼吁卫生界采取行动减少电子废物对健康的不利影响。

《报告》共分为四个章节、三个附件和若干图片。其中，四个章节内容分别为电子废物发展趋势、环境和非正规处理过程污染物的暴露途径，电子废物暴露给儿童带来的健康和后续影响，电子废物与卫生行动和政策议程，未来之路——WHO 在减少电子废物接触对健康的影响方面开展的工作；三个附件分别为文献调研方法、废物和电子废物处理工人（包括妇女和儿童在内）数量估算以及国家数据表（涉及电子废物产生量以及国家立法相关工作、研究文献相关的非正规电子废物拆解处理场情况）。

二 《报告》涉及我国电子废物管理的内容以及文献情况

（一）《报告》涉及我国电子废物管理情况

《报告》第一章介绍电子废物发展趋势、环境以及非正规处理过程污染物的暴露途径。这部分引用 107 篇文献，其中 13 篇涉及我国。13 篇文章介绍电子废物处理产生的污染物对儿童健康和土地的影响，其中 4 篇为

2012 年之后发表的研究文章，样品采样年限为 2012~2014 年。

《报告》第二章聚焦电子废物暴露给儿童带来的健康和后续影响。这部分引用 137 篇文献，其中 80 余篇涉及我国。电子废物暴露对健康的影响主要涉及对新生儿不良影响，胎盘端粒短，生长发育，神经发育，学习和行为结果，免疫功能，甲状腺和内分泌系统功能，肺功能、呼吸功能与哮喘，气道抗菌活性，心血管危险因素，听力损失，嗅觉能力，肝功能，凝血受损，空腹血糖水平，男性生殖障碍、生殖器疾病和精子质量，肾损伤标记物，DNA 损伤，基因表达，氧化应激。相关研究成果几乎全部引用我国学者文章，暴露场景分布在浙江台州，广东清远、贵屿等地。约 80% 的文章为 2011 年后发表，人群血样的数据采样时间分布在 2006~2017 年、多数集中在 2010~2013 年，研究领域聚焦铅、镉等重金属，多溴二苯醚（PBDEs）、多环芳烃（PAHs）等有机污染物，结果显示贵屿地区学龄前儿童血铅含量逐年降低，贵屿地区胎盘和脐带血中的镉、贵屿地区人群尿液 PAHs 代谢物，以及台州地区胎盘中的 PBDEs 含量逐年降低。

《报告》第三章聚焦电子废物与卫生行动和政策议程，设置了 10 个专栏，引用 85 篇文献，其中 8 篇涉及我国。专栏 3.4 特别介绍了中国在电子废物拆解场地（如贵屿、台州等地）开展的为降低儿童血铅含量的措施，提及在 2000 年前后，我国各级政府以及相关机构为降低儿童血铅含量而共同开展的一系列卓有成效的工作，包括我国推进电子废物正规处理设施建设和更严厉的进口管制，以及地方政府开展的宣传教育活动等。《报告》引用的数据显示，政府开展相关工作后，儿童血铅水平呈下降趋势。2004 年，贵屿 165 名幼儿园儿童的血铅平均水平为 15.3μg/dL，2006 年在同一所幼儿园儿童的血铅平均水平下降至 13.7μg/dL，均属于高血铅症。[①] 2015 年和 2017 年的调查发现，贵屿地区 332 名和 357 名儿童的血铅中值分别为

---

① 2006 年 2 月 9 日，原卫生部《儿童高血铅症和铅中毒分级和处理原则（试行）》规定，连续两次静脉血铅水平为 100~199μg/L 为高血铅症；连续两次静脉血铅水平等于或高于 200μg/L 为铅中毒，并依据血铅水平分为轻度、中度、重度铅中毒。轻度铅中毒：血铅水平为 200~249μg/L，中度铅中毒：血铅水平为 250~449μg/L，重度铅中毒：血铅水平等于或高于 450μg/L。

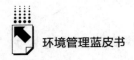

6.5μg/dL 和 4.86μg/dL，儿童血铅水平继续呈现下降趋势。

《报告》第四章介绍了 WHO 在减少电子废物接触对健康的影响方面开展的工作。这部分引用的 27 篇参考文献无涉及我国的文献。

《报告》附件中，"研究文献涉及的非正规电子废物拆解处理场情况"表格（表 A3.2）引用 31 篇参考文献，其中涉及我国的 4 篇文章发表年限为 2013~2017 年，提及的非正规电子废物拆解处理的具体地点为贵屿、台州、清远、香港地区，且相关内容均为数年前的情况。

（二）《报告》使用照片情况

《报告》使用了 18 张图片，涉及我国的 3 张图片（分别为《报告》第 32 页附图、第 49 页专栏 3.4 附图、第 63 页第四章封底图）均关于贵屿地区。经分析，第 26 页和第 63 页的第 2 张照片拍摄时间不晚于 2007 年 1 月，第 19 页的照片拍摄时间不晚于 2015 年 12 月。

三 我国废弃电器电子产品处理产业发展情况

我国是电器电子产品生产和消费大国，废弃电器电子产品（俗称电子废物、电子垃圾）产生量巨大。国家高度重视废弃电器电子产品回收处理工作，2009 年 2 月，国务院出台《废弃电器电子产品回收处理管理条例》（以下简称《条例》），根据我国国情，明确了目录制度、多渠道回收和集中处理制度、规划制度、资格许可制度及处理基金制度，将废弃电器电子产品回收处理纳入法治化轨道。根据相关数据，我国废弃电器电子产品规范回收处理率为 43.2%，高于欧洲的 42.5%。我国在废弃电器电子产品法规体系、全链条管理和企业环境监管方面开展了大量的工作，取得了丰富的成效。

（一）管理制度和标准规范体系基本健全

为落实《条例》，我国采取通过生产者缴纳基金对下游拆解处理环节进行补贴，进而带动上游回收工作；建立废弃电器电子产品处理基金，用于废弃电器电子产品回收处理费用的补贴；激励推动废弃电器电子产品从个体商贩回收等渠道进入正规处理企业处理，消除环境隐患、降低环境风险。2012~2020 年，国家共审核拨付基金补贴 195 亿元，约 5.2 亿台废弃电器电子产品从各种回收渠道进入正规处理企业进行拆解，在很大程度上抑制了个体非法拆解现象的发生。

（二）回收处理各环节全链条管理

2015 年，经国务院批准，国家发展和改革委员会会同生态环境部等部门发布《废弃电器电子产品处理目录（2014 年版）》。近年来，在废弃电器电子产品回收处理全链条管理方面，国家发展和改革委员会、工业和信息化部、生态环境部在完善废旧家电回收处理体系、开展废弃电器电子产品拆解处理企业绩效评价、提高废弃电器电子产品综合利用水平等方面开展了一系列工作，有效推进废弃电器电子产品处理行业的快速发展。

（三）拆解处理企业规范拆解环境监管全覆盖

近年来，生态环境部紧紧围绕废弃电器电子产品拆解处理企业环境监管，组织各省（区、市）充分研究、科学规划处理企业建设布局、合理确定企业处理能力，落实拆解处理企业资格许可制度、严格行业准入，严格开展企业拆解处理种类和数量的核实确认，各级生态环境部门对拆解处理企业申报废弃电器电子产品拆解规范性进行审核。

四　结论和建议

近年来，我国废弃电器电子产品处理行业取得了长足的进步。为有效消除国际社会对我国废弃电器电子产品处理行业的负面印象和错误认知，宣传

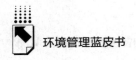

我国废弃电器电子产品处理行业现状和取得的成效，结合 WHO 发布的报告反映的相关问题，提出以下结论和建议。

（一）《报告》引用较多涉及我国文章

WHO 发布的《报告》具有较高的国际影响力，其部分内容展现了我国在电子废物管理中取得的成效，《报告》第二章的表格分析材料援引文献绝大多数涉及我国。从某种程度上看，这展示了我国的科研能力，但是缺少对我国目前电子废物管理情况的展示，可能会加深国际社会对我国情况的误解。建议在适当的国际场合，如《巴塞尔公约》缔约方大会由我国主办的巴塞尔公约亚太区域中心召开边会，系统介绍我国电子废物管理的进展。

（二）跟进相关报告可能引发的问题

《报告》聚焦电子废物非正规处理带来的健康影响，但由于缺少对我国历史数据的演变分析以及电子废物管理进展介绍，读者获取有效的结论比较困难，我国需跟进《报告》带来的相关问题。建议结合《条例》等修订的宣贯，进一步介绍我国近年来在规范废弃电器电子产品处理行业开展的工作，积极展示我国在该行业取得的成效。

（三）进一步提升对废弃电器电子产品处理重要性的认识

废弃电器电子产品非正规处理会造成环境隐患。建议将打击非法拆解列入中央和省级生态环境保护督察重点工作内容。同时，有序推进贵屿、台州等历史废弃电器电子产品非正规处理场地的修复工作。另外，我国废弃电器电子产品处理基金补贴机制是对国际治理模式的创新，各级管理部门应加强行业管理，在保证基金规范使用的前提下，提升对行业治理重要性的认识，并适时将废弃电器电子产品回收利用纳入"无废城市"建设重点任务和垃圾分类工作。

B.5
我国废旧动力电池管理政策分析

郝硕硕　董庆银　赵　玲　李金惠*

摘　要： 我国的新能源汽车产业继续保持高速发展的态势，截至 2022 年底，新能源汽车持有量已达 1300 多万辆。相应地，我国动力电池退役量进入爆发式增长期，到 2030 年将有望达到 400 万吨。退役后的动力电池 70%~80% 的储电容量可用于通信基站发电、低速电动车电瓶、电网储能等梯次利用领域。近年来，我国发布了一系列动力电池回收利用管理政策，初步建立了基于"生产者责任延伸制"的动力电池回收利用政策框架体系。目前，我国在动力电池回收利用管理办法制定、动力电池拆解废物属性判断、动力电池再生原料进口等方面还存在政策管理诉求。建议加强行业规范，增强政策约束；强化数字赋能，监管电池流向；加强环保监管，推动原料进口。

关键词： 新能源　动力电池　回收利用

一　我国废旧动力电池产生量预测

（一）我国新能源汽车产销情况

我国新能源汽车产销量继续快速增长。截至 2022 年底，我国新能源

---

* 郝硕硕，巴塞尔公约亚太区域中心工程师，主要研究方向为固体废物管理政策；董庆银，巴塞尔公约亚太区域中心副研究员，主要研究方向为固体废物和危险废物管理政策；赵玲，青海大学财经学院教授，主要研究方向为区域经济、生态经济学；李金惠，清华大学环境学院教授，主要研究方向为循环经济、国际环境治理、化品品和废物管理与政策。

汽车保有量已达到 1300 多万辆。① 2022 年，我国汽车产量达到了 2700 万辆，销量达到 2680 万辆。其中，新能源汽车产量为 705.8 万辆，同比增长 97%；销量为 688.7 万辆，同比增长 93%；市场占有率提升至 25.6%。纯电动汽车产量为 550 万辆，销量为 540 万辆；插电式混合动力汽车产量为 158.8 万辆，销量为 151.8 万辆；燃料电池汽车产量为 4000 辆，销量为 3000 辆。2022 年，纯电动汽车销量占新能源汽车销售总量的比例为78.6%。②

根据 2011~2022 年的新能源汽车销量数据，预测到 2025 年，纯电动汽车销量将达到 820 万辆，插电式混合动力汽车销量将达到 210 万辆。2030 年，我国纯电动汽车销量将达到 1760 万辆，插电式混合动力汽车销量将达到470 万辆。③

（二）我国动力电池退役量预测

假设动力电池平均使用寿命为 5~8 年，30%的动力电池使用 5 年，40% 的动力电池使用 6 年，20%的动力电池使用 7 年，10%的动力电池使用 8 年。④ 纯电动汽车电池按 450 千克/辆，插电式混合动力汽车电池按 250 千克/辆计算，考虑每辆电动汽车使用过程，纯电动汽车平均需要更换电池 2~ 3 次，估算全国动力电池退役量。全国动力电池退役量预计在 2025 年将达到 56 万吨，在 2026~2030 年将进入爆发式增长期，预计在 2030 将达到 400 万吨，预计在 2035 年将增至 1000 万吨以上。⑤

---

① 《我国新能源汽车保有量达 1310 万辆 呈高速增长态势》，中华人民共和国中央人民政府网站，2023 年 1 月 11 日，https：//www. gov. cn/xinwen/2023-01/11/content_5736281. htm。
② 《产销连续 8 年全球第一，我国新能源汽车保持高速增长》，中华人民共和国中央人民政府网站，2023 年 1 月 13 日，https：//www. gov. cn/xinwen/2023-01/13/content_5736715. htm。
③ 《插电混动汽车专题报告：自主插混全面发展，驱动车企电气化转型》，腾讯网，2023 年 3 月 31 日，https：//new. qq. com/rain/a/20230331A04HHR00。
④ 《我国首批新能源汽车电池迎来"退役潮"，退役电池回收将何去何从?》，腾讯网，2021 年 12 月 3 日，https：//new. qq. com/rain/a/20211203A03JYD00。
⑤ 《"双循环"让退役锂电池有了新出路》，中国科学院网站，2023 年 11 月 22 日，https：// www. cas. cn/cm/202311/t20231122_4986602. shtml。

二　我国废旧动力电池管理政策梳理

（一）管理政策发展历程

我国的废旧动力电池管理政策经历了长时间调整后逐步完善，见图1~图4，不同阶段发布的具体管理政策见附件1。

1.起步阶段（2006~2016年）

国家发展和改革委员会牵头提出和推动动力电池回收利用；国务院办公厅印发文件要求依托生产者责任延伸制度，提升动力电池回收利用率（见图1）。

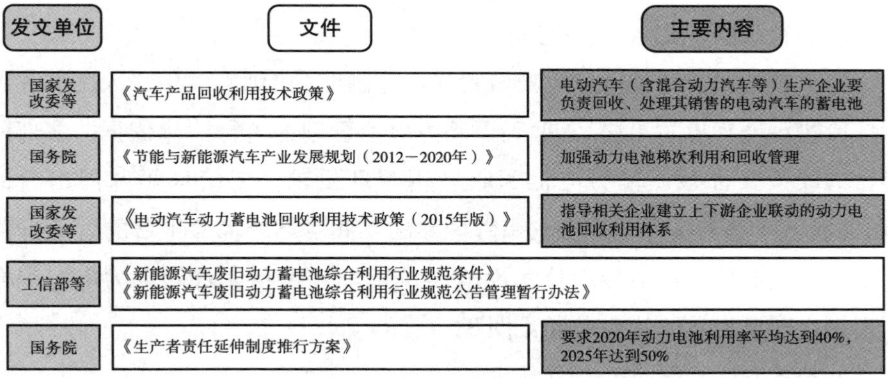

发文单位	文件	主要内容
国家发改委等	《汽车产品回收利用技术政策》	电动汽车（含混合动力汽车等）生产企业要负责回收、处理其销售的电动汽车的蓄电池
国务院	《节能与新能源汽车产业发展规划（2012—2020年）》	加强动力电池梯次利用和回收管理
国家发改委等	《电动汽车动力蓄电池回收利用技术政策（2015年版）》	指导相关企业建立上下游企业联动的动力电池回收利用体系
工信部等	《新能源汽车废旧动力蓄电池综合利用行业规范条件》《新能源汽车废旧动力蓄电池综合利用行业规范公告管理暂行办法》	
国务院	《生产者责任延伸制度推行方案》	要求2020年动力电池利用率平均达到40%，2025年达到50%

图1　我国废旧动力电池管理政策发展历程—起步阶段

资料来源：笔者自制。

2.探索阶段（2017~2019年）

工信部牵头出台动力电池回收利用管理办法，开展动力电池回收利用试点，指导动力电池溯源管理和回收网点建设，引导动力电池综合利用行业规范发展（见图2）。

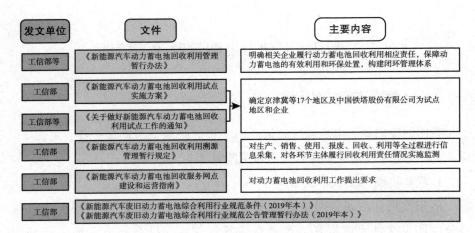

图2 我国废旧动力电池管理政策发展历程—探索阶段

资料来源：笔者自制。

3.完善阶段（2020~2021年）

将"建立动力电池等的生产者责任延伸制度"[①] 纳入《中华人民共和国固体废物污染环境防治法》，明确了动力电池管理的上行法律依据。多部门出台的政策文件强调动力电池回收利用管理要求；工信部等部门出台的《新能源汽车动力蓄电池梯次利用管理办法》和生态环境部出台的《废锂离子动力蓄电池处理污染控制技术规范（试行）》两份文件对动力电池综合利用提出了更为具体的要求（见图3）。

4.持续发展阶段（2022年至今）

工信部、生态环境部等部门发布的相关文件体现了对动力电池回收利用工作的重视，动力电池梯次利用产品认证工作有序开展（见图4）。

（二）国家标准推进进展

我国动力电池回收利用系列国家标准与国家政策同步研究出台，见附件2。

[①] 《中华人民共和国固体废物污染环境防治法》，中华人民共和国生态环境部网站，2020 年 4 月 30 日，https：//www. mee. gov. cn/ywgz/fgbz/fl/202004/t20200430_777580. shtml。

发文单位	文件	主要内容
全国人大常委会	《中华人民共和国固体废物污染环境防治法》	国家建立车用动力电池等产品的生产者责任延伸制度
商务部等	《报废机动车回收管理办法实施细则》	提出了有关废电池的管理要求
国务院	《新能源汽车产业发展规划（2021—2035年）》	建设动力电池高效循环利用体系，落实生产者责任延伸制度
生态环境部	《废锂离子动力蓄电池处理污染控制技术规范（试行）》	对废锂离子动力蓄电池的处理、处理过程中的污染控制、环境监测、运行环境管理提出了总体要求
工信部等	《新能源汽车动力蓄电池梯次利用管理办法》	包括总则、梯次利用企业要求、梯次产品要求、回收利用要求、监督管理、附则6个章节
国务院	《2030年前碳达峰行动方案》	推进退役动力电池等新兴产业废物循环利用
生态环境部等	《"十四五"时期"无废城市"建设工作方案》	支持汽车制造等龙头企业与再生资源回收加工企业合作，建设废旧动力电池回收中心

图3 我国废旧动力电池管理政策发展历程—完善阶段

资料来源：笔者自制。

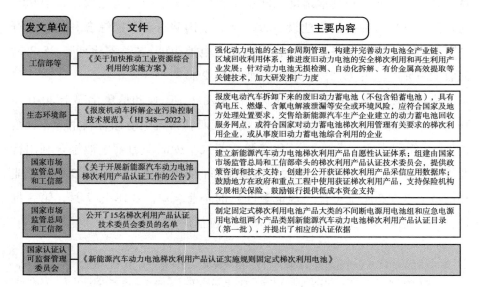

图4 我国废旧动力电池管理政策发展历程—持续发展阶段

资料来源：笔者自制。

动力电池回收利用方面，按照回收管理规范、梯次利用和再生利用分为三个系列，每个系列包括4~7个标准。目前，回收管理规范系列出台了包装运输标准、回收服务网点标准，梯次利用系列出台了余能检测、拆卸要求、梯次利用要求和梯次利用产品标识4个部分，再生利用系列出台了拆解规范、材料回收要求和放电规范3个部分。除了动力电池回收利用系列标准和《电力储能用锂离子电池退役技术要求》外，国家标准《车用动力电池回收利用　通用要求》处于征求意见阶段。

（三）回收利用管理要求

在国家政策标准推动下，动力电池溯源管理和回收服务网络建设取得重大进展，回收步伐加快。截至2023年12月底，全国共有79家梯次利用企业和162家汽车生产企业共设立了10468个回收服务网点，覆盖了全国31个省（区、市）的327个地级行政区。[①] 网点主要分布在京津冀、长三角、珠三角、中部地区和其他地区。网点主要由汽车生产企业建设，其中98%为依托汽车售后服务机构建设。2022年，全国共有103家综合利用企业开展了动力电池回收业务，共回收废旧动力电池10万吨，同比增长55.2%，回收的三元电池占49.5%、磷酸铁锂占42.2%。[②]

为规范动力电池回收利用行业的健康发展，工业和信息化部于2016年和2020年先后发布了两版《新能源汽车废旧动力蓄电池综合利用行业规范条件》（简称《规范条件》）和《新能源汽车废旧动力蓄电池综合利用行业规范公告管理暂行办法》（简称《管理暂行办法》）。截至2023年，工业和信息化已发布4批符合《规范条件》的企业名单。2018年7月，第一批符合《规范条件》的企业名单发布，仅包括广东光华科技、荆门格林美、

---

① 《2023年12月动力电池退役数据月报》，中汽数据，2024年1月31日，https：//mp. weixin. qq. com/s？ biz = MzI5NjYxNzg0NA = = &mid = 2247609271&idx = 2&sn = 4568b7fc755a74c05e17 e3f49bb82e25&chksm = ec42f9acdb3570bade5f5134bb1d7b8c9356258e6eb603e71430abbf768e98c944 0cf0ef648e&scene = 27。

② 《2023年4月动力电池退役数据月报发布》，中国日报网，2023年6月6日，https：//tech. chinadaily. com. cn/a/202306/06/WS647e9b99a310dbde06d2212a. html。

衢州华友、湖南邦普循环科技和赣州豪鹏科技 5 家龙头企业，但未标明企业类型是梯次利用还是再生利用。2019 年底，工业和信息化部修订并发布了新的《规范条件》和《管理暂行办法》，随后发布了第二批、第三批和第四批符合条件的企业名单，共计 80 家。其中，45 家为梯次利用企业，28 家为再生利用企业，7 家企业同时申报梯次利用和再生利用。

三　废旧动力电池管理政策诉求分析

（一）《新能源汽车动力电池综合利用管理办法》制定进展

2018 年 1 月，工业和信息化部、商务部、国家质检总局等 7 个部门和单位联合发布了《新能源汽车动力蓄电池回收利用管理暂行办法》，文件提到建立健全规范的新能源汽车动力蓄电池回收利用监管机制，发挥各相关方的监督管理职能作用，从而促进新能源汽车动力蓄电池回收利用行业持续有序发展。经过几年的推动落实，企业的消极性与市场的盲目性之间的矛盾凸显，各方迫切希望新的更具强制力的管理办法出台，工业和信息化部自 2021 年启动管理办法制定工作。

2023 年 4 月，工业和信息化部发布了 15 项制定规章的工作计划，包括在 2023 年内完成《新能源汽车动力蓄电池回收利用管理办法》的起草，并适时提请审议。10 月 27 日，节能与综合利用司组织召开座谈会，介绍了《新能源汽车动力电池综合利用管理办法》的征求意见和修改情况。

（二）关于废旧动力电池是否纳入《国家危险废物名录》

目前，我国对废旧动力电池按照一般固体废物进行管理。然而，废旧动力电池在拆解和材料回收过程中产生的电解液和重金属物质具有一定的危害性，是否应将其纳入《国家危险废物名录》并加强环境监管，仍有待进一步研究。

动力电池的主要构成有：①正极材料：主要为 $LiFePO_4$ 电池正极材料与

三元锂电池正极材料［Li（NiCoMn）O_2］，②负极材料：主要是石墨，③电解液：主要为$LiPF_6$，④隔膜。[①] 废旧动力电池拆解过程主要存在如下环境风险。首先，动力锂电池通常含有由含氯塑料制成的组件，导致电池焙烧环节可能产生二噁英等剧毒物质。其次，电池原料的环境友好性较差，电解液中含有的毒性有机溶剂存在污染水体和土壤的风险；同时，$LiPF_6$属于有毒物质且易潮解，可能导致氟污染。再次，受工艺技术条件的限制，镍、钴、锰等重金属元素易混入拆解过程产生的残余物、废渣等废物中，从而造成环境污染。最后，废旧动力锂电池的拆解产物（如浆化酸浸环节产生的含有镍、钴、锰等重金属的酸浸渣）是否属于危险废物，仍需按照相关管理要求进行鉴别。

将部分废旧动力电池拆解产物列入《国家危险废物名录》并纳入环境监管范围，将有利于规范动力电池回收利用行业的市场秩序，规避环境风险，但可能增加利用企业管理成本和处置费用，间接提高其流入非法渠道的可能性。

（三）废旧动力电池再生材料进口管理

2023年3月16日，欧盟委员会发布《关键性原材料法案》（简称《CRMA法案》），以解决欧盟关键性原材料供应可持续和安全问题，增强欧洲在精炼、加工和回收关键性原材料方面的能力。到2030年，欧盟内部至少生产10%的关键性原材料，至少加工40%的关键性原材料，并且在回收利用阶段至少回收15%的关键性原材料，并确保任何进口的战略原材料对单一第三国的年消耗量不高于65%。[②] 该法案将保障电池制造业所需的锂、钴、镍等关键原材料的供应，并规范这些原材料的采购和使用，从而降低电池的生产成本，促进电动汽车的普及。此外，《CRMA法案》关于回收

---

① 《动力电池行业深度报告：动力电池材料及结构创新未来展望》，腾讯网，2021年7月27日，https：//new.qq.com/rain/a/20210727A04S7A00。

② 《欧盟发布〈关键原材料法案〉》，中国科学院科技战略咨询研究院网站，2023年6月15日，http：//www.casisd.cn/zkcg/ydkb/kjzcyzxkb/2023/zczxkb202305/202306/t20230615_6778560.html。

金属出口限制以及禁止废旧电动汽车电池金属出口的要求，将促使回收行业提高循环经济水平和资源利用效率，推动回收行业的技术创新和可持续发展，为欧洲实现资源可持续利用和环境保护做出积极贡献。

目前，我国一方面未限制废旧动力电池和拆解材料的出口，可能会造成战略资源的流失；另一方面全面禁止固体废物进口，杜绝了废旧动力电池进口通道。2021 年 12 月，工业和信息化部发布行业标准《粗氢氧化镍钴》（YS/T 1460—2021），规定了粗氢氧化镍钴的技术要求、试验方法、检验规则等，适用于含镍、钴元素的锂离子电池废料使用湿法富集工艺处理后得到的粗氢氧化镍钴产品，可作为生产镍、钴、锰三元素复合氢氧化物、镍或钴、镍钴锰酸锂的化工盐及其他相关材料的原料。但是，目前有关再生镍、钴原料的进口仍然存在不确定性。

近年来，我国新能源汽车和动力电池产业发展迅猛，但我国动力电池镍、钴、锂、锰本身储备不足，动力电池关键原料过度依赖进口。我国应借鉴欧盟经验，出台政策以减少对涉及电池制造、电动汽车、可再生能源等重点行业的关键原料的依赖，提升关键原料供应链的稳定性。

四 废旧动力电池管理政策建议

为进一步完善我国动力电池回收利用政策管理体系，提升我国动力电池回收利用率，促进动力电池回收利用行业健康发展，建议从以下几方面予以考虑。

（一）加强行业规范，增强政策约束

推动制定《新能源汽车动力蓄电池回收利用管理办法》，进一步明确各利益相关方责任，建立动力电池回收目标核算制度。推动研制动力电池回收利用国家标准、行业标准，完善动力电池的标准体系。针对未编码的历史遗留电池，出台回收利用管理政策，避免其游离于政府监管之外。

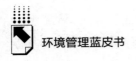
（二）强化数字赋能，监管电池流向

强化信息平台作用，加强对企业填报的溯源信息的真实性核查。对"未在国家溯源平台注册登记而开展动力电池回收利用的""未列入公示的回收服务网点而开展动力电池回收的"① 单位，加强日常监管和行政处罚。加强梯次产品流向监管，确保梯次产品安全回收，防止二次污染。

（三）加强环保监管，推动原料进口

加强动力电池回收利用环境监管。研究废旧动力电池拆解和材料回收过程中固体废物属性，慎重考虑将动力电池拆解产物全部列入《国家危险废物名录》。推动制定和应用镍、钴、锂、锰等原料标准，开展进口再生原料固体废物属性鉴别，适度放宽关键再生原料进口要求，开辟动力电池再生原料进口通道。

附件1　我国动力电池回收利用管理政策一览表

序号	发布日期	政策文件名称	发布单位
1	2006 年 2 月 6 日	《汽车产品回收利用技术政策》	国家发展和改革委员会、科技部、国家环保总局
2	2012 年 6 月 28 日	《节能与新能源汽车产业发展规划（2012—2020 年）》	国务院
3	2016 年 1 月 5 日	《电动汽车动力蓄电池回收利用技术政策(2015 年版)》	国家发展和改革委员会、工业和信息化部、环境保护部、商务部、国家质量监督检验检疫总局

---

① 《设立回收服务网点 1 万余 动力电池回收体系初步建立》，人民网，2021 年 12 月 10 日，http：//finance. people. com. cn/n1/2021/1210/c1004-32304566. html。

序号	发布日期	政策文件名称	发布单位
4	2016 年 2 月 4 日	《新能源汽车废旧动力蓄电池综合利用行业规范条件》《新能源汽车废旧动力蓄电池综合利用行业规范公告管理暂行办法》（2019 年 12 月 16 日废止）	工业和信息化部
5	2016 年 12 月 25 日	《生产者责任延伸制度推行方案》	国务院办公厅
6	2018 年 1 月 26 日	《新能源汽车动力蓄电池回收利用管理暂行办法》	工业和信息化部、科技部、环境保护部、交通运输部、商务部、国家质检总局、能源局
7	2018 年 2 月 22 日	《关于组织开展新能源汽车动力蓄电池回收利用试点工作的通知》	工业和信息化部、科技部、生态环境部、交通运输部、商务部、国家市场监管总局、国家能源局
8	2018 年 7 月 2 日	《新能源汽车动力蓄电池回收利用溯源管理暂行规定》	工业和信息化部
9	2018 年 7 月 23 日	《关于做好新能源汽车动力蓄电池回收利用试点工作的通知》	工业和信息化部、科技部、生态环境部、交通运输部、商务部、国家市场监管总局、国家能源局
10	2019 年 10 月 31 日	《新能源汽车动力蓄电池回收服务网点建设和运营指南》	工业和信息化部
11	2019 年 12 月 16 日	《新能源汽车废旧动力蓄电池综合利用行业规范条件(2019 年本)》《新能源汽车废旧动力蓄电池综合利用行业规范公告管理暂行办法(2019 年本)》	工业和信息化部
12	2020 年 4 月 29 日	《中华人民共和国固体废物污染环境防治法》	全国人大常委会
13	2020 年 7 月 18 日	《报废机动车回收管理办法实施细则》	商务部、国家发展和改革委员会、工业和信息化部、公安部、生态环境部、交通运输部、国家市场监督管理总局
14	2020 年 10 月 20 日	《新能源汽车产业发展规划(2021—2035 年)》	国务院办公厅

序号	发布日期	政策文件名称	发布单位
15	2021 年 8 月 7 日	《废锂离子动力蓄电池处理污染控制技术规范(试行)》	生态环境部
16	2021 年 8 月 19 日	《新能源汽车动力蓄电池梯次利用管理办法》	工业和信息化部、科技部、生态环境部、商务部、国家市场监管总局
17	2021 年 10 月 26 日	《关于印发 2030 年前碳达峰行动方案的通知》	国务院
18	2021 年 12 月 15 日	《"十四五"时期"无废城市"建设工作方案》	生态环境部等 18 部门
19	2022 年 1 月 27 日	《关于印发加快推动工业资源综合利用实施方案的通知》	工业和信息化部、国家发展和改革委员会、科学技术部、财政部、自然资源部、生态环境部、商务部、国家税务总局
20	2022 年 7 月 7 日	《报废机动车拆解企业污染控制技术规范》	生态环境部
21	2023 年 1 月 20 日	《关于开展新能源汽车动力电池梯次利用产品认证工作的公告》	国家市场监管总局、工业和信息化部
22	2023 年 8 月 30 日	《关于发布新能源汽车动力电池梯次利用产品认证目录(第一批)和组建新能源汽车动力电池梯次利用产品认证技术委员会的公告》	国家市场监管总局、工业和信息化部
23	2023 年 9 月 25 日	《新能源汽车动力电池梯次利用产品认证实施规则 固定式梯次利用电池》	国家认监委

资料来源：笔者自制。

附件 2 我国动力电池回收利用系列国家标准一览表

分类	发布日期	标准名称及编号
回收管理规范	2020 年 3 月 31 日	车用动力电池回收利用管理规范第 1 部分包装运输(GB/T 38698.1—2020)
	2023 年 9 月 7 日	车用动力电池回收利用管理规范第 2 部分回收服务网点(GB/T 38698.2—2023)
	拟立项	车用动力电池回收利用管理规范第 3 部分综合利用信息手册
	拟立项	车用动力电池回收利用管理规范第 4 部分装卸搬运规范
	拟立项	车用动力电池回收利用管理规范第 5 部分存储规范

分类	发布日期	标准名称及编号
梯次利用	2017 年 7 月 12 日	车用动力电池回收利用 梯次利用第 1 部分余能检测（GB/T 34015—2017）
	2020 年 3 月 31 日	车用动力电池回收利用 梯次利用第 2 部分拆卸要求（GB/T 34015.2—2020）
	2021 年 8 月 20 日	车用动力电池回收利用 梯次利用第 3 部分梯次利用要求（GB/T 34015.3—2020）
	2021 年 8 月 20 日	车用动力电池回收利用 梯次利用第 4 部分梯次利用产品标识（GB/T 34015.4—2020）
	正在起草（计划号 20221253-T-339）	车用动力电池回收利用 梯次利用第 5 部分可梯次利用设计指南
	拟立项	车用动力电池回收利用 梯次利用第 6 部分剩余寿命评估规范
	拟立项	车用动力电池回收利用 梯次利用第 7 部分退役判断及分类要求
再生利用	2017 年 5 月 12 日	车用动力电池回收利用 拆解规范（GB/T 33598—2017）
	2020 年 3 月 31 日	车用动力电池回收利用 再生利用第 2 部分材料回收要求（GB/T 33598.2—2020）
	2021 年 10 月 11 日	车用动力电池回收利用 再生利用第 3 部分放电规范（GB/T 33598.3—2021）
	拟立项	车用动力电池回收利用 再生利用第 4 部分回收处理报告
通用要求	征求意见（计划号 20213562-T-339）	车用动力电池回收利用 通用要求
技术要求	2023 年 12 月 28 日	电力储能用锂离子电池退役技术要求（GB/T 43540—2023）

资料来源：笔者自制。

化学品环境管理篇

B.6
我国化学品环境管理现状及未来展望
（2022~2023）

柳思帆　陈源　蔡震　李金惠*

摘　要：　化学品种类繁多、用途广泛，部分有毒有害化学品具有环境持久性、生物蓄积性，对生殖系统、免疫系统、神经系统等有毒性效应，对人体健康具有长期隐蔽风险。作为化学品生产和使用大国，我国化学品环境管理逐步形成由法律法规、部门规章、标准规范构成的多层级管理体系，现阶段实施的管理制度主要包括新化学物质环境管理登记制度、有毒化学品进出口管理制度、新污染物治理等。目前我国化学品环境管理仍面临缺乏专项法规、基础数据不足、基础研究支撑薄弱等挑战。对此，本报告提出健全法律法规体系、完善技术标准体系、加强科研投入等工作建议，为我国加强化学品环境管理提供参考。

---

* 柳思帆，巴塞尔公约亚太区域中心工程师，主要研究方向为化学品环境管理；陈源，巴塞尔公约亚太区域中心研究员，主要研究方向为化学品环境管理；蔡震，青海大学财经学院讲师，主要研究方向为国际经济与贸易；李金惠，清华大学环境学院教授，主要研究方向为循环经济、国际环境治理、化学品和废物管理与政策。

关键词： 化学品环境管理　新化学物质　新污染物

化学品作为日常生活的一部分，被广泛用于工业、农业和日常生活。联合国环境规划署发布的《全球化学品展望Ⅱ》指出，化学工业在 2017 年全球规模为 5 万多亿美元，预计到 2030 年实现倍增。[①] 化学品与人类社会息息相关，但在为人类生活提供便利的同时，也带来一定的风险。据欧洲环境署估算，2016 年在欧洲消费的化学品中有 62% 对人体健康有害；[②] 据世界卫生组织估计，2019 年有 200 万人因化学品暴露失去生命。[③] 有的化学品，如持久性有机污染物（POPs）等新污染物在环境中可存留几十年甚至上百年，可在食物网中积累并对动物和人类造成不利影响。[④] 有学者研究发现，作为 POPs 之一的多氯联苯在海洋食物链顶级捕食者虎鲸体内赋存浓度很高，可能对虎鲸种群数量下降造成不良影响。[⑤] 部分有毒有害化学品具有致癌、致畸、致突变效应，对人体及动物体内的生殖系统[⑥]、免疫系统[⑦]、

[①] "Global Chemicals Outlook Ⅱ：From Legacies to Innovative Solutions：Implementing the 2030 Agenda for Sustainable Development，" Nairobi，Kenya：United Nations Environment Programme，2019.

[②] Statistical Office of the European Union，"Production of Toxic Chemicals by Toxicity Class，" https：//www.eea.europa.eu/data-and-maps/daviz/production-of-toxic-chemicals-by-3#tab-chart_1，2018-11-28.

[③] "The Public Health Impact of Chemicals：Knowns and Unknowns-Data Addendum for 2019，" https：//www.who.int/publications/i/item/WHO-HEP-ECH-EHD-21.01.

[④] I. T. Cousins，C. A. Ng，Z. Wang，et al.，"Why is High Persistence alone a Major Cause of Concern?" *Environmental Science：Processes & Impacts*，Vol.5，2019，pp.781-792；Paul D. Jepson，Robin J. Law，"Persistent Pollutants，Persistent Threats，" *Science* 352，2016，pp.1388-1389.

[⑤] Jean-Pierre Desforges et al.，"Predicting Global Killer Whale Population Collapse from PCB Pollution，" *Science* 361，2018，pp.1373-1376.

[⑥] 张信连、杨维东、刘洁生：《环境内分泌干扰对生物和人体健康的影响》，《国外医学（临床生物化学与检验学分册）》2005 年第 6 期；李立平、魏东斌、李敏肖等：《有机紫外防晒剂内分泌干扰效应研究进展》，《环境化学》2012 年第 2 期。

[⑦] 雷鹏辉：《环境内分泌干扰物双酚 S 和双酚 F 对斑马鱼早期发育的免疫毒性效应及致毒机理》，硕士学位论文，上海大学，2019。

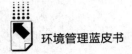

神经系统①等都可能造成损害。

随着有毒有害化学品使用的持续增多，其风险以及环境、健康损害日益凸显，越来越受到社会各界的广泛关注。我国化工行业起步较晚，因此化学品环境管理起步相应也较晚。近年来，党中央、国务院高度重视化学品环境管理问题，2022年发布的《新污染物治理行动方案》对我国化学品环境管理具有里程碑意义。本报告通过梳理我国化学品环境管理现有体系，分析我国化学品环境管理面临的挑战，针对我国化学品环境管理下一步工作提出政策建议。

一 我国化学品环境管理现状

（一）我国化学品环境管理体系

经过多年发展，我国化学品环境管理体系不断完善，逐步形成由法律法规、部门规章、标准规范构成的多层级管理法律体系（见图1）。

在法律法规方面，2014年修订的《中华人民共和国环境保护法》，为我国化学品环境管理奠定了基础。此外，我国先后出台《中华人民共和国固体废物污染环境防治法》《中华人民共和国海洋环境保护法》《中华人民共和国大气污染防治法》《中华人民共和国水污染防治法》《中华人民共和国土壤污染防治法》《中华人民共和国黄河保护法》《中华人民共和国长江保护法》等法律法规，对化学品环境管理相关内容做出指引。如《中华人民共和国土壤污染防治法》② 第二十条指出，"国务院生态环境主管部门应当会同国务院卫生健康等主管部门，根据对公众健康、生态环境的危害和影响程度，对土壤中有毒有害物质进行筛查评估，公布重点控制的土壤有毒有害

---

① 陈蝶、高明、吴南翔：《持久性有机污染物的毒性及其机制研究进展》，《环境与职业医学》2018年第6期。

② 《中华人民共和国土壤污染防治法》，中华人民共和国生态环境部网站，2018年8月31日，http://www.mee.gov.cn/ywgz/fgbz/fl/201809/t20180907_549845.shtml。

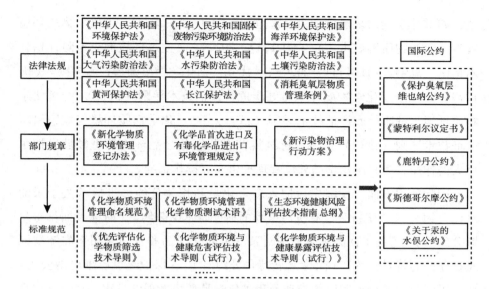

图1 我国化学品环境管理法律体系

资料来源：笔者自制。

物质名录，并适时更新"；《中华人民共和国黄河保护法》[①] 指出"国务院生态环境等主管部门和黄河流域县级以上地方人民政府及其有关部门应当加强对持久性有机污染物等新污染物的管控、治理"。

部门规章方面，生态环境部先后出台《新化学物质环境管理登记办法》、《化学品首次进口及有毒化学品进出口环境管理规定》、《新污染物治理行动方案》、《中国严格限制的有毒化学品名录》（2023 年）、《重点管控新污染物清单（2023 年版）》等。部门规章作为我国化学品环境管理的重要构成，对我国新化学物质环境管理、有毒化学品进出口环境管理、新污染物治理等方面做出具体指导，是化学品环境管理各项工作开展的主要依据。

标准规范方面，我国先后出台多项化学品环境管理相关国家标准和规

---

① 《中华人民共和国黄河保护法》，中华人民共和国生态环境部网站，2022 年 10 月 30 日，http：//www. mee. gov. cn/ywgz/fgbz/fl/202210/t20221030_998324. shtml。

范，如《化学物质环境管理命名规范》（HJ 1357—2024）、《化学物质环境管理　化学物质测试术语》（HJ 1257—2022）、《生态环境健康风险评估技术指南　总纲》（HJ 1111—2020）、《优先评估化学物质筛选技术导则》（HJ 1229—2021）、《化学物质环境与健康危害评估技术导则（试行）》、《化学物质环境与健康暴露评估技术导则（试行）》、《化学物质环境与健康风险表征技术导则（试行）》等。标准规范在我国化学品环境管理领域发挥了巨大的作用，为我国化学品环境管理提供实际操作指导。

国际公约方面，我国先后加入多个化学品相关公约，包括《关于汞的水俣公约》、《关于持久性有机污染物的斯德哥尔摩公约》（简称《斯德哥尔摩公约》）、《关于在国际贸易中对某些危险化学品和农药采用事先知情同意程序的鹿特丹公约》（简称《鹿特丹公约》）、《保护臭氧层维也纳公约》等。国际公约的加入和履约推动了我国化学品环境管理的进程，在一定程度上为国内化学品环境管理提供指引。

（二）我国化学品环境管理的主要制度

1. 新化学物质环境管理登记制度

我国对新化学物质实施登记制度。2003 年，原国家环境保护总局发布《新化学物质环境管理办法》，2010 年更新发布《新化学物质环境管理办法》（环境保护部令第 7 号），并在 2020 年再次更新为《新化学物质环境管理登记办法》（生态环境部令第 12 号）。要求新化学物质的生产者或者进口者，在生产或者进口新化学物质前进行常规登记、简易登记或备案。《新化学物质环境管理登记办法》（生态环境部令第 12 号）进一步规范我国新化学物质管理，坚持源头准入、风险防范、分类管理的原则，对可能存在较大环境健康风险的新化学物质进行科学、有效的评估和管控。新化学物质环境管理登记是防范化学物质环境风险的"防火墙"，是防控新污染物增量的重要源头管理制度和工作抓手。

2. 有毒化学品进出口环境管理登记制度

1994 年，我国颁布《化学品首次进口及有毒化学品进出口环境管理规定》，对有毒化学品进出口实施登记管理。2023 年，我国发布《中国严格限制的有毒化学品名录》（2023 年），名录共收录 9 种化学物质，包括全氟辛基磺酸及其盐类和全氟辛基磺酰氟（PFOS 类）、全氟辛酸及其盐类和相关化合物（PFOA 类）、十溴二苯醚等。根据名录，凡进口或出口名录所列有毒化学品的，需向生态环境部申请办理有毒化学品进（出）口环境管理放行通知单（简称"放行通知单"），并凭放行通知单在海关办理进出口手续。

3. 新污染物治理

2022 年 5 月，国务院办公厅印发《新污染物治理行动方案》（以下简称《行动方案》），开启了我国新污染物治理时代，将化学品环境管理提到新的高度，对我国化学品环境管理具有重要意义。《行动方案》聚焦持久性有机污染物、内分泌干扰物、抗生素、微塑料等新污染物，以有效防范新污染物环境与健康风险为核心，提出通过完善法规制度、开展调查监测、严格源头管控、强化过程控制、深化末端治理、加强能力建设等行动举措，统筹推进新污染物环境风险管理。

同年底，生态环境部等多部门联合发布《重点管控新污染物清单（2023年版）》（简称"清单"），纳入了 14 种重点管控的新污染物，并提出环境风险管控措施，从生产、加工使用、处理处置、进出口等多个环节提出管理要求。

二　我国化学品环境管理面临的挑战

（一）管理层面尚未出台化学品环境管理专项法律法规

目前我国化学品环境管理仍处于发展阶段，对比欧盟自 2007 年起实施《关于化学品注册、评估、授权和限制的法规》、美国 1977 年颁布《有毒物质控制法》、日本自 1973 年起实施《化学物质审查与生产控制法》，截至 2023 年底，我国尚未颁布国家层面的化学品环境管理专项法律法规，在化学品环境管理方面的立法进程稍显缓慢。专项法律法规的缺乏，导致对化学品基础信息的数据收集及监督缺乏明确、有效的制度管理，进而难以有效落实企业主体责任，地方监管无据可循，加大了监管难度。

（二）基础数据不足，信息化水平低

我国作为化学品生产和消费使用大国，化学工业门类齐全，涉及纺织业、化学原料和化学制品制造业、橡胶和塑料制品业等多个行业，化工产品范围广，近年来我国的化学工业产业值规模已跃居世界第一，超过全球第2~4名的总和。① 这一现状决定了我国化学品环境管理涉及的化学品种类多、基数大、范围广、基础数据收集难。在化学品风险管理方面，目前我国仅在新化学物质登记时，要求开展毒性测试或开展环境风险评估，对现有化学物质的生产和使用并未做出相关要求。已开发的数据库无法互通，在大数据时代背景下信息化水平严重不足。

（三）基础研究存在瓶颈，难以有力支撑决策

我国已在化学品及新污染物方面开展大量研究，但化学品环境管理涉及危险化学品、健康、生态毒理、公共卫生、风险评估、污染治理等多领域，覆盖海洋、生态、水体、大气、土壤、固体废物等多要素，其治理具有复杂性。由于所涉体系庞大、缺乏系统部署，无法为政策的精准管控提供有力支撑。目前化学品环境管理仍存在技术难点和瓶颈，如化学品风险快速识别、化学物质监测标准及规范、风险管控技术标准体系、新污染物全生命周期排放清单、安全绿色替代品研究等，又如，许多省（区、市）尚不具备POPs等复杂化学品的监测能力，也无专门的实验室，基础设施严重缺乏，完全无法满足有毒有害化学品的污染控制需求。现有POPs监测体系尚未完全建立，许多物质并未设置排放标准，导致监管乏力。

---

① 时巧翠等：《环境新污染物风险防范与化学品环境管理》，《化学试剂》2022年第9期。

三　未来工作展望

（一）制定长期规划，健全法律法规体系

结合美丽中国建设目标，研究不同时期化学品环境管理重点工作，循序渐进地推进化学品环境管理工作。加快推动出台国家层面化学品环境管理专项法律法规，进一步明确管理目标、各机构职能、管理措施、监督管理等机制，为各级政府及环境管理部门监管提供法律依据。

（二）强化技术支撑，完善技术标准体系

技术标准体系是化学品环境管理的重要手段和工具。需进一步强化技术支撑，完善典型有毒有害化学品环境监测、风险评估、绿色替代、排放管控等标准体系，推动建立化学品生产、使用数据库，以及化学品储存、运输和处置情况台账，为化学品环境管理提供有力抓手。

（三）深化科学研究，加强科研投入

目前各领域学科研究水平差距较大、参差不齐，相互之间沟通及融合不足，深度及广度不一，难以有效支撑政府决策。需基于国家规划，系统性对各学科进展进行梳理及汇总，并针对如非靶向筛查、危害机理、风险评估、绿色替代等重难点课题设置科技专项，借助大数据、人工智能等智能手段逐一突破，为我国政府决策提供有力支撑。

B.7
内分泌干扰物管理现状及发展研究

赵维怡 陈源 蔡震 李金惠*

摘　要：　内分泌干扰物因其较高的生物活性和毒性效应引起世界范围的关注。本报告以英、美、日等发达国家和各国际组织对内分泌干扰物的研究和管控现状为例，从定义与识别标准、评估框架、清单与筛选测试和监管法规等方面，分析其重点工作环节和成果，以期为我国内分泌干扰物的全链条治理提供科学建议与参考。

关键词：　内分泌干扰物　识别标准　评估框架　内分泌干扰物评估清单

内分泌干扰物（Endocrine-Disrupting Chemicals，EDCs）作为新污染物之一，广泛存在于日常用品中，包括清洁剂①、食品包装袋②、玩具③、化妆品④

---

*　赵维怡，巴塞尔公约亚太区域中心助理工程师，主要研究方向为新污染物与化学品环境管理；陈源，巴塞尔公约亚太区域中心研究员，主要研究方向为固体废物与化学品环境管理；蔡震，青海大学财经学院讲师，主要研究方向为国际经济与贸易；李金惠，清华大学环境学院教授，主要研究方向为循环经济、国际环境治理、化学品和废物管理与政策。

① Inhye Lee, Kyunghee Ji, "Identification of Combinations of Endocrine Disrupting Chemicals in Household Chemical Products that Require Mixture Toxicity Testing," *Ecotoxicology and Environmental Safety*, 2022, p. 240.

② Jaye Marchiandi, Wejdan Alghamdi, Sonia Dagnino, *etc.*, "Exposure to Endocrine Disrupting Chemicals from Beverage Packaging Materials and Risk Assessment for Consumers," *Journal of Hazardous Materials*, 2024, p. 465.

③ Juliana Maria Oliveira Souza, Marília Cristina Oliveira Souza, Bruno Alves Rocha, *etc.*, "Levels of Phthalates and Bisphenol in Toys from Brazilian Markets: Migration Rate into Children's Saliva and Daily Exposure," *Science of The Total Environment*, 2022, p. 828.

④ María-Elena Fernández-Martín, Jose V. Tarazona, *Cosmetics, Endocrine Disrupting Ingredients*, *Editor (s): Philip Wexler, Encyclopedia of Toxicology (Fourth Edition)*, Academic Press, 2024, pp. 271-285.

和杀虫剂①等，其具有干扰内分泌系统正常功能调节的危害特性，可引发潜在的健康和环境风险。在现代工业化和农业生产的进程中，EDCs 的广泛使用和排放使得人类和生态系统长期暴露在其影响之下，因此对 EDCs 的国际管理变得愈加迫切。

自 20 世纪 90 年代末以来，EDCs 的研究与管控已成为全球环境与健康议程的重要组成部分。国际组织、政府部门以及科研机构在探索 EDCs 的生态影响、风险评估、监测方法等方面取得了显著进展。其中，联合国环境规划署和世界卫生组织等国际组织通过发布一系列关于 EDCs 的报告和指南，为各国制定 EDCs 的监管政策提供了科学依据。一些国家和地区已经在法律法规层面对 EDCs 进行了明确的定义，并制定了相关的限制和监管措施。2022 年 5 月，国务院办公厅印发《新污染物治理行动方案》，明确提出加强我国内分泌干扰物等新污染物治理。② 此外，我国积极参与国际合作，与其他国家和国际组织共同开展 EDCs 的监测、风险评估等工作，以提高我国在全球范围内应对 EDCs 挑战的能力。然而，由于 EDCs 的种类繁多、分布广泛，以及其潜在影响机制的复杂性，实际管理仍面临诸多挑战。

在应对内分泌干扰物所引发的环境健康问题并确保有效管理的背景下，欧美等发达国家已展开长达 20 余年的深入研究和探索。本报告系统总结并分析了欧盟、美国环境署（US EPA）、日本环境省（MoE）、经济合作与发展组织（OECD）、UNEP 和 WHO 所采取的管理举措和主要进展，梳理其在国家战略、建立标准、评估框架、清单，开展筛选测试和完善法律法规方面的工作和成果，以期为我国 EDCs 研究及管制措施的制定提供有益启示。

---

① Vinay Kumar, Neha Sharma, Preeti Sharma, *etc*, "Toxicity Analysis of Endocrine Disrupting Pesticides on Non-target Organisms: A Critical Analysis on Toxicity Mechanisms," *Toxicology and Applied Pharmacology*, 2023, p. 474.

② 《国务院办公厅关于印发〈新污染物治理行动方案〉的通知》（国办发〔2022〕15 号），中华人民共和国中央人民政府网，2022 年 5 月 24 日，http://www.gov.cn/zhengce/content/2022-05-24/content_5692059.htm。

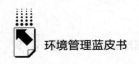

一 国家战略指引 EDCs 的研究

1999 年，欧盟委员会制定了"内分泌干扰物共同体战略"（Community Strategy for Endocrine Disruptors）〔COM（1999）706〕，设定短期（1~2 年）、中期（2~4 年）和长期（4 年以上）行动，以分阶段设定确立优先评估名录、建立并及时更新测试程序、替代品研究、国际协作和改进相关法律法规为主要目标，以期确定内分泌紊乱的不良影响，并在预防原则的基础上回应大众的关切。① 同时，在欧洲，各国对 EDCs 的研究有不同侧重点。2002 年，丹麦发布"内分泌干扰物战略"，通过立法对 EDCs 进行监管，重点开发 EDCs 测试方法体系，如开发检测人类和动物甲状腺激素系统紊乱的方法，② 关注 EDCs 生殖毒性、人类和野生动物的 EDCs 暴露情况以及淡水环境中 EDCs 的毒性影响。荷兰的研究聚焦 EDCs 在水体中的暴露水平及效应。意大利关注于改进 EDCs 的检测方法，研究其生殖毒性，以及探究其在水体、农业化学品和食品中的潜在污染问题。

1995 年，美国联邦政府委托国家科学技术委员会（NSTC）制定 EDCs 的研究战略，设立了一个由 US EPA 主导的工作组，确定"破坏内分泌化学成分的健康和生态影响计划大纲"。1996 年，美国国会通过《联邦食品、药品和化妆品法案》（《FFDCA 法案》）和《安全饮用水法》（《SDWA 法》）修正案，要求 US EPA 建立有效的 EDCs 测试和筛选系统，以便对农药和饮用水源中高暴露水平的 EDCs 进行检测。同时，授予 US EPA 在发现具有内分泌干扰性的物质时采取科学管控措施的权力，并于 1998 年启动"内分泌干扰物筛选计划"（EDSP）。③ 2023 年 4 月，US EPA 通过了一份题为"EDSP 中新方法（NAMs）的可用性"的白皮书草案，其中描述了现在 US

---

① https：//health. ec. europa. eu/endocrine-disruptors/overviewen.

② https：//mst. dk/erhverv/sikker - kemi/kemikalier/fokus - paa - saerlige - stoffer/hormonforstyrrende -stoffer/dansk -strategi -for -hormonforstyrrende -stoffer.

③ https：//www. epa. gov/endocrine -disruption.

EPA 可接受的、经过验证的 NAMs，以作为部分 EDSP 要求试验的替代方案。①

1998 年，日本环境省制订了内分泌干扰物战略计划"SPEED'98"②，并实施了多个后续行动计划（EXTEND2005、EXTEND2010、EXTEND2016、EXTEND2022）。为有效检测内分泌干扰物，日本积极开发检测技术，注重信息共享和国际合作。此外，日本还重点关注 EDCs 环境背景值调查、人体健康效应研究、野生动物的危害效应观察等。

二 定义以及建立 EDCs 识别和分类标准

由于 EDCs 识别分类的复杂性以及各国间科学知识和数据的差距，国际社会对 EDCs 没有统一的定义。目前，国际公认的 EDCs 定义为国际化学安全方案/世界卫生组织（IPCS/WHO）于 2002 年发表的"改变内分泌系统功能，从而在完整的生物体或其后代或（亚）种群中对健康造成不利影响的外源性物质或混合物"③。除上述定义外，还有一些定义是根据物质对内分泌系统的作用以及产生的不利影响的能力描述的。

2018 年，欧盟以 IPCS/WHO 定义为基础制定了适用于《植物保护产品法规》（PPPR）和《生物杀灭剂法规》（BPR）的 EDCs 识别标准配套指南文件，④ 明确规定化学物质在被视为具有内分泌干扰特性时，必须满足以下所有项：该化学物质对完整生物体或其后代造成不利影响，该化学物质具备内分泌干扰作用机制，该化学物质对生物体或其后代的不良影响源于其所产生

---

① https：//www. epa. gov/sciencematters/epa-releases-updated-new-approach-methodologies-nams-work-plan.

② "Ministry of the Environment of Japan. Environment Agency's Basic Policy on Environmental Endocrine Disruptors, Strategic Programs on Environmental Endocrine Disruptors SPEED'98," Tokyo：Environmental Policy Bureau, 1998.

③ International Programme on Chemical Safety, "Global Assessment on the State of the Science of Endocrine Disruptors," World Health Organization, https：//apps. who. int/iris/handle/10665/67357.

④ European Union, "Commission Regulation （EU） 2018/605," https：//eur-lex. europa. eu/eli/reg/2018/605/oj；European Union, "Commission Delegated Regulation （EU） 2017/2100," https：//eur-lex. europa. eu/eli/reg_del/2017/2100/oj.

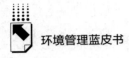

的内分泌干扰作用。2023 年，欧盟委员会对《欧盟物质和混合物的分类、标签和包装法规》（《CLP 法规》）附件 I 的健康和环境危害分类体系进行了修订，① 新增内分泌干扰物等三种危害，将 EDCs 对人类健康（ED HH）和环境（ED ENV）的危害，直接增加到现有的 10 项健康和 2 项环境危害分类中，同时针对以上两种 EDCs 危害分类，法规也给出了对应的危害分类标准，见表 1。

表 1　欧盟 CLP 法规内分泌干扰物分类标准

危害缩写	危险类别	分类标准
ED HH	第 1 类	已知或推测对人类健康产生危害的内分泌干扰物（满足以下至少一项）： a）人类数据； b）动物数据； c）非动物数据,提供与 a）或 b）数据有相同的预测能力;此类数据应满足：①内分泌活动;②对完整生物体或其后代产生不良影响;③内分泌活动与不良影响之间存在生物学上的合理关联性。 如果有信息对不良影响的相关性提出严重质疑，则将其归类为第 2 类可能更为合适
	第 2 类	怀疑对人类健康有影响的内分泌干扰物（满足以下所有项）： a）有证据表明：①内分泌活动；②对完整的生物体或其后代有不利影响； b）a）中提到的将该物质归类为第 1 类证据不足以令人信服； c）有证据表明内分泌活动与不良反应之间存在生物学上合理的联系
ED ENV	第 1 类	已知或推测对环境产生危害的内分泌干扰物（满足以下至少一项）： a）动物数据； b）非动物数据,提供与 a）数据有相同的预测能力;此类数据应满足：①内分泌活动;②对完整生物体或其后代产生不良影响;③内分泌活动与不良影响之间存在生物学上的合理关联性。 如果有信息对在人群或亚人群水平上确定的不良影响的相关性提出严重怀疑，则将其划分为第 2 类可能更合适
	第 2 类	怀疑对环境有影响的内分泌干扰物（满足以下所有项）： a）有证据表明：①内分泌活动；②对完整的生物体或其后代有不利影响； b）a）中提到的将该物质归类为第 1 类证据不足以令人信服； c）有证据表明内分泌活动与不良反应之间存在生物学上合理的联系

资料来源：笔者自制。

---

① European Union, "Commission Delegated Regulation（EU）2023/707," https：//eur-lex. europa. eu/eli/reg_ del/2023/707/oj.

美国将内分泌干扰物描述为"根据科学原理、数据权重证据和预防性原则等判断，能够改变天然血性激素的合成、分泌、转运、代谢、结合作用或排泄，引发生物体或其后代、生物种群或亚群不良效应的外源性化学物质或混合物"。[①]

1977 年，日本提出"环境激素"概念，用以描述环境中存在的类激素作用物质。随着研究的深入，该概念逐渐发展为"内分泌干扰物"，用以定义"通过作用于内分泌系统，对生物体产生损害或不良影响的外源性化学物质"[②]。

三　构建评估框架

干扰内分泌系统正常结构或功能的化学物质并不都具有高风险性，需要综合考量其暴露情况（剂量、频率和持续时间）和效力（活性程度）。因此，科学严谨的评估和建议有助于监管机构做出全面、正确的决策。

美国主要通过 EDSP 的双级法筛选测试食品和饮用水中潜在的雌激素、雄激素或甲状腺素。它通过一级筛选的体内和体外试验，识别出具有与内分泌系统相互作用的潜在 EDCs。根据一级筛选的结果，部分物质进入二级测试，美国通过长期的动物实验确定其特异性效应并建立浓度—效应曲线。二级测试的结果将与该类物质其他危害信息和暴露评估结果相结合，以便政府进行风险评估。[③]

OECD 工作重点在于开发 EDCs 的测试方法和工具。OECD 制定了

---

① U. S. Environmental Protection Agency, "Endocrine Disruptor Screening and Testing Advisory Committee (EDSTAC) Final Report," https：//www. epa. gov/endocrine-disruption/endocrine-disruptor-screening-and-testing-advisory-committee-edstac-final.

② Ministry of the Environment, Japan, "Further Actions to Endocrine Disrupting Effects of Chemical Substances-EXTEND2016," https：//www. env. go. jp/content/000047301. pdf.

③ Catherine E. Willett, Patricia L. Bishop, Kristie M. Sullivan, "Application of an Integrated Testing Strategy to the U. S. EPA Endocrine Disruptor Screening Program," *Toxicological Sciences*, Vol. 123, Issue 1, September 2011, pp. 15-25.

"EDCs测试和评估概念框架"，包括现有数据和非试验信息（一级）、采用体外试验获得关于选定的内分泌机制/途径的数据（二级）、采用体内试验获得关于选定的内分泌机制/途径的数据（三级）、采用体内试验获得内分泌相关终点不良作用的数据（四级）、采用体内试验获得更广泛的生物体生命周期内的内分泌相关终点更为全面的不良作用数据（五级），并发布上百种EDCs筛选和测试方法的指南，包括物理化学性质检测、模型预测以及使用大鼠、鱼类等多种动物进行内分泌干扰机制/途径的体内和体外测试等。①

欧盟完全采用OECD验证方法作为基本的筛选和测试依据，然后采用证据权重方法对科学数据进行评估，以不良结果路径（AOPs）为指导，进行测试和评估综合方法（IATA）的修订工作。

日本参考EDSP和OECD的框架，优先采用OECD已验证的测试方法和双级法对EDCs进行筛选和测试，同时开发其他适用的测试方法。目前，日本针对野生动物生殖、发育和生长等毒性效应分别提出了EDCs评估框架。

目前，各国研究机构正致力于研究替代（非动物）实验方法以完善现有框架。US EPA于2012年发布"21世纪内分泌干扰物筛选计划"（EDSP 21），提出利用高通量体外测试技术、计算毒理学技术评估筛选潜在EDCs。②OECD一直在为使用替代方法如（Q）SAR、化学品分组、证据权重—基于生理学的药代动力学模型（WoE PBPK模型）和AOPs开发指南和工具包。

四 优先清单和筛选测试

根据英国、绿色和平组织、世界野生动物基金等国家和组织提出的12个化学物质清单，欧盟确定了一份含564种化学物质的清单。综合考虑化学品的产量、持久性、内分泌干扰效应和暴露特征四个维度，最终确认了117

---

① https：//www.oecd.org/fr/env/ess/essais/oecdworkrelatedtoendocrinedisrupters.htm.

② U.S. Environmental Protection Agency, "Endocrine Disruptor Screening Program（EDSP）in the 21st Century," https：//www.epa.gov/endocrine−disruption/endocrine−disruptor−screening−program−edsp−21st−century.

种具有或潜在具有内分泌干扰效应的物质，建立了 EDCs 优先评估清单，其中已证实 66 种物质可干扰内分泌活动。基于人类或野生动物的暴露风险，将这些物质划分为高度关注物质（60 种）、中度关注物质和低度关注物质。另外 51 种物质需进一步验证。

US EPA 根据《FFDCA 法案》和《SDWA 法》，于 2009 年和 2013 年分别发布了两批化学物质测试清单。[①] 第 1 批包含 67 种物质，涵盖农药活性成分和高产量农药助剂；第 2 批包含 109 种物质，涵盖农药活性成分和饮用水中关注的化学物质。除了上述两批清单外，根据《FFDCA 法案》和《SDWA 法》管控的化学物质清单估计，待进行测试评估的化学物质约有 1 万种。US EPA 于 2015 年 9 月发布了第 1 批 52 种化学物质的一级筛查结果，其中有 18 种物质进入二级测试。为减轻一级筛查的工作负担，US EPA 拟采用高通量体外测试技术、计算毒理学和计算暴露科学方法等新技术先行筛选第 2 批和第 3 批化学物质。

在 SPEED'98 中，MoE 详列了 67 种疑似具有内分泌干扰作用的化学物质，并选取了 28 种高度优先化学物质进行危害评估。[②] 随后，MoE 根据化学物质在环境中的检测和相关信息，重新筛选了 159 种待测化学物质。目前，MoE 已对其中 113 种物质进行了一级筛选的体外测试，并对其中显示阳性的 23 种物质开展了一级筛选体内试验。结果表明，有 14 种物质具有潜在的内分泌干扰效应。此后，MoE 对 4-壬基酚（支链形式）、双酚 A、4-t-辛基苯酚、雌酮、17α-乙炔雌二醇和磷酸三苯酯进行了二级测试，结果显示它们均具有内分泌干扰效应。[③]

---

① U. S. Environmental Protection Agency, "U. S. Environmental Protection Agency Endocrine Disruptor Screening Program Comprehensive Management Plan 2014," Washington DC: Office of Chemical Safety & Pollution Prevention and the Office of Water, 2014.

② Ministry of the Environment of Japan, "Environment Agency's Basic Policy on Environmental Endocrine Disruptors, Strategic Programs on Environmental Endocrine Disruptors SPEED'98," Tokyo: Environmental Policy Bureau, 1998.

③ Ministry of the Environment of Japan, "Further Actions to Endocrine Disrupting Effects of Chemical Substances EXTEND 2010," Tokyo: Environmental Health and Safety Division, 2010.

UNEP 委托国际化学品污染小组（IPCP）研究并确定迄今为止已发布的每一份"EDCs 清单"（包括来自政府、私人团体和其他机构的清单）并将其汇编成一份化学品数据库，最终报告于 2018 年 7 月发布。该报告认为"欧盟《关于化学品注册、评估、许可和限制的法规》（《REACH 法规》）的高度关注物质（SVHC）清单、Substitute It Now（SIN）清单和丹麦 EDCs 中心（DCE）的评估是在识别 EDCs 和潜在 EDCs 方面最合理和最可靠的选择标准"[①]。目前，已有 32 种物质仅因其内分泌干扰特性而被列入 SIN 清单。

表 2 汇总了欧盟、美国和日本共同列入内分泌干扰物优先清单的物质。

表 2　欧盟、美国和日本共同列入内分泌干扰物优先清单的物质

序号	化学物质	CAS 号	美国	欧盟	日本
1	甲草胺	15972-60-8	√	Cat 1	ND
2	苯乙烯	100-42-5	√	Cat 1	ND
3	福美锌	137-30-4	√	Cat 2	ND
4	敌草隆	330-54-1	√	Cat 2	◎
5	乙草胺	34256-82-1	√	Cat 1	—
6	丙烯酰胺	1979/6/1	√	—	ND
7	苯	71-43-2	√	—	√
8	氯苯	108-90-7	√	—	√
9	氰胺	420-04-2	√	—	√
10	环氧氯丙烷	106-89-8	√	—	√
11	红霉素	114-07-8	√	—	√
12	乙苯	100-41-4	√	—	√
13	乙撑硫脲	96-45-7	√	—	ND
14	六氯苯	118-74-1	√	Cat 1	—
15	正己烷	110-54-3	√	—	√
16	肼/联氨	302-01-2	√	—	ND
17	林丹	58-89-9	√	Cat 1	—

---

① UN Environment and the International Panel on Chemical Pollution（IPCP），"Overview Report I：Worldwide Initiatives to Identify Endocrine Disrupting Chemicals（EDCs）and Potential EDCs."

续表

序号	化学物质	CAS 号	美国	欧盟	日本
18	硝基苯	98-95-3	√	—	ND
19	对二氯苯	106-46-7	√	—	ND
20	全氟辛酸	335-67-1	√	—	◎
21	多氯联苯	1336-36-3	√	Cat 1	—
22	四氯乙烯	127-18-4	√	Cat 2	—
23	三氯乙烯	1979/1/6	√	—	√
24	乙烯菌核利	50471-44-8	√	Cat 1	—
25	2,4-二氯苯氧乙酸	94-75-7	ND	Cat 2	√
26	乙酰甲胺磷	30560-19-1	ND	—	√
27	阿特拉津	1912-24-9	ND	Cat 1	ND
28	克百威	1563-66-2	ND	—	ND
29	毒死蜱	2921-88-2	ND	—	◎
30	二嗪农	333-41-5	ND	Cat 2	ND
31	草甘膦	1071-83-6	ND	—	ND
32	吡虫啉	138261-41-3	ND	—	√
33	马拉硫磷	121-75-5	ND	Cat 2	—
34	灭多威	16752-77-5	ND	—	ND
35	异丙甲草胺	51218-45-2	ND	—	ND
36	氯菊酯	52645-53-1	ND	—	◎
37	戊炔草胺	23950-58-5	ND	—	√
38	吡丙醚	95737-68-1	ND	—	ND
39	西玛津	122-34-9	ND	Cat 2	ND
40	三唑酮	43121-43-3	ND	Cat 2	—
41	百菌清	1897-45-6	◎	—	ND
42	氯氰菊酯	52315-07-8	◎	—	ND
43	敌草腈	1194-65-6	◎	—	ND
44	乐果	60-51-5	◎	Cat 2	ND
45	氟酰胺	66332-96-5	◎	—	ND
46	异菌脲	36734-19-7	◎	Cat 2	ND
47	利谷隆	330-55-2	◎	Cat 1	ND

序号	化学物质	CAS 号	美国	欧盟	日本
48	甲霜灵	57837-19-1	◎	—	ND
49	嗪草酮	21087-64-9	◎	—	√
50	腈菌唑	88671-89-0	◎	—	ND
51	邻苯基苯酚	90-43-7	◎	Cat 2	ND
52	炔螨特	2312-35-8	◎	—	√
53	丙环唑	60207-90-1	◎	—	ND
54	戊唑醇	107534-96-3	◎	—	ND
55	西维因	63-25-2	◎	—	◎
56	代森锰	12427-38-2	—	Cat 1	◎
57	福美双	137-26-8	—	Cat 1	√
58	3,4-二氯苯胺	95-76-1	—	Cat 1	√
59	对叔辛基苯酚	140-66-9	—	Cat 1	●
60	多菌灵	10605-21-7	—	Cat 2	ND
61	2,4-二氯苯酚(格螨酯)	120-83-2	—	Cat 2	◎
62	二硫化碳	75-15-0	—	Cat 2	ND

注："Cat 1"表示该物质有生物证据表明具有内分泌干扰效应；"Cat 2"表示该物质有体外证据表明具有潜在内分泌干扰效应；"√"表示该物质已被列入优先清单，暂未开展测试；"ND"表示该物质已开展一级筛选，结果表明无须进行二级测试；"◎"表示该物质已开展一级筛选，结果表明需进行二级测试；"●"表示该物质已完成两级测试评估，结果表明具有内分泌干扰效应；"—"表示该物质未被研究。

资料来源：笔者自制。

在测试方面，国际公认的内分泌干扰物测试方法主要由 OECD 和 US EPA 开发，并应用于多国（如欧盟、日本等）的政策制定中。目前已有的测试方法多用于评估物质对于雌激素、雄激素、甲状腺激素系统的干扰效应，对于其他内分泌干扰效应的测试仍有待开发和/或验证。对于内分泌相关疾病，如激素癌症或代谢紊乱、肥胖，没有合适的预测模型，也没有专门的研究来评估哺乳动物整个生命周期暴露的影响。此外，需要在开发动物试验的替代方法方面取得进展，包括进一步使用外推技术处理现有数据，以及开发数学建模和新的体外方法。

五 监管法规现状

（一）欧盟监管法规现状

欧盟在其关于一般化学物质、农药及杀菌剂、医疗设备及水资源的相关法规中，已对内分泌干扰物做出了明确的规范性要求。至于其他法规，诸如食品接触材料、化妆品及玩具等领域的法规，虽尚未直接涉及内分泌干扰物的具体规定，但亦明确要求，需依据法规的一般性条款对于具备内分泌干扰特性的物质，逐案进行审慎的监管。

1.《REACH 法规》

在《REACH 法规》下，主要通过 SVHC 清单、需授权物质清单和限制物质清单三大清单对具有内分泌干扰特性的化学物质进行管理。如果有科学证据表明某种具有内分泌干扰特性的化学物质可能对人类健康或环境造成严重影响，同时引起了与 CMR（致癌性、诱变性和生殖毒性）、PBT（持久性、生物蓄积性和毒性）和 vPvB（高持久性、高生物蓄积性）同等程度的关注，则会被列入 SVHC 清单。SVHC 清单中的物质在进行逐案评估后将被列入需授权物质清单，需要特定授权才能进出口或投放市场。如果具有内分泌干扰特性的物质经评估被认为会对人体健康或环境造成不可接受风险，则将它们列入限制物质清单来限制产品中物质的使用量。

目前已有 24 种物质因具有内分泌干扰特性被列入 SVHC 清单，进入需授权物质清单的有 3 种。此外，DEHP、DBP、BBP、DIBP、双酚 A 等被认为具有内分泌干扰特性的化学物质也在"限制物质清单"中，见表 3。[①]

---

① "Candidate List of Substances of Very High Concern for Authorisation-ECHA（europa.eu），" https://www.echa.europa.eu/candidate-list-table.

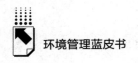

表 3　欧盟 REACH 法规管控下的内分泌干扰物

序号	SVHC 清单中的内分泌干扰物	CAS 号	是否列入需授权物质清单	是否列入限制物质清单
1	邻苯二甲酸苄基丁酯（BBP）	85-68-7	否	是
2	邻苯二甲酸二（2-乙基己基）酯（DEHP）	117-81-7	否	是
3	邻苯二甲酸二丁基酯（DBP）	84-74-2	否	是
4	邻苯二甲酸二异丁基酯（DIBP）	84-69-5	否	是
5	对特辛基苯胺	140-66-9	否	否
6	对特辛基苯酚乙氧基化物	—	是	否
7	4-壬基酚	—	是	否
8	环己烷-1,2-二羧酸酐	—	否	否
9	偶氮二甲酰胺	123-77-3	否	否
10	甲基六氢邻苯二甲酸酐	—	否	否
11	壬基酚聚氧乙烯醚	—	否	否
12	双酚 A（BPA）	80-05-7	否	是
13	4-庚基苯酚	—	否	否
14	对-（1,1-二甲基丙基）苯酚	80-46-6	否	否
15	1,3,4-噻二唑烷-2,5-二硫酮、甲醛和 4-庚基苯酚的反应产物（4-庚基苯酚含量≥0.1%）	—	是	否
16	偏苯三酸酐（TMA）	552-30-7	否	否
17	邻苯二甲酸二环己酯（DCHP）	84-61-7	否	否
18	3-亚苄基樟脑	15087-24-8	否	否
19	4-叔丁基苯酚	98-54-4	否	否
20	三（壬基苯基）亚磷酸酯（TNPP）（4-壬基酚含量≥0.1%）	—	否	否
21	4-羟基苯甲酸丁酯	94-26-8	否	否
22	4,4'-（1-甲基亚丙基）双酚	77-40-7	否	否
23	对十二烷基苯酚及其异构体（PDDP）	—	否	否
24	4-甲基苄亚基樟脑及其异构体（4-MBC）	—	否	否

资料来源：笔者自制。

2.《欧盟物质和混合物的分类、标签和包装法规》

欧盟要求在将符合 CLP 分类标准的物质或混合物投放市场之前，对其进行适当的分类、标签和包装。2023 年 4 月 20 日，欧盟更新了 CLP 危险类别，新增 ED HH 1（可能导致人体内分泌紊乱）、ED HH 2（怀疑引起人类内分泌紊乱）、ED ENV 1（可能导致环境中的内分泌紊乱）和 ED ENV 2（怀疑在环境中引起内分泌紊乱），自 2025 年 5 月 1 日起，物质和混合物需要根据新标准进行分类，并针对已投放市场的物质设 42 个月的过渡期，已投放市场的混合物设 66 个月的过渡期。①

3. 产品或部门法规

欧盟 PPPR 和 BPR 中明确规定，活性物质、安全剂或增效剂如果具有可能对人体/非目标生物造成不良影响的内分泌干扰特性，不得获得批准。

《水框架指令》（WFD）侧重于监管对水生环境具有重大风险的化学物质，规定"已被证明具有致癌或致突变特性或可能在水生环境中或通过水生环境影响内分泌相关功能的物质"应属于优先物质。因此，欧盟成员国可能被要求采用一定手段防止 EDCs 流入水体中。

《医疗器械法规》（MDR）要求确保在设备中使用内分泌干扰物的益处高于其使用的潜在风险。关于可能的益处，欧盟委员会授权健康、环境和新兴风险科学委员会（SCHEER）起草关于某些医疗器械中存在具有内分泌干扰特性的邻苯二甲酸酯的益处/风险评估指南。② 该项要求适用于侵入性并与人体直接接触的医疗器械、施用药物和体液。

《食品接触材料法规》（1935/2004/EC）和《化妆品法规》（1223/2009/EC）没有对内分泌干扰物做出具体规定，必要时，为了解决对人类健康的潜在风险，委员会可以根据科学风险评估采取措施，如禁用或限制已识别或潜在的内分泌干扰物在不同类型产品（防晒剂、防腐剂和产品稳定剂）中的最大添加浓度，或禁止、限制食品接触材料中内分泌干扰物的使用。

---

① https：//eur - lex. europa. eu/legal - content/EN/TXT/？ uri = CELEX% 3A52020SC0251&qid = 1716948839033.

② https：//ec. europa. eu/health/sites/health/files/scientific _ committees/scheer/docs/scheer _ o _ 015. pdf.

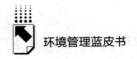

（二）美国监管法规现状

美国在农药、饮用水安全和新药批准的监管框架中对内分泌干扰物有明确的规定。《FFDCA 法案》要求 US EPA 在同意农药注册用于食品或饲料之前，需确保其不会造成危害，其中一条标准即"是否对人类产生类似于天然雌激素产生的效应，或者产生其他内分泌干扰效应"。如果某物质经过 EDSP 筛选后显示其会对人类内分泌产生影响，则 US EPA 需采取必要措施来保护公共健康和环境。《SDWA 法》明确要求美国环保署在确定有大量人口暴露于某种饮用水污染物时，需对该污染物进行可能的内分泌干扰效应测试。

美国根据《FFDCA 法案》制定的新药批准监管框架明确规定在药物的非临床测试期间，美国食品药品监督管理局可以在应用过程中评估和考虑其潜在的内分泌相关毒性。如果确定了内分泌效应，可能需要根据其他因素进行其他测试，如目标人群、暴露水平等。同时，在依据《联邦杀虫剂，杀菌剂和灭鼠剂法案》（FIFRA）进行农药注册审查时，需要将 EDSP 数据纳入考虑。

（三）日本监管法规现状

日本政府认为，在针对化学物质开展环境风险评估工作时，应当全面、系统地评估化学物质可能产生的各类影响，而非仅局限于对与内分泌干扰相关的负面影响的单独考量。故而，日本在化学物质的风险评估和风险管理工作中，更多地依赖于内分泌干扰效应相关的试验成果。例如，在壬基酚乙氧基化物[①]的风险评估中参考了 4-壬基酚（支链形式）的"青鳉一代繁殖延长试验"[②] 结果，增加水环境作为风险关注领域。双酚 A、雌激素、4-t-辛基苯酚等化学物质的试验结果也被或将被纳入其环境风险评估。

---

① 壬基酚乙氧基化物是日本《化学物质审查与生产管理法》［简称化审法（CSCL）］规定的"优先评估化学物质（PACs）"。

② 青鳉一代繁殖延长试验（MEOGRT）通过将鱼类暴露在多代中，提供与化学物质（包括疑似内分泌干扰物）生态危害和风险评估相关的数据。

六 我国 EDCs 研究管理基础与重难点

2016 年，国务院正式发布了《"十三五"生态环境保护规划》，文件明确提出"严格控制环境激素类化学品污染"。为了进一步推进新污染物的治理工作，国务院于 2022 年 5 月印发了《新污染物治理行动方案》（国办发〔2022〕15 号），该方案强调要加大对 EDCs 等新污染物的治理力度。

在落实具体治理措施方面，生态环境部联合相关部门共同制定了《重点管控新污染物清单（2023 年版）》，针对某些特定的 EDCs 如壬基酚等，实施了严格的管理措施，包括明令禁止其在农药生产过程中作为助剂使用或用于生产壬基酚聚氧乙烯醚等。

在标准制定方面，目前我国仅出台了一项行业标准，即《农药内分泌干扰作用评价方法》（NY/T2873—2015），该标准主要用于评估农药是否具有内分泌干扰效应。

我国在 EDCs 研究与管理中面临一系列重难点，一是难以区分造成不良影响的原因是接触内分泌干扰物还是其他可能原因；二是"安全阈值"等毒理学原则是否以及如何适用于评估内分泌干扰物的安全性仍然存在争议；三是对于内分泌干扰物的复合效应还没有充分了解；四是需要开发更安全的替代品（包括非化学方法）来替代内分泌干扰物；五是需要对内分泌干扰机制进行更全面深入的研究。

七 我国研究及管理方向建议

一是摸清底数，夯实基础数据支撑。首先，必须全面掌握我国化学物质的生产与使用现状，特别是针对 EDCs 的情况。其次，重点关注儿童以及野生动物等敏感群体，深入了解其 EDCs 的暴露状况。此外，还需系统收集和分析与 EDCs 相关的疾病发病数据，为后续风险评估与管理措施提供坚实的数据支撑。

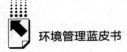

二是立足国情，制定战略与建立制度。结合我国实际，制定符合国情的 EDCs 优先清单及评估框架，借鉴国际先进经验，强化本土特色。同时，加强跨领域、跨部门间的协同合作，促进研究数据共享，提升 EDCs 管理能力。

三是融合先进科技，提升筛选效率与精准度。依托蛋白质组学、基因组学及计算机高通量筛选等前沿技术，研发高效、灵敏且经济的 EDCs 筛选方法。这些技术的运用将极大提升 EDCs 的识别和评估能力，为风险评估提供更为准确的数据支持，同时降低对传统生物实验的依赖程度。

四是重视内分泌干扰物低剂量与复合效应研究。关注 EDCs 在低剂量下的效应表现、非单调效应特征以及多种 EDCs 间的联合作用。鉴于实际环境中多种 EDCs 可能共存的情况，其低剂量下的复合效应研究尤为关键。因此，在生态风险与健康风险研究中，应着重探讨这些低剂量效应及复合效应，以实现对 EDCs 风险的全面评估。

B.8
绿色化学物质评估技术现状分析与展望

陈 源 赵维怡 蔡 震 李金惠*

摘 要： 我国化学品污染事件频发，日益增长的化学品产能加剧了环境污染。大量有毒有害化学品的生产和使用，以及多种化学品毒理数据的缺乏，进一步加剧了风险的不确定性，凸显了我国化学品风险防控形势的严峻性。化学品替代评估通过多层级筛选和评估，识别潜在的高效替代品，以提供灵活的解决方案、激发创新活力、节省资本、集中资源和降低多重风险。本报告筛选了1990年至2022年出版的评估框架，对其六个核心部分的方法进行了比较，包括危害识别、暴露评估、生命周期评估、技术可行性评估、经济可行性评估和科学决策。结果表明这些框架在暴露特征、生命周期评估和决策分析方面存在方法学差异。因此，化学品替代评估需要加强跨学科合作并改进方法，以实现更安全的化学品、材料和产品的替代、设计和使用。

关键词： 绿色化学 评估框架 替代品 风险表征 暴露评估

随着化学品使用的急剧增加和工艺的日益复杂化，环境污染问题日益严重，加大了对生态平衡和人体健康造成的不良风险。例如，全氟辛烷磺酰基化合物（PFOS）作为防水涂层和消防泡沫的主要成分，具有难降解和生物累积的特性，可能对水生态系统产生长期不良影响，引发肝损害、免疫抑制

* 陈源，巴塞尔公约亚太区域中心研究员，主要研究方向为固体废物与化学品环境管理；赵维怡，巴塞尔公约亚太区域中心助理工程师，主要研究方向为新污染物与化学品环境管理；蔡震，青海大学财经学院讲师，主要研究方向为国际经济与贸易；李金惠，清华大学环境学院教授，主要研究方向为循环经济、国际环境治理、化学品和废物管理与政策。

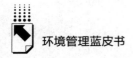

等健康问题；作为广泛应用于工业生产的紫外线吸收剂，UV-328 可引发剧烈肝脏毒性，对动物性别分化或产生不良影响等。

加强对有毒有害化学品的科学管控已成为国际社会的共识和挑战。各国政府制定了一系列关于有毒有害化学品的国际公约（《关于持久性有机污染物的斯德哥尔摩公约》等）和优先性风险管理政策法规。减少和消除有毒有害化学品并进行应用预防被认为是防范风险的最有效干预措施，但如果不对替代品进行全面的评估，可能会出现"令人遗憾的替代品"，非但无法解决被替代化学品带来的环境问题，反而会引发新的甚至更严重的环境问题。[①]

替代评估（Alternative Assessment，AA）有三个明显的优势。第一，AA 本质上将关注点从问题转移到解决方案，重新定向环境讨论，以寻找有效的解决方法。第二，AA 可以推动产品创新、节省成本，惠及企业发展、人体健康和生态环境。通过聚焦现有和新兴替代方案，资源从问题表征过程中解脱出来，能集中用于解决方案。第三，AA 可以长效降低多重风险。与以问题为中心的方法不同，AA 考虑多个因素和选项，而不是仅采用单一解决方案来处理特定风险，具有更高的普适性，对筛选评估技术的创新具有指导作用。

本报告的目的是总结当前出版的替代评估框架，分析框架间的差异和化学替代品评估政策的未来设计导向，以及推进 AA 实践所需的未来研究和合作的领域。

一　数据来源与方法

本报告使用数据库包括 Pub Med、Science Direct、Scopus、Wiley、ProQuest 等对文章和报告进行了检索，以 "chemical substitution assessment"

---

① OSHA（U. S. Occupational Health & Safety Administration），"Transitioning to Safer Chemicals: A Toolkit for Employers and Workers."

"chemical alternatives analysis" "green chemical alternative assessment" "alternatives assessment" "chemical alternatives assessment" "safer chemical" "chemical substitution" 等为关键词，检索时间为 1990 年 1 月至 2022 年 12 月。

根据对文献的初步查阅，确定了替代评估框架的 6 个标准组成部分，包括危害识别、暴露评估、生命周期评估、技术可行性评估、经济可行性评估和科学决策（方案权衡）。论文和报告中的框架需同时满足两个筛选条件：第一，必须详细说明一个多步骤过程，用于比较从有毒有害物质识别到评估再到实施的设计替代方案；第二，必须包括替代评估至关重要的组成部分，即危害识别、技术可行性评估和经济可行性评估。排除仅关注替代评估过程中的单一步骤、仅描述替代评估案例研究和仅涉及替代评估政策方面的论文和报告。

二　结果

（一）框架来源

通过文献检索确定了 400 多篇论文和报告，其中符合筛查条件的文献（包括发表在期刊或专业协会会刊上的论文，政府机构、非政府组织及学术机构制作的报告和网络资源）共计 20 篇。表 1 显示，17 个框架以白皮书或报告的形式发布，其中 13 篇论文由政府机构发表，例如欧洲化学品管理局（ECHA）、马萨诸塞州减少有毒物质使用研究所（MA TURI）和美国环境署。其余框架由非政府组织（n=2）和学术组织（n=5）发布。

由于法律规定要替代高度关注的化学品，6 个政府机构发布了替代评估框架。评估框架在方法、描述详细程度和规范性方面各不相同。

虽然 20 个框架都侧重于化学品替代评估，但有些框架更侧重于特定的管辖区、行业或问题。例如，一些框架是作为职业健康和安全倡议的一部分而制定的，包括案例研究或法规等。这些框架的优势在于它们专注于职业健康等具体问题，但有些框架未涵盖生态毒性等环境影响，这可能导致危害与健康风险折中。

表 1　符合筛选条件的评估框架的一般特性（n = 20）

框架名	出版形式		出版物来源			关注点				目的		
	白皮书,报告,网络资源	期刊	政府机构	非政府组织	学术组织	化学品管理	职业健康	环境保护	法规	一般指导	内部方案	研究/案例研究
Goldschmidt 1993		■			■	■						
U. S. EPA CTSA (Kincaid *et al.* 1996)	■		■			■				■	■	
Rosenberg *et al.* 2001	■				■	■						■
Lowell Center for Sustainable Production（Rossi *et al.* 2006）	■		■			■	■					
MA TURI(Eliason and Morose 2011; MA TURI 2006)	■		■		■	■	■	■			■	■
P2OSH (Quinn *et al.* 2006)	■					■	■					■
Royal Society of Chemistry (RSC 2007)	■			■								
TRGS 600(BAuA AGS 2008)	■		■				■		■			
UNEP Persistent Organic Pollutants Review Committee's General Guidance on Alternatives (UNEP 2009)	■		■						■	■	■	
U. S. EPA DFE Program (Lavoie *et al.* 2010;U. S. EPA 2011)	■		■			■				■	■	

144

续表

框架名	出版形式		出版物来源			关注点			目的			
	白皮书、报告、网络资源	期刊	政府机构	非政府组织	学术组织	化学品管理	职业健康	环境保护	法规	一般指导	内部方案	研究/案例研究
BizNGO（Rossiet al. 2011）	■			■		■				■		
German Guide on Sustainable Chemicals（Reihlen et al. 2011）	■		■			■				■		
UCLA Sustainable Policy & Technology Program（Malloy et al. 2011,2013）	■		■		■	■						■
REACH（ECHA 2011）	■		■			■			■			
U. S. EPA SNAP Program（U. S. EPA 2011）	■		■					■	■	■		
European Commission DGE（Gilbert et al. 2012）	■		■				■		■			
Ontario Toxics Use Reduction Program 2012	■		■			■				■		
OSHA 2013	■		■			■	■					
Interstate Chemicals Clearinghouse（IC2 2017）	■		■			■			■			
National Academy of Sciences（NRC 2014）	■		■							■	■	

资料来源：笔者自制。

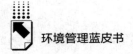

筛选后的框架为决策提供了有效的指导，但在标准化和透明度方面仍有改进空间。

（二）危害识别

在筛选出潜在的替代品之后，需要对它们进行危害识别。危害识别是化学品替代评估框架的重要组成部分，包括评估化学物质的固有属性及其对人类健康和环境造成的潜在危害。这个步骤通常需要进行毒性测试和风险评估，以确定替代品对人类和环境的潜在危害及其程度。在此基础上，为避免因筛选出有害化学品而受到政府安全监管或降低利润，企业必须先进行危害识别，再进行技术可行性评估和经济可行性评估。

大多数框架考虑了特定的效应终点，包括物理化学特性、人体毒性、环境/生态毒性和职业健康。每个框架都涵盖多个效应终点，但对这些效应终点的关注程度因框架而异。

美国国家科学院（NAS）框架将持久性和生物蓄积性视为物理化学特性，并主张对陆地生态毒性进行研究。[①] 各种数据来源，如材料安全数据表（MSDS）、科学清单、法规清单、毒性数据库和制造商，都可作为危害重点信息的依据。但是，很少有框架提供处理不完整危害数据的方法。

约50%的框架利用比较排名或分类方案来评估危害严重程度的差异。这些等级的衡量标准来自不同的参考文件，如 GreenScreen® 的框架使用了《全球化学品统一分类和标签制度》（GHS）中的危害短语。此外，包括 GreenScreen® 在内的某些框架在进行危害严重性排名时也会考虑化学品的效力。[②]

各框架在危害分级方案的方法上有所不同。有的采用三分法，有的则采

---

① National Research Council, *A Framework to Guide Selection of Chemical Alternatives*, Washington, DC: The National Academies Press, 2014.

② CPA (Clean Production Action), "GreenScreen® for Safer Chemicals," 2014, http://www. greenscreenchemicals. org/.

用四分法进行致癌危险性分级。使用的数据来源也不尽相同，如全球统一制度风险短语和权威清单。对于没有明确危害分级方案的框架，有些则依赖于既定的危害识别工具或基于风险的剖析方法。

一些框架被归类为"基本危害"，认为使用危害识别数据就足以完成 AA，而无须获取暴露评估数据（如果产品和化学品的使用模式与受关注化学品的使用模式相似，则可以认为暴露量是不变的）。这些框架优先考虑危害识别，再评估暴露风险、技术性能、成本等。欧洲的框架通常是出于监管目的而制定的，通常同时考虑危害识别和暴露风险。NAS 的框架包含一个暴露比较步骤，以了解固有暴露属性如何改变危害特性。

综上，20 个框架都以危害识别为重点且具有较高的方法学一致性，但也存在一些不足，如较少的生态毒性终点和危害评估数据。可通过利用新兴的预测毒理学工具和增加可靠数据源来解决数据匮乏的问题。此外，生命周期评估和暴露评估在危害评估中具有重要作用，因为它们有助于更全面地了解替代品的危险特征和潜在风险。

（三）暴露评估

暴露评估是估算化学物质对生态环境或人体的暴露程度。该步骤考虑了化学物质的使用来源、接触途径和可能发生的接触水平。此步骤目的是估计、比较暴露化学替代品的可能性和程度。

18 个框架涉及暴露评估（工人、公众、环境），其中 7 个框架将暴露评估作为一个独立步骤，其余 11 个框架通常使用暴露信息来指导其他步骤。9 个框架将暴露视为风险表征的一部分。例如，BizNGO 框架只有在采用替代方案会导致显著不同的暴露时才考虑暴露评估和相关风险评估。[①] NAS 框架通过比较相关化学品和替代品在理化性质、途径和数量方面的差异来进行暴

[①] BizNGO, "BizNGO Chemicals Alternatives Assessment Protocol," 2011, https://www.bizngo. org/images/ee_images/uploads/resources/BizNGOChemicalAltsAssessmentProtocol_V1.1_04_12_ 12-1.pdf.

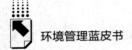
露评估。在这一过程中，NAS 框架使用有效暴露模型或关键物理化学特性来评估替代品的暴露潜力。[1]

大多数框架使用分散潜力或商业用量等间接测量方法进行暴露评估，而有 13 个框架将暴露与物理化学性质、使用特性、排放以及工业卫生措施联系起来，其中蒸汽压/沸点（n=8）、溶解度（n=6）、常温下的物态（n=6）、密度（n=5）和解离常数（n=3）是最常见的。NAS 框架将这些和其他物理化学特性描述为固有暴露属性。MA TURI[2]、安大略省有毒物质减量计划[3]和 BizNGO 等框架将危害识别与暴露潜力联系起来。11 个框架概述了使用特征，并关注加工和处理特点（n=8）以及制造商使用量（n=9）。只有两个框架直接通过职业监测数据评估工人暴露。

暴露评估的数据源可参考安全数据表、化学百科全书和公共数据库，大多数框架依靠专家判断来评估暴露潜力和风险，暴露潜力通常以定性（三级或五级）排名的形式显示，而不是以风险的定量表达。例如，欧盟委员会 DGE 框架根据化学品使用方式，对影响暴露的工作/工艺条件、物理特性、使用频率或时间、使用量和事故潜在性等因素，将暴露潜力从 1（低暴露）到 5（极高暴露）进行排名。[4] GreenScreen® 等工具通过将危害程度按照不同的暴露途径进行分层，以确定影响化学品危害的因素。而 NAS 框架则提出了一项新颖的建议，即在暴露风险增加时，可能需要采用定量暴露评估方法，以便更准确地区分不同替代品之间的潜在暴露

① National Research Council, *A Framework to Guide Selection of Chemical Alternatives*, Washington, DC: The National Academies Press, 2014.

② MA TURI, "The Commons Principles for Alternatives Assessment," 2013, https://www.turi.org/TURI_Publications/TURI_Chemical_Fact_Sheets/Commons_Principles_for_Alternatives_Assessment.

③ Ontario Toxics Use Reduction Program, "Ontario Toxics Reduction Program: Reference Tool for Assessing Safer Chemical Alternatives," 2012, https://www.ontario.ca/document/ontario-toxics-reduction-program-reference-tool-assessing-safer-chemical-alternatives-0#section-5.

④ European Commission, "Minimising Chemical Risk to Workers' Health and Safety through Substitution," 2012, https://op.europa.eu/en/publication-detail/-/publication/c94c5caf-fca6-498e-8dff-f75c6e20147f.

差异。此外，IC2（2017）框架①以及欧洲委员会 DGE 框架②指出可以通过采取降低暴露潜力的措施来缓解潜在暴露风险，例如进行工艺变更或产品设计调整。

综上，暴露评估在风险评估中具有重要作用，但在方法和数据来源上存在不足。现有框架主要使用物理化学特性和使用/处理特性等固有暴露特征，但人体健康暴露评估数据有限。因此，快速、准确地描述和划分潜在的暴露特征是 AA 领域的一个重要任务。

（四）经济可行性评估

经济可行性评估需要综合考量成本、市场需求、生产效率等。作为商业/工业界的指南，其需要保证较低的成本以及足够的市场需求。

虽然不同框架存在些许细节差异，但所有框架均包含经济可行性评估，其中有 2 个框架没有提供详细的方法论。在明确提供此类细节的框架中，商业可用性、直接成本、间接成本、外部成本和长期成本是研究的重点。

不同框架的经济评估范围和角度也各有不同，如 UCLA 框架涵盖对消费者和整个产业的经济影响，③ 而联合国持久性有机污染物委员会框架则考虑更全面的产业范围的经济影响。④

---

① Interstate Chemicals Clearinghouse, "Alternatives Assessment Guide Version 1. 1," 2017, http：//theic2. org/article/download-pdf/file_name/IC2_AA_Guide_Version_1. 1. pdf.

② European Commission, "Minimising Chemical Risk to Workers' Health and Safety through Substitution," 2012, https：//op. europa. eu/en/publication - detail/-/publication/c94c5caf - fca6-498e-8dff-f75c6e20147f.

③ University of California Los Angeles, Sustainable Technology and Policy Program, "Program Developing Regulatory Alternatives Analysis Methodologies for the California Green Chemistry Initiative," 2012, http：//stpp. ucla. edu/sites/default/files/Final% 20AA% 20Report. final% 20rev. pdf.

④ United Nations Environment Program, "Report of the Persistent Organic Pollutants Review Committee on the Work of its Fifth Meeting. Addendum：General Guidance on Considerations Related to Alternatives And Substitutes for Listed Persistent Organic Pollutants and Candidate Chemicals," 2009, https：//digitallibrary. un. org/record/751849.

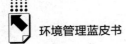

45%的框架（n=9）考虑商业可用性，30%的框架（n=6）还考虑供应量。在直接成本方面，大部分框架关注制造成本（n=17），其次是维护/存储（n=12）、报废/处置（n=13）、能源（n=8）以及就业和劳动生产率（n=11）。而间接成本包括法律合规［工业卫生设备、排放控制（n=11）］和责任成本（n=7）相关的费用。少数框架考虑了外部成本或利益，例如环境影响、人体健康或其他生命周期成本影响。此外，11个框架强调了纳入长期财务指标（如净现值、内部收益率、盈利能力指数）的必要性，以应对规模经济和未来产品创新等因素。

除安大略省有毒物质减少计划的框架外，大多数框架不包含经济评估数据源的详细信息。不同框架的比较经济评估方法各不相同。有些依赖于成本效益分析①或定性排序方法②。加州大学洛杉矶分校引入了"制造商影响"和"消费者影响"指标，分别用于估计替代品的预期收入是否高于制造成本，以及最终产品价格的增加/减少程度。大多数框架将替代方案视为静态选择，但IC2框架允许评估者通过购买合同、回收工艺化学品或改变产品等选择来调整负面的成本和适用性结果。

综上，经济可行性评估在AA中具有多样化的手段，但受制于法规和公司需求。

（五）技术可行性评估

技术可行性评估包括技术可行性和法律、劳工、供应链可行性。在此类评估中，重点关注化学品的功能用途和性能。所有框架都涉及功能用途

---

① Ontario Toxics Use Reduction Program, "Ontario Toxics Reduction Program: Reference Tool for Assessing Safer Chemical Alternatives," 2012, https://www. ontario. ca/document/ontario - toxics-reduction-program-reference-tool-assessing-safer-chemical-alternatives-0#section-5.

② MA TURI, "The Commons Principles for Alternatives Assessment," 2013, https://www. turi. org/TURI_Publications/TURI _ Chemical _ Fact _ Sheets/Commons _ Principles _ for _ Alternatives _ Assessment; Federal Institute for Occupational Safety and Health, "Technical Rules for Hazardous Substances," 2008, https://www. baua. de/EN/Service/Technical-rules/TRGS/TRGS-600.

（化学品在配方、材料或产品中发挥的功能）。一些框架①在评估功能用途时还考虑了"必要性"（如果不提供或不需要关注化学品的必要功能，可将其删除，并可能不需要进行替代评估）。除功能用途外，80%（n=16）的框架涉及替代品的性能/质量特征，包括质量、可靠性、耐久性和可用性等指标。其他技术可行性特征包括生产和流程变更可行性（n=8）和消费者要求（n=8）、供应链可用性（n=4）和符合法规/法律要求（n=8）。3个框架将工人对技术变化的看法作为技术可行性评估的一个环节。

由于评估性能影响因素的背景各不相同，大多数框架缺乏解决技术可行性的具体方法或数据源。大多数框架总结了评估性能标准，有时通过问题启发方式来阐明性能/技术需求。在提供更多方法细节的框架②中，与性能相关的信息来源包括利益相关者讨论、已发表的文献（包括科学研究和贸易期刊）和试点测试。用于评估各替代品性能的方法主要包括使用性能量表以及与 ASTM 国际组织和国际标准化组织等发布的公认标准和方法进行比较。

综上，技术可行性评估也受具体情境和公司特定要求的影响。同一种替代品在不同行业可能有不同的性能要求，因此 AA 方法需要灵活应对这些差异。

（六）生命周期评估

18 个框架涉及生命周期评估。生命周期评估的方法主要有两种，即生

---

① Interstate Chemicals Clearinghouse，"Alternatives Assessment Guide Version 1.1，" 2017，http：//theic2. org/article/download-pdf/file_name/IC2_AA_Guide_Version_1.1. pdf；European Commission，"Minimising Chemical Risk to Workers' Health and Safety through Substitution，" 2012，https：//op. europa. eu/en/publication-detail/-/publication/c94c5caf-fca6-498e-8dff-f75c6e20147f；U. S. Occupational Health and Safety Administration，"Transitioning to Safer Chemicals: A Toolkit for Employers and Workers，" 2013，https：//www. osha. gov/safer-chemicals.

② European Chemicals Agency，"Guidance on the Preparation of an Application for Authorisation，" 2021，https：//www. echa. europa. eu/documents/10162/17235/authorisation_application_en. pdf/8f8fdb30-707b-4b2f-946f-f4405c64cdc7？t=1610458546310.

命周期评价（Life Cycle Assessment，LCA）和生命周期思考（Life Cycle Thinking，LCT）。这两种方法均遵循同一原则，即在化学品/产品的各个生命周期阶段，全面审视所有潜在影响，以有效规避风险转移的情形。LCA 量化产品及其服务过程在整个生命周期不同阶段中的环境影响，如 ISO 14040，辨识并量化各生命周期阶段中能量和物质的消耗以及环境释放，然后评价其对环境的影响。[①] 根据联合国生命周期倡议的定义，LCT 是一种包括产品或工艺在其整个生命周期内的经济、环境和社会影响的思维方式。从本质上讲，它是建立在 LCA 科学调查所创造的知识基础上的一种抽象思维工具。LCT 则无须量化评估，即可识别不同阶段的重大影响。

大多数框架（n=13）将生命周期属性纳入危害识别、暴露评估、经济可行性评估和技术可行性评估。IC2 框架和 NAS 框架将生命周期评估作为一个单独的步骤，以解读潜在影响并帮助区分更安全的替代方案。4 个框架将生命周期评估方法和工具作为附加过程，帮助识别更安全的替代品和意外后果。传统的生命周期评估也有不足之处，如消耗大量资源、缺乏职业健康数据等。

虽然大多数框架包括生命周期思考，但侧重点不同。例如，职业安全与健康管理局[②]和罗森伯格框架[③]强调职业健康影响，但不涉及更广泛的环境问题。NAS 框架强调"合成史"（synthetic history），追踪化学品生产全过程，以揭示副产物的潜在影响。

综上，现有的 LCA 方法在选择更安全的替代品方面存在限制，如资源需求大、毒性数据匮乏，以及产品使用阶段化学品环境释放数据不足，因此，大多数框架采用了较不明确的 LCT 方法。未来需要更多的研究来改进这一领域的方法学，以更好地支持 AA 的实施。

---

① International Organization for Standardization, "Environmental Management—Life Cycle Assessment—Principles and Framework," 2006, https://www.iso.org/standard/37456.html.

② U. S. Occupational Health and Safety Administration, "Transitioning to Safer Chemicals: A Toolkit for Employers and Workers," 2013, https://www.osha.gov/safer-chemicals.

③ B. J. Rosenberg, E. M. Barbeau, R. Moure-Eraso, C. Levenstein, "The Work Environment Impact Assessment: A Methodological Framework for Evaluating Healthbased Interventions," *Am J Ind Med* 39 (2): 218-226, 2001.

（七）科学决策

框架中的决策方法可以从四个维度进行分析：决策功能、决策途径、决策方式以及权重。

决策功能在各框架中有所不同。3 个框架具有比较功能，通过结构化的方式比较不同替代方案的特点。其他框架（n = 16）提供了首选/排序功能来确定方案的优先级。

决策途径是指按照特定问题决策过程的一般结构或顺序，分为顺序法、同步法和混合法三类。[①] 顺序法依次考虑一个或多个属性，如人类健康影响、环境影响、经济可行性或技术可行性，并不考虑任何在第一个属性（通常是人类健康影响或技术可行性）上的表现不令人满意的替代方案，然后根据下一个相关属性评估剩余的方案，并重复该过程，直到识别出最优方案或一组方案。同步法同时考虑所有或一组属性，允许某一属性的良好表现抵消另一属性的不佳表现。混合法将顺序法和同步法相结合，如果经济可行性或技术可行性对决策者特别重要，可先使用顺序法筛选出某些替代方案，然后对其余方案采用同步法进行评估。所有框架中有 7 个框架没有决策方法，其中 3 个框架未涉及科学决策，4 个框架未指定决策方法。6 个框架采用混合法，如安大略省有毒物质减量计划的框架，4 个框架采用同步法如NAS 框架，1 个框架采用顺序法。[②] IC2 框架和 UCLA 框架以选择菜单形式呈现上述三种方法。其中，UCLA 框架通过两个案例说明了各种方法的选择对替代方案评估结果的影响。

决策方式是指导具体决策的辅助工具，用于筛选、选择或排定替代方案，可以分为叙述法、结构法和分析法三类。叙述法依赖于数据的定性平衡

---

① Interstate Chemicals Clearinghouse, "Alternatives Assessment Guide Version 1.1," 2017, http：//theic2. org/article/download-pdf/file_name/IC2_AA_Guide_Version_1. 1. pdf.

② MA TURI, "The Commons Principles for Alternatives Assessment," 2013, https：//www. turi. org/TURI_Publications/TURI_Chemical_Fact_Sheets/Commons_Principles_for_Alternatives_Assessment.

和专家判断；结构法则使用决策树或问题启发方法提供具体指导；分析法使用数学分析工具，如多标准决策分析（MCDA）[①]。9个框架采用叙述法，其中一些框架提供了指导科学决策的一般原则，如洛厄尔中心框架[②]，其他叙述法框架几乎没有提供原则指导。BizNGO框架和IC2框架在使用叙述法的同时，还使用了定义明确的结构法。NAS框架鼓励在适当的情况下使用结构法。5个框架将分析法作为决策工具，其中4个框架侧重于MCDA工具，包括安大略省有毒物质减量计划框架、NAS框架、IC2框架和UCLA框架，而欧盟委员会DGE框架使用成本效益分析法。其余7个框架不包含决策功能或不指定决策方式。

在大多数情况下，并非所有评估项目都同等重要，因此需要权重分配。有9个框架不涉及权重，其中3个框架通过使用顺序法在决策开始前就设立了标准。BizNGO框架创建的决策结构赋予特定效应终点更大的权重。其他7个框架要求明确考虑权重，其中4个框架鼓励酌情量化权重。

综上，科学决策存在两个关键发现。其一，需要进一步发展替代方案评估中的正式决策制定过程，因为近一半的框架未考虑最终的权重评估和首选替代方案，缺乏指导作用。其二，有多种方法可用于支持替代方案评估的决策制定，但在不同情境中选择"最佳"决策方法需要进一步研究。未来需要关注决策方法对评估结果的影响、规范原则的制定以及方法的验证。

三　结论

许多政府和企业计划推动向使用更安全的替代品转变。欧盟和美国各州的化学品管理法规要求对被视为"优先"或"高度关注"的危险化学品进

---

① I. Linkov, E. Moberg, *Multi - Criteria Decision Analysis*: *Environmental Applications and Case Studies*, Boca Raton: CRC Press, 2012.

② Lowell Center for Sustainable Production, "Alternatives Assessment Framework of the Lowell Center for Sustainable Production," 2006, https: //www. uml. edu/docs/alternatives% 20assessment% 20framework_tcm18-229886. pdf.

行优先评估。大多数全球领先的产品制造商和主要零售商制定了积极的化学品评估与限制政策和计划。不同国家和地区的化学替代品评估框架均以保障公共健康和环境安全为目的，并最终筛选出最合适的化学替代品。受法律、经济和文化等方面的影响，不同框架在评估标准和关注重点方面存在差异，特别是在效应终点和暴露评估方面，因此，有必要增强不同框架之间的一致性，同时使这些框架具有足够的灵活性，以应对不同的决策背景。此外，AA 还需要更多的科学支持，特别是在方法开发和标准化方面。

四　未来研究及管理方向建议

危险化学品安全管理关乎人民生命健康和国家永续发展，是国家总体安全的重要组成部分，也是影响乃至重塑世界格局的重要力量。在新形势下，加强危险化学品安全管理建设显得尤为迫切和重要。AA 作为危险化学品安全管理的一部分，可以减少危险化学品带来的潜在风险，推动实现可持续发展目标，提高企业的合规性与竞争力。通过贯彻落实危险化学品安全管理条例，遵循风险预防和分类管理原则，AA 有助于强化国家危险化学品风险防控和治理体系建设，切实筑牢国家危险化学品安全屏障。

（一）完善法律法规和框架指南

随着国际社会对危险化学品安全的持续关注，各国政府需要强调法律法规和框架指南的重要性，以规范 AA 的实施。这将有助于提供更清晰的法律依据，确保评估的质量和透明度，明确责任和义务，促使企业更积极地使用安全替代品。此外，随着全球供应链的日益复杂和国际贸易的增加，未来的 AA 需要考虑不同国家和地区对于化学替代品相关法规的具体要求，以增强产品国际竞争力。

（二）重视成本—效益分析

随着对资源稀缺性和环境可持续性关注度的持续提高，未来 AA 或将更

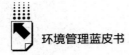

加强调成本—效益分析。国际标准化组织 ISO/TC 207 环境管理标准化技术委员会非常重视环境管理的成本和效益，并于 2019 年发布 ISO 14007：2019《环境管理确定环境成本和效益的指南》国际标准。成本—效益分析将成为影响决策的重要因素。企业可以通过优化生产过程、加强环保产品的研发工作，开发更精确的经济模型和工具，以支持经济可行性方面的决策。

（三）提高公众参与度

首先，在设计评估方案时应有效整合各利益相关方的观点，力求实现公正、公平、有效。其次，针对社会舆论普遍关注的评估项目，应适当提高目标群体满意度指标的权重，以更好地反映社会关切。最后，应当及时向社会各界特别是企业界公布评估结果，让评估行为接受社会舆论的监督，从而进一步提升评估的公正性、有效性。

B.9
微塑料污染防治政策现状研究

尹杏 陈源 李金惠*

摘　要： 微塑料是四大新污染物之一，在自然界和生物体内分布广泛且存在隐蔽，微塑料污染带来的环境生态风险和健康风险不容忽视，微塑料污染防治会对人类的生存和发展产生巨大的影响。近年来，在联合国环境大会和其他国际组织的呼吁下，部分国家出台微塑料污染防治法律法规，企业或社会团体也积极开展减少微塑料的行动，全球微塑料污染防治工作受到高度重视，将为我国微塑料污染防治工作提供启示。

关键词： 微塑料　污染　防治　国际组织

2004 年，Thompson 等[①]研究在海滩、河口及潮下带的沉积物中收集到的小块塑料碎片，最先提出"微塑料"的概念。此后，海洋微塑料污染问题引起人们的重视。[②] 研究表明，每年进入海洋的微塑料约为 150 万吨，而进入海洋后在世界海底积累的微塑料至少达 1400 万吨。另外，研究人员发现微塑料不仅在土壤、大气、淡水、海洋、生物体中存在和累积，而且深海、两极、冰川也存在微塑料。由于环境中的微塑料分布极为广泛，微塑料

---

* 尹杏，巴塞尔公约亚太区域中心工程师，主要研究方向为固体废物与化学品管理；陈源，巴塞尔公约亚太区域中心研究员，主要研究方向为固体废物与化学品环境管理；李金惠，清华大学环境学院教授，主要研究方向为循环经济、国际环境治理、化学品和废物管理与政策。

① R. C. Thompson, Y. Olsen, R. P. Mitchell, et al. "Lost at Sea: Where Is All the Plastic," *Science*, 2004, 304（5672）：838.

② 何健龙、靳洋、张超等：《山东近岸海洋垃圾赋存及黄河口表层微塑料分布》，《环境科学与技术》2022 年第 2 期。

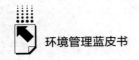

污染被列为全球性的热点环境问题之一。

微塑料能通过多种形式进入人体、植物、动物组织细胞等，均会产生不利的影响。研究表明，海洋中的微塑料易被藻类、贝类、鱼类等海洋生物摄取和吞食，大部分微塑料不能排出，长期积累和保存于体内，可引发毒性效应，如摄食率下降、生长迟缓、繁殖能力减弱等；① 在翻耕、生物活动等作用下，土壤中的微塑料常以团聚体的形式存在，并引起土壤性质发生变化，如土壤的干容重和持水量、团聚体的稳定性发生变化等；② 微塑料被蚯蚓摄入消化道后，蚯蚓可能因虚假饱足感而减少摄食，摄食不足会抑制蚯蚓的生长繁殖和新陈代谢过程，甚至造成死亡；③ 微塑料通常以摄食和呼吸的方式进入人体，富集于肠道和肺部，通过被动扩散、细胞渗透或细胞主动摄取等方式被肺上皮细胞和小肠上皮细胞吸收。另外，微塑料还可以穿透组织屏障到达组织器官内部，对人体细胞产生炎症反应、氧化应激及 DNA 损伤等负面影响。④

微塑料因具有较大的表面积和大量的有效吸附位点，对持久性有机污染物和重金属等有极强的吸附性。已有研究发现微塑料对包括多环芳烃（PAHs）、有机氯农药（DDTs、HCHs 等）、多氯联苯（PCBs）、多溴联苯醚（PBDEs）、内分泌干扰物、抗生素和个人护理用品（PPCPs）、表面活性物质、新烟碱农药等多种有机物和 Cu^{2+}、Pb^{2+}、Cd^{2+}、Zn^{2+}、Cr^{2+} 等重金属产生吸附。⑤

因微塑料污染具有危害严重、风险隐蔽、环境持久、来源广泛、治理复

① 汪新：《微塑料对海洋环境和渔业生产的影响研究现状及防控措施》，《渔业研究》2021 年第 1 期。
② 杨光蓉、陈历睿、林敦梅：《土壤微塑料污染现状、来源、环境命运及生态效应》，《中国环境科学》2021 年第 1 期。
③ 杨光蓉：《微塑料添加对土壤生物及其功能的影响研究》，硕士学位论文，重庆大学，2021。
④ 张羽西、缪爱军：《微塑料对人体健康的影响概述》，《南京大学学报》（自然科学）2020 年第 5 期。
⑤ 李明媛、陈启晴、刘学敏、施华宏：《微塑料吸附有机污染物的研究进展》，《环境化学》2022 年第 4 期；徐笠、李海霞、韩丽花等：《微塑料对典型污染物吸附解吸的研究进展》，《中国生态农业学报》（中英文）2021 年第 6 期。

杂等特点，所以微塑料被称为四大新污染物之一是一种必然。由于塑料和微塑料的特殊转化关系，对微塑料污染问题的认识和治理并不能简单等同于对塑料污染问题的认识和治理。第五届联合国环境大会在微塑料污染问题上指出"塑料包含微塑料"，国际组织和各国在塑料污染防治政策中除了间接约束微塑料污染，还有不少专门针对微塑料污染防治的政策。

一 国际组织的微塑料污染防治政策

国际上，联合国大会、联合国环境大会、国际公约和国际组织对微塑料污染研究的呼吁从未间断。国际公约和软法性文件等关于海洋塑料及微塑料污染防治的国际法体系也逐步丰富和壮大。①

（一）全球范围内具有法律约束力的国际公约

随着塑料和微塑料污染问题的出现，相关国际公约《防止倾倒废物及其他物质污染海洋公约》（简称《伦敦公约》）、《国际防止船舶造成污染公约》（简称 MARPOL 73/78）、《联合国海洋法公约》、《控制危险废物越境转移及其处置巴塞尔公约》（简称《巴塞尔公约》）、《关于持久性有机污染物的斯德哥尔摩公约》（简称《斯德哥尔摩公约》）等从法律角度对其进行了约束。②

《伦敦公约》对入海污染物进行管制，以保护海洋环境和人类健康。《伦敦公约》将长期难以降解的塑料等合成材料，如塑料绳、塑料渔网等纳入管控的黑名单。这些材料虽然不是微塑料，但它们老化后在海水中极易分解为微塑料，也是海洋微塑料的重要来源，因此从宏观角度禁止其倾倒入海，可间接预防海洋微塑料污染的产生。另外，《伦敦公约议定书》（1996

---

① 丁淑敏：《国际法视角下的海洋微塑料污染防治问题研究》，硕士学位论文，武汉大学，2021。

② 王金鹏：《构建海洋命运共同体理念下海洋塑料污染国际法律规制的完善》，《环境保护》2021 年第 7 期。

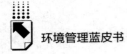

年）补充的"反向清单"中并未将微塑料纳入其中，意味着微塑料间接受到公约的约束。①

MARPOL 73/78 对防止和减轻船舶污染、意外污染和日常作业中发生的污染进行限制，以控制船舶造成海洋污染，虽然其中包含对塑料的约束，但未明确提及微塑料，故对微塑料的约束属于间接约束。MARPOL 73 附则 V 以及 MARPOL 78 附则Ⅳ和附则 V 分别对船舶垃圾倾倒、污水和塑料垃圾排放做出限制，由于塑料垃圾和生活污水中的微塑料是微塑料的重要来源之一，这一规定意味着间接约束微塑料，但 MARPOL 78 附则Ⅳ和附则Ⅴ并未生效。②

《巴塞尔公约》对危险废物及其他废物的越境转移加以管制，针对"危险废物"、"其他废物"和"非危险废物"制定了清单列表和管制办法。③ 其"反向清单"并未包含微塑料，各缔约国都有权决定海洋微塑料的性质，意味着它们可在本国的清单列表中对微塑料进行约束，对其越境转移进行限制。

《斯德哥尔摩公约》对具有持久性有机污染物的化学品进行管制和约束。④ 附件 A 中的"短链氯化石蜡"被广泛使用于塑料制品和日用品中，附件 C 中的"多氯联苯"等是塑料和微塑料原料，因此，《斯德哥尔摩公约》可以从源头限制和制止微塑料产生。

（二）全球范围内软法性文件

借助联合国大会及联合国环境大会等，联合国环境规划署发布报告深入研究海洋塑料与微塑料的来源、产生、影响及法律制度，对微塑料的认识不断加深。

自 2016 年第 71 届联合国大会提及关于"微塑料"的议题起，历届联

① 《伦敦公约》附件一。

② Ecker R. MARPOL 73 /78，"An Overview in International Environmental Enforcement," *Georgetown Environmental Law Review*，1997，10：625.

③ https：//www. basel. int/TheConvention/Overview/TextoftheConvention/tabid/1275/Default. aspx.

④ https：//chm. pops. int/TheConvention/Overview/TextoftheConvention/tabid/2232/Default. aspx.

合国大会对"微塑料"均在"海洋和海洋法"等主题部分展开讨论，并在微塑料研究和污染治理等方面进行多次呼吁。2016 年，第 71 届联合国大会《我们的海洋、我们的未来：行动呼吁》决议针对"微塑料"预防和治理提出加快行动、战略治理的要求。2017 年，第 72 届联合国大会在"海洋和海洋法"议题中重申理事机构打击海洋垃圾和微塑料的承诺，确认需要进一步了解海洋废弃物尤其是塑料和微塑料的来源、数量、途径、分布、趋势、性质及影响，开展研究和评估，强调加强国际合作，提出治理建议。2018 年，第 73 届联合国大会在"海洋和海洋法"议题中回顾了关于微塑料已有的最佳知识和经验，并就减少海洋中塑料垃圾和微塑料的进一步措施提出建议，继续强调加强国际合作。2019 年，第 74 届联合国大会在"海洋和海洋法"议题中注意到，《环境署 2016 年前沿报告》认为微塑料是六个新出现的主要环境问题之一，第六期《全球环境展望》特别强调亟须解决海洋塑料污染以及微塑料对海洋生态系统已知不利影响的问题，呼吁各国"增加有关海洋塑料垃圾和微塑料等海洋垃圾的科学技术知识"，鼓励加强国际合作。2020 年，第 75 届联合国大会在"海洋和海洋法"议题中增加了微塑料污染治理方面的内容，确认联合国环境大会决定延长海洋垃圾和微塑料问题不限成员名额特设专家组的任务期限。2021 年，第 76 届联合国大会在"海洋和海洋法"议题中强调所有成员国和利益攸关方应认识到问题的严重性和紧迫性；在"我们的海洋、我们的未来、我们的责任"议程中认识到新冠疫情期间废物（包括个人防护装备等塑料废物）管理不当，导致海洋中的海洋塑料垃圾和微塑料问题加剧。

历届联合国环境大会结合当前环境热点问题展开讨论，在 2014 年、2016 年、2017 年和 2019 年的联合国环境大会上分别通过了 4 项关于海洋塑料垃圾和微塑料的决议，对微塑料的认识经历从来源、性质研究到将微塑料污染问题定义为全球性严重环境问题，对微塑料的治理理念由最初的源头治理，发展为生命周期管理、因地制宜，到如今的全球合作及治理，治理措施也越来越科学有效，以应对这一全球性挑战。2014 年，首届联合国环境大会讨论通过 I/6《海洋塑料垃圾和微塑料》的决议，决议正式将微塑料污

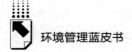

染问题纳入联合国环境大会的议程范围，要求从源头处理、完善废弃物管理方面开展行动，鼓励各成员国全面行动，通过立法、行动、教育等应对海洋塑料废弃物和微塑料问题带来的挑战。[①] 2016 年，第 2 届联合国环境大会讨论通过 Ⅱ/11《海洋塑料垃圾和微塑料》的决议，该决议强调对废物的预防和无害环境管理是治理微塑料污染的关键，敦促逐步淘汰产品中的一次性微塑料颗粒的使用，提出各国政府需要在国家和区域两级进一步确认最重要的微塑料来源和重要及具有成本效益的预防措施。[②] 2017 年，第 3 届联合国环境大会讨论通过 Ⅲ/7《海洋塑料垃圾和微塑料》的决议，该决议考虑到了措施的细化落实，制定涵盖从源流到海洋整个过程的统筹性做法和海洋垃圾行动计划，鼓励会员国根据现有最佳知识，优先考虑在适当层面制定政策和措施。[③] 2019 年，第 4 届联合国环境大会讨论通过 Ⅳ/6《海洋塑料垃圾和微塑料》的决议，该决议注意到微塑料可能对人类健康等的不利影响，提出优先采用整个生命周期方法和优先提高资源效率，并建立一个多方利益攸关者平台，促进相关科学机制之间的合作，推动在区域海洋公约和方案的框架中采取行动。[④] 2021 年，第 5 届联合国环境大会明确关于海洋垃圾和微塑料的国家来源清单仍处于试点阶段，起草了包括微塑料污染的评估报告，[⑤] 大

① 联合国环境规划署：《联合国环境规划署联合国环境大会 2014 年 6 月 27 日第 1 届会议上通过的决议和决定》，2014，https：//wedocs. unep. org/bitstream/handle/20. 500. 11822/17285/K1402363. pdf？sequence＝2&isAllowed＝y。

② 联合国环境规划署：《联合国环境规划署联合国环境大会 2016 年第 2 届会议上通过的决议和决定》，2016，https：//wedocs. unep. org/bitstream/handle/20. 500. 11822/11186/K1607227＿UNEPEA2＿RES11C. pdf？sequence＝3&isAllowed＝y。

③ 联合国环境规划署：《联合国环境规划署联合国环境大会 2017 年第 3 届会议上通过的决议和决定》，2017，https：//wedocs. unep. org/bitstream/handle/20. 500. 11822/31022/k1800209. chinese. pdf？sequence＝2&isAllowed＝y。

④ 联合国环境规划署：《联合国环境规划署联合国环境大会 2019 年第 4 届会议上通过的决议和决定》，2019，http：//wedocs. unep. org/bitstream/handle/20. 500. 11822/28471/Chinese. pdf？sequence＝2&isAllowed＝y。

⑤ 联合国环境规划署：《联合国环境规划署联合国环境大会 2021 年第 5 届会议上通过的决议和决定》，2021，https：//wedocs. unep. org/bitstream/handle/20. 500. 11822/39760/END% 20PLASTIC% 20POLLUTION% 20 -% 20TOWARDS% 20AN% 20INTERNATIONAL% 20LEGA LLY% 20BINDING%20INSTRUMENT%20-%20Chinese. pdf？sequence＝1&isAllowed＝y。

会讨论通过《结束塑料污染：制定具有法律约束力的国际文书》的决议，该决议决定设立一个政府间谈判委员会，计划于 2024 年底前完成工作。[①]

二 部分国家或经济体的微塑料污染防治政策

国家或经济体作为独立的权力机构，面对海洋微塑料问题，任何一个有助于解决该问题的国际公约、议定书和协议均需要在区域和国家一级转换为更有执行力和保障的国内法。在国际组织的引领下，随着人们对微塑料性质、检测、风险管控等认知不断深入和对微塑料污染治理能力不断提升，国际合作的微塑料项目也逐步开展，促进全球共同面对微塑料污染治理问题。

（一）颁布法令助力微塑料管控

个人护理产品中的塑料微珠属于有意添加型原生微塑料，通过立法禁止其生产、销售或进出口含有塑料微珠的产品，可有效控制此类微塑料的环境污染。截至 2022 年，包括美国、瑞典、加拿大、英国、韩国、新西兰[②]、法国、意大利、泰国、爱尔兰、中国、阿根廷[③]、荷兰[④]、奥地利、卢森堡、比利时[⑤]、丹麦、葡萄牙在内的 18 个国家已通过立法禁止塑料微珠在个人护理产品中使用。

部分国家将纤维型微塑料污染防治要求列入相关法律或国家战略。研究表明，每洗一件衣服就有 1900 多根微小的纤维被冲洗掉，纤维型微塑料主要产生于洗衣过程，是造成微塑料环境污染的主要类型，占排放至环境中微塑料总量的 35%~70%，因此有效控制纤维型微塑料的排放是减缓纤

---

① https：//www.unep.org/zh-hans/xinwenyuziyuan/xinwengao-35.

② https：//deepblue.lib.umich.edu/bitstream/handle/2027.42/162658/olvenus.pdf？sequence=1.

③ https：//www.beatthemicrobead.org/impact/global-impact/.

④ https：//www.oecd.org/stories/ocean/microbeads-in-cosmetics-609ea0bf.

⑤ https：//www.researchgate.net/figure/Chronology-of-global-microbead-policy-interventions_tbl3_313795795.

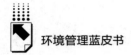

维型微塑料环境污染的关键。2021 年，澳大利亚政府出台《国家塑料计划》①，承诺在 2030 年 7 月 1 日前，在新的住宅和商业洗衣机上逐步引入超细纤维过滤器，以减少纤维型微塑料的排放。法国是世界上第一个通过立法管控塑料超细纤维污染的国家，其新的《循环经济法》提出从 2025 年 1 月起，法国所有销售的新洗衣机都必须附带过滤器，② 以防止合成纤维衣物洗涤产生的纤维微塑料随污水排放。美国加利福尼亚州针对超细纤维污染增加和废除《政府法典》第 14634 条法案③，要求该州在 2020 年 7 月 1 日前（一年试点计划期），确定 10 家合适的国有洗衣房安装过滤率高于 90% 的超细纤维过滤系统，对其进行检测，并在 2023 年 1 月 1 日前提交报告和废除本法案。

美国加利福尼亚州通过立法对饮用水中的微塑料开展检测和信息披露提出要求。2018 年 9 月，美国加利福尼亚州通过《安全饮用水法》（SDWA）④，要求州水资源控制委员会于 2020 年 7 月 1 日前对饮用水中的微塑料做出定义；2021 年 7 月 1 日前批准饮用水中微塑料的标准检测方法，并利用该标准检测方法对饮用水中的微塑料进行为期四年的检测和报告，同时向公众披露检测结果。后续将根据需要，制定通知类或导则类文件向消费者解释检测结果。美国国家环境信息中心于 2021 年建成全球首个微塑料数据库，公开征集并发布全球各地包括微塑料特征、分布、数量和洋流等信息在内的数据。

此外，瑞典发布了"关于国家援助减少微塑料向水生环境排放的法令（2018：496）"，对由雨水造成的微塑料和其他污染物对水生环境的污染防控项目给予资助。如雨水净化（在哥德堡的地下盒式仓库附近安装了一口水处理过滤井，以减少雨水中微塑料、重金属和其他环境毒素的排放）、雨

---

① https：//www. dcceew. gov. au/environment/protection/waste/plastics – and – packaging/national – plastics – plan/plastics-oceans-waterways#national-plastics-pollution-database.

② https：//www. consoglobe. com/machine-a-laver-filtre-microplastique-cg.

③ https：//leginfo. legislature. ca. gov/faces/billTextClient. xhtml？bill_id＝201920200AB1952.

④ https：//calmatters. org/environment/2021/03/california-microplastics-drinking-water/.

水坝建设（建设带有出口的雨水坝，以延迟和净化雨水）、废物处理设施附近的雨水信息调查（制订调查研究方案，并提出处理雨水和渗滤液的最佳解决方案）。

（二）自愿淘汰微珠的行为

有些国家虽然没有国家级别的法律法规，但也在努力应对微塑料污染问题，形式多样的微塑料自愿淘汰行动是立法手段的有效补充。政府、公司和民间社会组织采取"自愿淘汰"的方式减少含塑料的微珠产品的使用和销售，如政府和工业部门关于自愿淘汰行动的谈判和协议、个别公司和贸易协会自愿的行业淘汰行为、政府支持或计划逐步淘汰或禁止微珠的声明、生态标签等。①

政府和工业部门对自愿淘汰行动进行谈判，签订协议，但各国自愿淘汰的微塑料产品种类不同。澳大利亚环境和能源部官员与工业界达成协议，自愿淘汰个人护理产品、化妆品和清洁产品中的微珠；② Detic 协会是比利时和卢森堡化妆品、清洁和维护产品、黏合剂、密封剂、杀菌剂、气溶胶生产商和分销商协会，比利时环境和可持续发展部部长与 Detic 协会签订部门协议，自愿淘汰水洗化妆品和口腔护理产品中的"塑料微珠"；德国环境部与化妆品行业协会达成协议，自愿减少护理产品中的微塑料；荷兰基础设施和环境部与荷兰化妆品协会签订协议禁止在化妆品中使用塑料微珠。

个别公司和贸易协会自愿对其产品中的微珠进行淘汰。加拿大化妆品联盟承诺自愿淘汰含微珠的盥洗用品；中国香港 Sasa 发表声明称其销售的所有去角质或清洁产品不含微珠；丹麦化妆品行业贸易协会、丹麦化妆品和洗涤剂工业协会（SPT）表示避免在水洗化妆品中使用不可降解的微珠；芬兰 Kesko 集团承诺 Pirkka 润唇膏和洗发水及集团所有洗涤剂中不含微珠；法国

---

① UNEP, 2018, "Legal Limits on Single-Use Plastics and Microplastics: A Global Review of National Laws and Regulations," https: //wedocs. unep. org/handle/20. 500. 11822/2711.

② https: //www. dcceew. gov. au/environment/protection/waste/publications/assessment-sale-micro beads-within-retail-market.

美容企业联合会（FEBEA）承诺可冲洗产品中不含不可生物降解的塑料颗粒；新加坡连锁店 Guardian 所有品牌产品均已不含微珠；英国化妆品行业自愿禁止产品中添加微珠。

部分国家发表声明，承诺政府支持或计划逐步淘汰或禁止微珠。芬兰、法国、爱尔兰、瑞典和卢森堡政府自愿承诺禁止销售含塑料微珠的冲洗型去角质或清洁用途化妆品；冰岛政府自愿承诺减少其水域中的海洋垃圾；挪威政府提交塑料战略以减少主要陆地来源微塑料的释放。

（三）生态标签的使用

部分国家采用生态标签识别不含微塑料产品。丹麦、芬兰、冰岛、挪威、瑞典参与制定北欧天鹅生态标签，这是世界上第一个多国合作式的环境标准，要求洗衣产品、工业用洗衣产品、自动洗碗机用洗涤剂、工业洗碗机用洗涤剂、手洗餐具用洗涤剂和硬表面清洁剂这 6 种产品不含塑料微珠，[①] 要求制造商必须在未来测量洗涤合成纺织品时释放多少微塑料。[②]

三　微塑料污染防治展望

现阶段，各国为微塑料的研究和污染治理已经付出很大的努力，达到了一定的效果，但部分国家仍未参与相关行动，而参与相关行动的国家的政策落实效果存在时间或内容上的明显偏差。如今国际社会明确要求开展限制与淘汰含有"塑料微珠"的产品、各国合作制定微塑料通用定义及统一的标准和方法以衡量和监测海洋微塑料、建立协调与合作平台等行动，但大部分国家未开展行动或响应政策。

在微塑料污染防治方面，同样要构建人类命运共同体，微塑料污染

---

① http：//www. ccia-cleaning. org/content/details_76_25406. html.

② https：//investgo. cn/article/gb/fxbg/202205/604367. html.

问题是影响全人类健康安全的问题，各国要积极响应国际层面的规章制度，注重将本国国内制度与其接轨，建立切实可行的政策法规，并确保政策落地。对于不够重视微塑料污染的国家和因经济不够发达而无法执行相关制度规定的国家，应加大帮扶力度，扩大宣传，提升认知，必要时进行资助。

在微塑料污染治理技术研发方面，虽然关于微塑料的来源、数量、途径、分布、趋势、性质及影响等专业知识相当丰富，但微塑料来源识别、监测技术、标准制定、治理方案等并未成熟，应加强在薄弱环节上的技术研发，为进一步落实微塑料相关法规提供技术支持。

综合管理篇 ⟩

B.10
联合国环境大会重点关注
及其发展趋势研究

段立哲　贡嘎次仁　赵　玲　李金惠*

摘　要：　作为全球环境问题的最高决策机构，截至 2023 年底，联合国环境大会已经召开五届，形成了诸多关于全球环境问题治理的决议和决定文件。本报告通过对历届联合国环境大会成果文件的关键词分类和热词词云分析发现，化学品和废物、塑料和微塑料以及可持续消费和生产是全球环境问题关注的热点。化学品和废物议题强调加强科学与政策结合，塑料和微塑料议题致力于形成具有法律约束力的国际协议，可持续消费和生产议题重视推动多边和多利益相关者合作。

关键词：　联合国环境大会　化学品和废物　塑料和微塑料　可持续生产和消费

* 段立哲，巴塞尔公约亚太区域中心高级工程师，主要研究领域为固体废物管理政策与战略；贡嘎次仁，清华大学环境学院"全球环境国际班"本科生；赵玲，青海大学教授，主要研究方向为区域经济、生态经济学；李金惠，清华大学环境学院教授，主要研究方向为循环经济、国际环境治理、化学品和废物管理与政策。

一　背景

2012 年 6 月，联合国可持续发展大会（"里约+20"峰会）在巴西举行，各国代表对增强联合国环境规划署在全球环境问题方面的权威性的呼吁高涨。2013 年 3 月，联合国大会通过决议，将原来 58 个成员国参与的联合国环境署理事会正式升级为普遍会员制的联合国环境大会，使联合国所有成员国共同在部长级层面商讨全球环境和可持续发展议题并做出决策，推动将环境议程充分纳入可持续发展议程并使其得到落实。自 2014 年召开第一届联合国环境大会以来，大会在支持国家、区域和全球各级连贯一致地实施《2030 年可持续发展议程》，设定全球环境议程和制订全球环境问题解决方案，为各种新出现的环境挑战提供总体政策指导和制定政策应对措施，开展政策审查、对话和经验交流等方面发挥了重要作用。

二　历届联合国环境大会重点议题分析

（一）第一届联合国环境大会

2014 年 6 月 23~27 日第一届联合国环境大会在肯尼亚内罗毕组织召开，大会以"野生动物非法贸易、空气质量、环境法治、绿色经济融资、可持续发展目标以及'落实《2030 年可持续发展议程》的环境议程'"为主题，通过了 17 项决议成果，其中包括 1 份部长级成果文件和 7 项核心环境议题，[①] 聚焦野生动植物非法贸易、化学品和废物、海洋塑料废弃物和微塑料、改善空气质量、全球水环境监测、基于生态系统的适应以及科学与政策结合。部长级成果文件指出，健康的环境是全球可持续发展的基本要求和关

---

① 联合国环境大会：《联合国环境规划署联合国环境大会 2014 年 6 月 27 日第一届会议上通过的决议和决定》，2014，https://www.unep.org/environmentassembly/unea1。

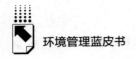

键推动因素，呼吁将环境方面的工作充分纳入整个《2030 年可持续发展议程》。

（二）第二届联合国环境大会

2016 年 5 月 23~27 日第二届联合国环境大会在肯尼亚内罗毕组织召开，大会以"落实《2030 年可持续发展议程》中的环境目标"为主题，通过了 25 项决议成果，其中核心环境议题 12 项，[①] 包括支持《巴黎协定》，化学品和废物健全管理，可持续生产和消费，预防和减少食物废物，海洋塑料废弃物和微塑料，生态系统退化，野生动植物及产品非法贸易，生物多样性，沙尘暴，防治荒漠化、土地退化和干旱等。此次大会形成了题为《落实〈2030 年可持续发展议程〉》的决议文件。在经济及社会理事会和联合国大会的主持下，联合国环境大会为将其贡献纳入可持续发展问题高级别政治论坛设定了框架，并规定了加强《全球环境展望》报告的作用，以跟踪可持续发展目标及其具体目标环境方面工作取得的进步。

（三）第三届联合国环境大会

2017 年 12 月 4~6 日第三届联合国环境大会在肯尼亚内罗毕组织召开，大会以"迈向零污染地球"为主题，通过了 1 份部长级宣言、11 项决议和 3 项决定成果，[②] 包括治理土壤污染、海洋垃圾和微塑料、防止和减少空气污染、消除对含铅涂料的接触和促进对铅酸废电池的无害环境管理、治理水污染、环境与健康、投资创新环境解决办法、注重生物多样性问题 8 项核心环境议题。《部长级宣言：迈向零污染地球》提出了 14 条行动承诺来预防、缓解和管控空气、土地与土壤、淡水和海洋污染，包括加强研究，促进公共部门和私营部门的科学决策，采取量身定制的行动，加快执行现有的多边协

---

① 联合国环境大会：《联合国环境规划署联合国环境大会第二届会议报告》，https：//www.
   unep. org/environmentassembly/unea2。
② 联合国环境大会：《联合国环境规划署联合国环境大会第三届会议报告》，https：//www.
   unep. org/environmentassembly/unea3。

定、公约、规章和方案，推动包容和可持续的经济生产力、创新、创造就业机会和无害环境技术，鼓励可持续的生活方式并进一步推行更可持续的消费和生产模式，促进采用对化学品和废物进行无害环境管理的政策和措施，推动财政措施，等等。

（四）第四届联合国环境大会

2019年3月11~15日第四届联合国环境大会在肯尼亚内罗毕组织召开，大会以"应对环境挑战及实现可持续消费和生产的创新解决方案"为主题，通过了1份部长级宣言、23项决议和3项决定成果，① 包括可持续消费和生产、遏制粮食损失和浪费、可持续出行、海洋塑料垃圾和微塑料管理、废物的无害环境管理、化学品和废物健全管理、治理一次性塑料制品污染、生物多样性和土地退化、保护海洋环境、全球红树林健康、可持续珊瑚礁管理、可持续氮管理等17项核心环境议题。《部长级宣言：应对环境挑战及实现可持续消费和生产的创新解决方案》指出，消除贫困、改变不可持续消费和生产模式并促进可持续模式、保护与管理经济和社会发展的自然资源基础，是可持续发展的首要目标和基本要求，并提出了19项行动来改进国家资源管理战略，包括推进可持续消费和生产模式，促进化学品和废物管理方面的创新和知识共享，构建完善、可持续的粮食系统，完善在空气、水和土壤质量、生物多样性、毁林、海洋垃圾及化学品和废物等方面的国家环境监测系统和技术，应对塑料产品的不可持续使用和处置对生态系统造成的损害，等等。

（五）第五届联合国环境大会

第五届联合国环境大会以"加强自然行动以实现可持续发展目标"为主题，强调自然在我们的生活以及社会、经济和环境可持续发展中发挥的关键

---

① 联合国环境大会：《联合国环境规划署联合国环境大会第四届会议报告》，https：//www.unep.org/environmentassembly/unea4。

作用，指出全球面临气候变化、生物多样性丧失、污染和废物三大环境危机。第一阶段会议（UNEA-5.1）于2021年2月22~23日在肯尼亚内罗毕组织召开，修订和简化了议程，重点是紧急和程序性决定，通过了3项决定。第二阶段会议（UNEA-5.2）于2022年2月28日~3月2日在肯尼亚内罗毕组织召开，审议与议程有关的其余实质性事项，通过了14项决议和4项决定。① 此次大会涉及可持续氮管理、生物多样性与健康、化学品和废物的健全管理、建立进一步促进化学品和废物的健全管理并防止污染的科学与政策委员会、发展循环经济、促进实现可持续消费和生产、结束塑料污染、制定具有法律约束力的国际文书等核心环境议题。

三　重点议题发展历程和趋势

从历届联合国环境大会成果来看，全球污染挑战主要包括海洋塑料垃圾和微塑料，水、空气、土壤污染治理，化学品和废物等议题，严重危及生态环境和可持续发展总体目标。对历届会议成果文件进行关键词分类、话题聚焦、热词排序等智能处理，得到热词词云图（见图1），它直观体现了全球环境问题关注重点。按出现频率进行排名，重点议题关键词依次为"化学品和废物""塑料""生物多样性""可持续生产和消费""海洋""氮""空气""水"等。以下聚焦联合国环境大会关注的污染和废物这一环境危机，重点分析"化学品和废物""塑料与微塑料""可持续生产和消费"三项议题的发展历程和趋势。

（一）化学品和废物

化学品与生产生活密不可分，如对化学品及其废物管理不当，会对人类健康、环境和可持续发展构成威胁。国际社会先后通过了《控制危险废物

---

① 联合国环境大会：《联合国环境大会第五届会议续会的会议记录》，https：//www.unep.org/environmentassembly/unea-5.2。

图 1　历届联合国环境大会核心议题热词词云图

资料来源：笔者自制。

越境转移及其处置巴塞尔公约》《关于在国际贸易中对某些危险化学品和农药采用事先知情同意程序的鹿特丹公约》《关于持久性有机污染物的斯德哥尔摩公约》等多边环境协议以及《国际化学品管理战略方针》（SAICM）这一多利益攸关方政策框架，旨在促进全球化学品和废物管理；联合国环境署不定期组织发布《全球废物管理展望》《全球化学品展望》系列报告，为化学品和废物环境无害化管理政策与行动提供综合分析和建议。化学品和废物健全管理对应《2030 年可持续发展议程》中的多项具体目标，包括目标 SDG3.9 "到 2030 年，大幅减少危险化学品以及空气、水和土壤污染导致的死亡和患病人数"；目标 SDG6.3 "到 2030 年，通过以下方式改善水质：减少污染，消除倾倒废物现象，把危险化学品和材料的排放降至最低限度，将未经处理废水比例减半，大幅增加全球废物回收和安全再利用"；目标 SDG11.6 "到 2030 年，降低城市的人均负面环境影响，包括特别关注空气质量以及城市废物管理等"；目标 SDG12.4 "到 2020 年，根据商定的国际框架，实现化学品和所有废物在整个存在周期的无害环境管理，并大幅减少它们排入大气以及渗漏到水和土壤的概率，尽可能降低它们对人类健康和环

境造成的负面影响";目标 SDG12.5"到 2030 年,通过预防、减排、回收和再利用,大幅减少废物的产生";等等。

化学品和废物是历届联合国环境大会的常设议题。第一届、第二届、第四届、第五届联合国环境大会均通过了《化学品和废物健全管理》的相关决议,强调化学品和废物健全管理与《2030 年可持续发展议程》目标的相关性,指出源头预防、减量使用和生命周期管理的举措以及对科学与政策结合的迫切需要。第三届联合国环境大会虽未直接讨论化学品和废物议题,但在相关决议中对化学品和废物健全管理相关内容进行了明确,包括 3/4《环境与健康》决议文件提出为了人类的环境健康与生物多样性,尽量减少产品和材料中有害化学品造成的风险,确保整个生命周期的安全使用;3/9《消除接触含铅涂料和促进废铅酸电池无害环境管理》决议文件强调铅接触的危险性以及发展中国家废铅酸电池回收利用对环境和健康的影响,为会员国开展废铅酸电池的环境无害化管理提出了行动建议。在第四届联合国环境大会上,"化学品和废物"议题得以凸显,大会共通过了 4/7《废物的无害环境管理》、4/8《化学品和废物健全管理》两项决议,强调迫切需要在各级加强科学与政策结合,以支持和促进 2020 年后在地方、国家、区域和全球各级采取以科学为基础的化学品和废物健全管理行动;利用科学来监测其进展;针对化学品和废物的整个生命周期确定优先事项和制定政策,同时顾及发展中国家的差距和科学信息。上述决议直接推动第五届联合国环境大会第二阶段会议达成了 5/7《化学品和废物健全管理》和 5/11《进一步促进化学品和废物健全管理并防止污染的科学与政策委员会》两项决议,明确组建一个不限成员名额特设工作组(简称"SPP"),SPP 从 2022 年开始,于 2024 年底前完成为科学政策委员会的体制设计、职能与范围等问题编写提案的工作。

联合国环境大会将化学品和废物污染治理行动与气候行动和自然行动,作为同等重要的行动列入其战略。在气候行动方面,联合国政府间气候变化专门委员会(简称"IPCC")向各级政府提供科学信息,供它们用来制定气候政策。IPCC 兼具科学性质和政府间性质,有独特的机会为决策者提供严格和均衡的科学信息。通过批准 IPCC 报告,各国政府承认其科学内容的权威性。在自然行动方面，同样作为独立的政府间机构，生物多样性和生态系统服务政府间科学与政策平台（简称"IPBES"）为决策者提供关于地球生物多样性、生态系统及其给人类带来的利益的知识状况的客观科学评估，以及保护和可持续利用这些重要自然资产的工具和方法，并促进政府各个层面、私营部门和民间团体落实以知识为基础的政策。在化学品和污染行动方面，联合国环境大会拟将 SPP 建设成与 IPCC 和 IPBES 具有同等地位的独立的政府间机构，以进一步促进化学品和废物的健全管理并防止污染。

随着第五届联合国环境大会明确提出"全球面临气候变化、生物多样性丧失、污染和废物三大环境危机"，化学品和废物议题的重要性与紧迫性进一步得到体现。正如联合国秘书长安东尼奥·古特雷斯在《我们的共同议程》中的表述，"现在是时候捍卫围绕事实、科学和知识达成有实证依据的共识，消除困扰我们这个世界的'信息疫情'。所有政策和预算决策都应依据科学和专业知识"，SPP 将借鉴现有化学品和废物相关的多边环境协定机构的经验，避免重复，将重点关注化学品和废物的全生命周期，特别是侧重源头控制污染，注重为全球、区域和国家各级政策制定者提供政策解决方法，并持续探索数据获取的途径，实现获取开放、可获取和透明的全球化学品和废物健全管理的数据、信息和知识。

（二）塑料与微塑料

2010 年前后，海洋垃圾特别是一次性塑料造成的海洋污染逐步进入公众视线，引起国内外的广泛关注。海洋塑料垃圾治理对应《2030 年可持续发展议程》中的可持续发展目标 SDG14 及其具体目标 SDG14.1，该具体目标为，力争到 2025 年"防止和大幅减少所有各类海洋污染，特别是陆上活动造成的污染，包括海洋废弃物和营养盐污染"。

自 2014 年第一届联合国环境大会召开起，塑料和微塑料便成为历次大会的一个重要议题。第一届、第二届、第三届联合国环境大会均通过了《海洋塑料垃圾和微塑料》的决议，强调认识到海洋环境中存在塑料垃圾和微塑料是一个正在快速加剧的全球性严重问题，指出对废物的预防和无害化环境管理是治理海洋污染、取得长期成功的关键，提出了预防、减量、再用和循环理念，第三届联合国环境大会决定设立海洋垃圾和微塑料问题不限成员名额特设专家组。在第四届联合国环境大会上，塑料与微塑料议题成为关注焦点，接触组磋商持续至大会闭幕式前一刻才结束，大会最终通过了4/6《海洋塑料垃圾和微塑料》和4/9《治理一次性塑料制品污染》两项决议，同时大会通过的《部长级宣言：应对环境挑战及实现可持续消费和生产的创新解决方案》也呼吁应对塑料产品的不可持续使用和处置对我们生态系统造成的损害，包括在2030年前大幅减少一次性塑料产品的生产和使用以及与私营部门合作寻找负担得起的环境友好型替代品。此外，联合国环境署开展了一系列科学研究并出版了一系列报告，包括2016年《海洋塑料废弃物和微塑料：激发行动和指导政策变化的全球经验教训与研究》、2018年《一次性塑料：可持续发展路线图》、2021年《用生命周期方法解决一次性塑料制品污染》、2022年《从污染到解决方案：对海洋垃圾和塑料污染的全球评估》等，推动政府部门、企业和个人更客观地认识塑料污染以及如何解决塑料污染问题。2022年第五届联合国环境大会第二阶段会议达成了终结塑料污染的历史性决议《结束塑料污染：制定具有法律约束力的国际文书》，提出将在2024年前形成具有法律约束力的国际协议。

（三）可持续生产和消费

可持续生产和消费是指提供服务以及相关的产品以满足人类的基本需求，提高生活质量，同时使自然资源和有毒材料的使用最少，使服务或产品在生命周期中所产生的废物和污染物最少，从而不危及后代的需求，实现可持续生产和消费。其核心是提高资源效率，通过减少整个生命周期的资源消耗、减缓环境退化和污染来增加经济活动的净福利收益。[1] 可持续消费和生产对应《2030年可持续发展议程》中的目标12"采用可持续的消费和生产

---

[1] 陈刚、许寅硕、刘倩等：《中国绿色消费政策实施进展评估与对策分析》，社会科学文献出版社，2023。

模式"（SDG12），下设 8 个具体目标，包括自然资源的可持续管理和高效利用、全球人均粮食浪费减半、化学品和废物全生命周期环境无害化管理、大幅减少废物的产生、可持续的商业做法、可持续的公共采购、可持续发展、与自然和谐的生活方式的信息分享。

自 1994 年奥斯陆"可持续消费专题研讨会"正式提出"可持续消费"一词以来，其内涵在生产、管理、设计等各个方面得到了延伸，"可持续"概念要求既能满足当下人类的基本需求，又能不危及子孙后代的需求。可持续消费和生产整体上涉及很多行业，现阶段主要聚焦 3 个重点领域和 3 个保障性措施领域，分别是可持续建筑与建设、可持续旅游与生态旅游、可持续食物系统，以及向消费者提供信息、可持续生活方式和教育、可持续公共采购。

2014 年，第一届联合国环境大会在部长级会议文件中呼吁要加大和支持可持续消费和生产模式的各项努力，包括通过提高资源利用效率和可持续的生活方式，并在联合国环境规划署的支持下加快行动，实施可持续消费和生产模式十年方案框架。2016 年，第二届联合国环境大会通过了 2/8《可持续生产和消费》决议，重申了可持续生产和消费模式十年方案框架及其重要性。2019 年，第四届联合国环境大会通过了多项有关可持续生产和消费的决议文件，包括 4/1《实现可持续生产和消费的创新途径》、4/3《可持续出行》、4/4《通过可持续商业做法应对环境挑战》、4/5《可持续基础设施》、4/7《废物的无害环境管理》、4/8《化学品和废物健全管理》、4/9《治理一次性塑料制品污染》等，将可持续生产和消费议题推向了一个高潮。此外，联合国环境规划署编制并发布了 2015 年《可持续生产和消费：决策者指南》和 2022 年《可持续生产和消费模式 10 年方案框架的进度报告》。

可持续生产和消费被视为解锁全球面临的三大环境危机气候变化、生物多样性丧失、污染和废物的一把钥匙，造成这些问题的最根本原因是当前不可持续的生产和消费模式。SDG12 中每个目标并不孤立，而是相互作用和相互促进的，同时还关联前文提到的 SDG6.3、SDG11.6 和 SDG14.1 等多项目标。目前，可持续消费和生产议题也在确定一个雄心勃勃的愿景，推动多

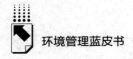

边和多利益相关者合作以指导 2030 年前的行动计划，并邀请所有成员国和利益相关者参与这一全球行动。

四 结论与展望

随着全球环境问题日益凸显，人们对于环境与健康、可持续发展理念的认识不断深化，对于美好生活的需求不断增多，众多环境议题被持续强化。联合国环境大会的成立增强了其决议文件的法律属性、适用性与指导性，特别是在地缘政治局势动荡的背景下，联合国环境大会展现了多边合作的最佳状态，对于全球环境治理起到了巨大的促进作用。鉴于不同环境议题之间联系的科学性知识得以补充，未来环境问题会更加趋向于多领域交叉治理，对此需要持续强化国际合作和集体行动，综合运用政策和监管改革、充足的资金以及技术和创新手段，以更具针对性地、一致性地解决环境问题。

B.11
化学品和废物污染治理国际公约
协同增效发展及影响分析

赵娜娜　石国英　谭全银*

摘　要： 随着全球化学品生产和使用规模的不断扩大，以及废物产生量的日益增长，化学品和废物对于环境和人体健康的风险进一步引起了国际社会的重视，当前已经有多个国际环境公约同时对化学品和废物污染治理产生约束。本报告对三个主要化学品和废物污染治理国际公约，即《巴塞尔公约》《鹿特丹公约》《斯德哥尔摩公约》的协同增效发展进程、国际社会其他与协同增效相关的活动进行了阐述，并分析了协同增效对国际化学品和废物管理体系产生的影响。

关键词： 化学品和废物　国际公约　协同增效

联合国环境规划署理事会在关于国际环境管理的第 SS. Ⅶ/1 号决定（2002 年 2 月）中，针对化学品和废物多边环境协定秘书处之间的协同增效问题指出，"特别应支持在诸如化学品和废物多边环境协定秘书处，包括临时秘书处目前所开展的工作中所产生的共同问题的具体领域内加强多边环境协定秘书处之间的协调"。联合国环境规划署理事会关于化学品管理的第

---

* 赵娜娜，巴塞尔公约亚太区域中心高级工程师，主要研究方向为固体废物和有毒有害化学品环境管理政策和技术；石国英，巴塞尔公约亚太区域中心工程师，主要研究方向为固体废物和有毒有害化学品环境管理政策和技术；谭全银，清华大学环境学院助理研究员，主要研究方向为新兴固体废物回收技术与产业政策、环境风险防控，固体废物与塑料污染治理及国际环境公约履约策略。

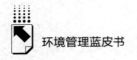

23/9 号决定（2005 年 2 月）更进一步指出，"请执行主任以可得资源为限，增强对《控制危险废物越境转移及其处置的巴塞尔公约》（简称《巴塞尔公约》）、《关于在国际贸易中对某些危险化学品和农药采用事先知情同意程序的鹿特丹公约》（简称《鹿特丹公约》）及《关于持久性有机污染物的斯德哥尔摩公约》（简称《斯德哥尔摩公约》）的支持，并进一步促进在巴塞尔公约秘书处、鹿特丹公约秘书处和斯德哥尔摩公约秘书处以及联合国环境规划署的化学品处之间开展全面合作和共同努力取得协同增效"。

　　基于联合国环境规划署理事会 2002 年 2 月 15 日的第 SS. Ⅶ/1 号决定和 2005 年 2 月 25 日的第 23/9 号决定，斯德哥尔摩公约秘书处在其第一次缔约方全体成员大会 SC-1/18 决定中提出："斯德哥尔摩公约秘书处与其他有关的秘书处和联合国环境规划署进行磋商拟订一份如何改进《巴塞尔公约》《鹿特丹公约》《斯德哥尔摩公约》及其他有关方案的秘书处之间的合作和协同增效的研究报告并请《鹿特丹公约》各缔约方大会第三次会议和《巴塞尔公约》各缔约方大会第八次会议审议研究报告的结果。"

一　协同增效在化学品和废物公约中的关系

　　从国际社会来看，在寻求生命周期的管理手段过程中，《巴塞尔公约》、《鹿特丹公约》和《斯德哥尔摩公约》均涵盖了对化学品实行"从摇篮到坟墓"管理的关键要素。对持久性有机污染物的管理最为全面，所有三个公约都涉及该内容。

　　《鹿特丹公约》的信息交流条款适用于任何一个缔约方禁止或严格限制的化学品以及在发展中国家缔约方使用条件下产生任何严重问题的危险农药制剂。《斯德哥尔摩公约》则注重持久性有机污染物，对这些化学品采取国家管理行动以禁止或严格限制其使用。而大多数 POPs 已经被列入《鹿特丹公约》的信息交流条款，需要执行事先知情同意程序。因此，《鹿特丹公约》可以就具有持久性有机污染物特性的化学品提出预警。在制订国家实施计划时，首先要根据《鹿特丹公约》控制这些化学品的输入，禁止输入有助于避免产生库存，以至逐渐停止使用。《巴塞尔公约》不仅涵盖各类危险化学品，而且涵盖那些按其固有特性综合列入各种不同类别的其他危险化学品，以及住家生成的废物。为此，《鹿特丹公约》和《斯德哥尔摩公约》所涵盖的所有危险化学品均在其成为废物之后属于《巴塞尔公约》的涵盖范围。综合实施《鹿特丹公约》和《斯德哥尔摩公约》符合《巴塞尔公约》关于尽量减少产生废物的目标。

（一）现有化学品

《鹿特丹公约》（第 5 条）责成各缔约方将采取的有关禁用或严格限用化学品的最后管理行动通知秘书处，供其他缔约方了解情况并可能列入公约清单。发展中国家或经济转型国家也可建议将极为危险的农药制剂列入公约清单（第 6 条）。《斯德哥尔摩公约》（第 3、4 条）要求已制订管理和评估方案的缔约方在评估目前正在使用的农药和工业化学品时考虑附件 D 中的持久性有机污染物筛选标准。禁止各缔约方生产和使用公约中所列某些化学品（第 3 条）。

（二）新化学品

《斯德哥尔摩公约》（第 3 条第 3 款）要求已制定管理和评估方案的缔约方进行管制，预防生产和使用那些具有持久性有机污染物特性的新型农药或工业化学品。

（三）进出口管理

《巴塞尔公约》对危险废物的越境转移规定了严格的条件（第 4、6条），一般不允许与非缔约方进行贸易（第 4 条第 5 款）。《巴塞尔公约》原来的事先知情同意程序（第 4 条第 1 款）由各缔约方随后决定通过一项修正案予以加强，该修正案禁止经合组织国家向非经合组织国家出口危险废物（2019 年 12 月 5 日该修正案对批准的 99 个国家生效）。《鹿特丹公约》（第10~12 条）设立了关于进口某些危险化学品的事先知情同意程序。《斯德哥

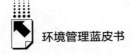

尔摩公约》（第3条第2款）规定仅限于在某些情况下才能进出口持久性有机污染物，如其目的是实现环境无害化处置。该公约还规定不得违反相关国际规则、标准和准则跨越国际边界运输持久性有机污染物或其他废物（第6条第1款）。

（四）废物管理

《巴塞尔公约》（第4条）要求每一缔约方最大限度地减少废物的产生，并尽可能确保在其领土范围内有处理设施。2008年6月，缔约方会议第9次会议决定将其巴塞尔宣言战略计划的实施延长至2011年，直至2011年缔约方会议第10次会议通过一项新的战略方案。《斯德哥尔摩公约》（第6条）责成各缔约方制定查明持久性有机污染物的战略，并以环境无害化方式对其进行管理。废物中的持久性有机污染物成分一般被销毁或进行不可逆转的转化。作为其工作计划的一部分，《巴塞尔公约》技术工作组已制定了关于持久性有机污染物废物的技术准则。

（五）环境释放

《斯德哥尔摩公约》要求各缔约方减少或消除源自有意生产和使用（第3条）、无意生产（第5条）以及储存和废物（第6条）排放的持久性有机污染物。在其第3届会议上（2007年），缔约方会议已通过了关于最佳可行技术（BAT）和最佳环境实践（BEP）的临时准则。

（六）危害通报

《巴塞尔公约》（第4条第2款f项）、《鹿特丹公约》（第5条第1款）和《斯德哥尔摩公约》（第10条）对危险信息的强制性通报做了规定。《斯德哥尔摩公约》要求就持久性有机污染物的替代物进行信息交流和研究（第9、11条）。它责成使用滴滴涕的每一缔约方制订一项包括落实替代产品的行动计划（附件B）。

近年来，各公约通过了一系列决定和报告积极地讨论开展合作，以促进公约之间的协同增效。在各缔约方的共同努力下，各国开展一系列协调活动包括联合印制文件，如技术指南、标准等，联合开展培训和能力建设活动，共用某些区域办事处，共享总部一级的设施和服务，共同参加活动等。

二 协同增效在《巴塞尔公约》的早期发展

《巴塞尔公约》缔约方会议第 6 次会议（COP6）拟定关于对作为废物的持久性有机污染物实行环境无害化管理的技术并请秘书处与斯德哥尔摩公约临时秘书处开展合作；第 7 次会议（COP7）拟定关于持久性有机污染物的技术准则，并请秘书处进一步加强其在下列各领域中与各相关组织的合作：①斯德哥尔摩公约秘书处、联合国环境规划署和联合国粮食及农业组织共同针对以环境无害化方式管理由持久性有机污染物构成、含有此种污染物或受此种污染物污染的废物的议题开展合作；②在巴塞尔公约各区域中心的参与下，与鹿特丹公约秘书处合作，开展联合培训活动和能力建设，以期加强实施工作；第 8 次会议（COP8）通过在巴塞尔、鹿特丹和斯德哥尔摩诸项公约之间开展合作与协调的决定，同意关于增进《巴塞尔公约》、《斯德哥尔摩公约》和《鹿特丹公约》之间的合作与协调的呼吁。

2005 年 7 月举行的《巴塞尔公约》不限成员名额工作组第四次会议在其第 OEWG-Ⅳ/10 号决定中表示考虑到《斯德哥尔摩公约》缔约方会议的第 SC-1/18 号决定，请该公约秘书处与鹿特丹公约秘书处和斯德哥尔摩公约秘书处合作，探讨合作和协同增效问题，并向缔约方会议第 8 次会议提出建议。

在 COP8 上，根据第 OEWG-Ⅳ/10 号决定，该公约秘书处与斯德哥尔摩公约和鹿特丹公约秘书处密切合作，探讨三个组织之间的合作与协同增效问题。在《斯德哥尔摩公约》缔约方会议第 2 届会议通过第 SC-2/15 号决定之后，巴塞尔公约秘书处与斯德哥尔摩公约秘书处和鹿特丹公约秘书处密切磋商，旨在协调设立拟议的特设联合工作组（AHJWG）的筹备工作，并

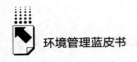
起草该工作组的职权范围。

在第 9 次会议（COP9）上，秘书处为了促进协同增效的进一步发展，就 AHJWG 提出了 5 方面的建议，包括实地的组织问题、技术问题、信息管理和公众意识问题、行政问题和决策。加强国家一级的协调和合作是此次会议讨论的重点。请各缔约方建立和加强国家进程或机制，以协调执行《巴塞尔公约》、《鹿特丹公约》和《斯德哥尔摩公约》的活动，尤其是三公约的联络点和指定的国家管理机构、国际化学品管理战略方针的活动并酌情执行其他相关政策框架的活动；增进相关部门、政府各部门或方案之间在国家一级进行密切合作和协调，以达到保护人类健康和环境免受危险化学品和废物的有害或不利影响、预防事故和事故发生时的应急反应不足、打击危险化学品和废物的非法贩运及贸易等目的。

在针对信息管理和公众意识问题所提的建议中，关于建立健康和环境影响的信息交流/交换机制为日后三公约建立信息交流机制奠定了基础。该建议指出，各缔约方应考虑在国家一级并酌情在区域一级建立共同网站及文献中心，其中包含关于与三公约相关的人类健康和环境影响的现有信息；三公约秘书处开发关于健康和环境影响的信息交流系统，包括信息交换所，使这些系统为三公约服务。

此次大会还建议举行三公约缔约方的特别会议，并请联合国环境规划署执行主任与联合国粮食及农业组织总干事磋商、与联合国环境规划署理事会/全球部长级环境论坛第 11 届特别会议协调组织这些会议。这些同期会议旨在对加强三公约缔约方之间合作和协调的进程给予高度政治支持，并审议三公约缔约方之间合作和协调的相关事宜。

三 协同增效近年来的实质快速发展

自 2010 年起，化学品和废物公约协同增效进入快车道，2010 年，三公约缔约方会议的特别同期会议举行，会议决定在联合活动、联合管理、联合服务、预算周期的同步、联合审计等方面开展合作。自 2011 年起，《巴塞尔公约》、《鹿特丹公约》和《斯德哥尔摩公约》就每两年举办一次联合缔约方会议。

2011 年，《巴塞尔公约》、《鹿特丹公约》和《斯德哥尔摩公约》联合缔约方会议就进一步合作与协调通过了决定。会议批准组建临时秘书处、将交叉和联合活动纳入工作计划、审查协同增效的详细职权范围以及在 2013 年同时举行缔约方会议特别会议。

2013 年，《巴塞尔公约》、《鹿特丹公约》和《斯德哥尔摩公约》缔约方会议接连举行了普通会议并且同时举行的特别会议，通过了关于加强三公约间合作与协调的综合决定，批准了联合秘书处的管理办法，以及关于审查协同作用安排的后续行动的建议，并将在加强三公约技术机构之间的合作与协调、透明度和问责制、促进化学品和废物的财政资源共享等领域采取措施。

2015 年、2017 年、2019 年，三公约联合缔约方会议均采用共同议题联合审议、独立议题单独审议的方式组织会议，并通过了一系列促进协同增效的决议。

另外，2011 年，临时组建三公约联合秘书处；2013 年，正式组建联合秘书处，包括四个部门，分别是行政服务部、公约运行部、技术援助部和科学支持部。

四　国际社会其他与协同增效相关的活动

（一）多边环境协议—区域实施网络

多边环境协议—区域实施网络（MEA-REN）旨在发起东北亚、南亚和东南亚国家之间的综合性区域合作，使参与国家通过对化学品越境转移的区域联合控制，达到更好地控制其进口和出口化学品（消耗臭氧层物质、持久性有机污染物、化学废物）的目的。

该网络将通过对《蒙特利尔议定书》、《鹿特丹公约》、《斯德哥尔摩公

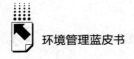

约》和《巴塞尔公约》下所涵盖化学品的越境运输的综合控制，扩大对现有消耗臭氧物质的执法网络，建立非正式的信息交流渠道并加强沟通和数据管理与协作。

（二）环境法执行和实施——废物越境运输网络

世界各地通过船只运送废物的数量正在增加。在欧盟内部涉及废物的运输转移占运输总量的 15%，有些发展中工业国却把这种废物看作有价值的原材料，这就为废物的非法越境转移找到了出路，这一趋势在最近几年尤为明显。

集中的废物越境运输（TFS）是欧洲环境法执行和实施（IMPEL）网络的一部分，于 1992 年基于欧盟成员国环境部长会议建立。IMPEL 是一个非官方的环境机构网络，服务于欧盟成员国、加入国、候选国和挪威，该网络通过有效地执行欧洲的环境法规从而达到保护环境的目的。IMPEL 网络促进了信息和经验的交流以及推动了环境法规在执行和实施过程中高度一致的发展，特别强调共同体间的法律。IMPEL-TFS 网络是欧盟成员国主管当局执行废物运输条例"No. 259/93/EEC-EWSR-和其他国家和地区"过程中信息和经验交流的平台。该网络定期举行会议以用于交换废物装运前检验和执法问题的相关信息。此外，该网络还将为欧盟成员国制定监测和强制执行废物运输条例的方法和最低标准。该网络与全球其他管理机构也建立了良好的合作关系，包括国际警察和海关组织。

（三）化学品信息交流网络

化学品信息交流网络（CIEN）是有关化学品管理人员的网络。它是在多种为化学品环境无害化管理负责的利益相关者之间提供网络链接和合作的机制；通过使用共享的网页来连接国内的化学品管理人员；通过链接国家网页达到建立区域和国际网络的目的；是支持化学品信息获取和交流的框架，帮助国家决策的制定和多边环境协议的执行。

CIEN 是联合国环境规划署在 2000 年开启的一个项目，该项目帮助建立国家的和区域的网络以及提供相应的培训和设备。

CIEN 项目的目的为：

（1）消除信息交流的障碍；

（2）促进使用互联网来访问有关化学品的技术信息；

（3）创建国家参与化学品管理的机构之间的协同；

（4）加强国家化学品环境无害化管理和参与国际活动和协议的能力；

（5）保护人类健康和环境；

（6）支持国家化学品管理。

CIEN 项目提供：

（1）一个网络框架——可更好地获取和交流化学品信息，从而支持国家、区域和国际的活动；

（2）访问互联网和免费的信息管理工具——可以帮助利益相关者解决问题、制定决策和促进合作；

（3）参考文件和数据库来自政府间组织，如组织间化学品健全管理方案和美国环境保护局；

（4）关于使用互联网的实习培训人员研讨会——涉及不同学科的当地科学家、技术人员、决策者和管理者，有助于培养团队分析以解决问题。

（四）组织间化学品健全管理方案

组织间化学品健全管理方案（IOMC）成立于 1995 年，是根据 1992 年在巴西里约热内卢召开的联合国环境与发展会议的建议成立的。IOMC 由 7 个成员国组织构成：联合国粮食及农业组织（简称"粮农组织"）、国际劳工组织（简称"劳工组织"）、经济合作与发展组织（简称"经合组织"）、联合国环境规划署（简称"环境规划署"）、联合国工业发展组织（简称"工发组织"）、联合国训练研究所（简称"训练研究所"）和世界卫生组织（简称"卫生组织"）。另外，IOMC 还有两个观察员组织：联合国开发计划署（简称"开发计划署"）和世界银行。

IOMC 的宗旨是加强化学品领域的国际合作，提高相关机构国际化学品

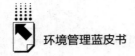

方案的效能。IOMC 协调相关机构联合或单独执行政策和活动，从人类健康和环境的角度，实现化学品的正确管理。IOMC 的愿景是成为启动、促进协调国际行动的主要机制，以实现在 2002 年约翰内斯堡世界可持续发展高峰会议上议定的目标，即确保到 2020 年，在化学品的生产和使用方式上，最大限度降低对环境和人类健康重大负面影响。

（五）可持续有机灭蚁剂和其替代物的信息系统

关于持久性有机污染物的《斯德哥尔摩公约》的目的在于保护人类健康和环境免受持久性有机污染物的影响。在该公约正式生效时所列的要求被控制的 12 种有机污染物中有 5 种都是针对白蚁的，包括艾氏剂、狄氏剂、七氯、氯丹和灭蚁灵。虽然公约要求缔约方在限定的时间内不再使用被列入公约的有机物，但是灭蚁剂的替代产品开发举步维艰。

环境规划署与粮农组织建立了全球白蚁专家小组，通过提供指导和信息材料以及技术支持以协助各国寻找可持续的替代物。寻找可持续有机灭蚁剂和构建其替代物信息系统的目的在于使需求国更容易获得有关白蚁的相关资料和指导材料，以及选择非有机类灭蚁剂作为其管理手段。

五　协同增效对化学品和废物公约的影响

（一）协同增效对《巴塞尔公约》的影响

自 UNEP 特理会和理事会通过关于三公约协同增效的决定后，包括《巴塞尔公约》在内的三公约快速推进此项工作。协同增效的发展对《巴塞尔公约》的影响体现在以下几个方面：①政府相关部门的协调得以加强，对控制和打击危险废物的非法越境转移起到促进作用；②《巴塞尔公约》发展缺乏可持续的资金机制支持，发达国家自愿捐资的意愿持续降低，导致公约的实施缺乏预算和资金支持，协同增效的发展将使联合利用各公约的资金机制成为可能，将在一定程度上促进《巴塞尔公约》的发展；③协调使用巴塞尔公约区域中心将使区域中心的能力得到加强，为促进危险废物的区域管理和技术转让提供有力的平台。

（二）协同增效对国际化学品管理体系的影响

近年来，国际机构不断推动相似环境公约间的协同增效，以促进各国履约及资源的有效利用。《鹿特丹公约》《斯德哥尔摩公约》《巴塞尔公约》作为化学品及危险废物管理的重要环境公约，基本涵盖了对化学品实行"从摇篮到坟墓"管理的关键要素。

1. 推动化学品生命周期的管理

化学品的商品性质使其具有从生产、加工、流通到使用、废弃、销毁或回收的一个产品生命周期，而化学品的危害性又使其在这一生命周期的各个阶段都可能产生环境问题，这就决定了化学品管理在理论和实践上都必然遵循生命周期管理原则。从对化学品采取事先知情同意程序的《鹿特丹公约》到对可持续性有机物加以控制的《斯德哥尔摩公约》，再到最终控制化学品废物的《巴塞尔公约》，形成了对化学品整个生命周期管理的完整链条。三公约协同增效的发展将对国际社会关于化学品全生命周期的管理起到推动作用。

2. 促进各国化学品和废物公约的履约进程

AHJWG第一次会议报告中通过了三公约合作和协调的总体目标，包括：①加强三公约，尤其是在国家、区域和国际层面的履约；②相关的政策指导，包括通过相关和协调的决策制定，考虑到有关政府间达成的目标；③支持各缔约方减轻管理负担，提高效率；④在各层面最大化地有效使用资源。

各公约的履约方式和履约进程也不尽相同。协同增效的发展将有效地促进各国对三公约的签署进程和履约进程，对于各国在化学品和废物方面的管理将起到重要的作用。

3. 促进国家层面的机构协调

国家层面的合作和协调是三公约协同增效发展的重要方面，主要包括：

在化学品和有害废弃物领域的协同增效将支持形成灵活的国家协调机制；在海关、发生事故时保护人民健康和环境、信息流通、技术诀窍、参加缔约方会议和相关会议时的国家立场等领域的能力建设和技术援助领域方面能凸显合作与协调效果。

目前很多国家的化学品和废物管理尚分属于不同的部门，以亚太区域 46 个国家为例，《鹿特丹公约》、《斯德哥尔摩公约》和《巴塞尔公约》的主管部门涵盖环境部门、农业部门、工业部门和外交部门在内的多个部门。大多数国家《鹿特丹公约》的指定国家主管部门与《斯德哥尔摩公约》的国家联络点和《巴塞尔公约》的主管当局未设在同一个部门内，而大约一半国家《斯德哥尔摩公约》的国家联络点与《巴塞尔公约》的主管当局设在同一个部门内，这些国家目前的管理系统在增强公约协同增效方面面临着较大的挑战。加强国家层面的机构协调是加快三公约履约进程关键的一步。

4. 推动各公约区域中心的建设和发展

三公约均涉及发展中国家和经济转型国家的技术援助需求。《巴塞尔公约》（第 14 条）和《斯德哥尔摩公约》（第 12 条）规定由区域中心进行培训和技术转让。《巴塞尔公约》设立了一个技术合作信托基金向发展中国家和经济转型国家提供援助；而《斯德哥尔摩公约》（第 13、14 条）则建立了一种"财务机制"，其主要实体是全球环境基金。《鹿特丹公约》（第 16 条）对缔约方之间为加强化学品管理的基础设施和能力提供技术援助做出了规定。《鹿特丹公约》还有一个自愿信托基金，根据缔约方会议通过的工作计划向各国提供援助。

加强各利益相关方对于现有区域中心的使用是公约协同增效发展的重要方面，这有利于各利益相关方充分利用现有资源以及中心已有的基础和成就。AHJWG 第 3 次会议报告和《斯德哥尔摩公约》第 4 次缔约方会议决议 SC-4/34 均提及，"建议有限的区域'协调中心'负责协调活动，以促进该地区包括化学品和废物在内的管理，这些中心选自现有的《巴塞尔公约》和《斯德哥尔摩公约》的区域中心"。

但现阶段巴塞尔公约区域中心的力量仍很薄弱，因此最重要的工作是，国际社会和各公约秘书处应该向巴塞尔公约区域中心提供充分、有效且实际的支持来帮助其实现更快、更好的发展，使巴塞尔公约区域中心的能力得到较大的提高，进而在国际合作和交流中发挥更大的作用，但这也对巴塞尔公约区域中心的能力建设和发展提出了较高的要求。

B.12
"从摇篮到摇篮"可持续发展理论与实践案例研究

陈源 赵维怡 赵玲 李金惠*

摘 要： 随着全球环境问题日益严峻，资源的损耗与降级使用、环境污染等已经成为不可忽视的问题。因此，"从摇篮到摇篮"理论应运而生，成为推动可持续发展和循环经济的重要理论基础之一。本报告将从理论的角度，概述其基本概念、核心思想和发展历程，探讨其对于循环经济和可持续发展的贡献；以案例分析的形式，具体介绍该理论在实践中的应用实例与成果；对"从摇篮到摇篮"理论的未来发展方向进行展望，提出具有可行性的建议和思考。

关键词： "从摇篮到摇篮" 可持续发展 循环经济 生态效益

长期以来，人类社会采用"开采→制造→使用→废弃"的线性发展模式，在满足经济发展的同时，带来了长期的负面影响，如能源枯竭、气候变化和环境污染等。传统的可持续发展方式仍然以"减少危害"为中心，未真正解决根本性问题。此外，控制污染和循环使用资源已成为共识，但全球使用的资源仍以原生材料为主，且提高资源利用效率的做法可能会导致"反跳效应"①。

---

* 陈源，巴塞尔公约亚太区域中心研究员，主要研究方向为固体废物与化学品环境管理；赵维怡，巴塞尔公约亚太区域中心助理工程师，主要研究方向为新污染物与化学品环境管理；赵玲，青海大学教授，主要研究方向为区域经济、生态经济学；李金惠，清华大学环境学院教授，主要研究方向为循环经济、国际环境治理、化学品和废物管理与政策。

① 李玉爽、李金惠：《国际"无废"经验及对我国"无废城市"建设的启示》，《环境保护》2021年第6期；L. A. Greening, D. L. Greene, C. Difiglio, "Energy Efficiency and Consumption-the Rebound Effect-a Survey," *Energy Policy*, 2000, 28 (6-7)：389-401。

在这个背景下，"从摇篮到摇篮"（Cradle to Cradle，C2C）理论应运而生，成为解决资源浪费和环境恶化等问题的重要思路。① C2C 理论通过分析物质流动和能量转换，提出将资源和能源的利用效率提高至最高水平的方法。其核心思想是，在生产和消费过程中，不断循环再利用资源和能源，实现"无废"目标，继而实现环境、经济和社会三方面的可持续发展。虽然 C2C 理论早在 20 世纪 90 年代就已经提出，但由于全球环保意识不够，近年来其才开始得到广泛应用。如今，这一理论已成为各国推动可持续发展和循环经济的重要理论基础之一。例如，我国提出建设"无废城市"，并在实践中积极推动资源循环再生、废物减量化和无害化处置等措施；② 英国发布《绿色工业革命十点计划》，提出全方位打造绿色机场等，推进交通运输绿色发展。③

本报告旨在从理论和实践两个方面，对 C2C 理论的研究和应用进展进行系统的总结和分析。首先，从理论的角度，概述 C2C 理论的基本概念、核心思想和发展历程，探讨其对循环经济和可持续发展的贡献。其次，以案例分析的形式，具体介绍 C2C 理论在实践中的应用，包括在建设化学品生产④、绿色建筑⑤、绿色低碳社区⑥等领域的应用实例，从而展现其实际应用效果和可持续发展成果。最后，对 C2C 理论的发展方向进行展望，以期为实现可持续发展和循环经济做出更为重要的贡献。

---

① William McDonough, Michael Braungart, *Cradle to Cradle*: *Remaking the Way We Make Things*, North Point Press, 2002.
② 《关于印发〈"十四五"时期"无废城市"建设工作方案〉的通知》，中华人民共和国生态环境部，2021 年 12 月 10 日，http://www.mee.gov.cn/xxgk2018/xxgk03/202112/t20211215_964275.html。
③ "The Ten Point Plan for a Green Industrial Revolution," https://assets.publishing.service.gov.uk/government/uploads/system/uploads/attachment_data/file/936567/10_POINT_PLAN_BOOKLET.pdf.
④ 虞伟：《从摇篮到摇篮，塑料再循环》，《世界环境》2017 年第 6 期。
⑤ 钱海湘：《"从摇篮到摇篮"工业及建筑欧美实践案例》，《世界环境》2021 年第 6 期。
⑥ 高晓明、许欣悦、刘长安等：《"从摇篮到摇篮"理念下的生态社区规划与设计策略——以荷兰 PARK20/20 生态办公园区为例》，《城市发展研究》2019 年第 3 期。

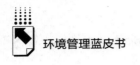
一　C2C 理论概述

（一）基本概念与原则

提高环境效率是实现"无废"的一种重要思路，它希望将经济发展与环境影响脱钩，通过最小的资源消耗产生最大的经济效益。这种理念帮助产品在"从摇篮到坟墓"的生命周期中提高物质和能源的使用效率，以材料回收再制造等方式，减少资源过度开采及废物排放造成的环境污染。[1] 回收和再利用无法完全避免资源降级，导致再生材料品质下降，只能制作次级产品。降级回收模式只能减缓废物产生，不能从根本上解决问题。

2002 年，美国建筑设计师威廉·麦克唐纳（William McDonough）和德国化学家迈克·布朗加特（Michael Braungart）出版了颇具启发意义的著作《从摇篮到摇篮：重塑我们的生产方式》。他们认为，以"生态效率"为导向的生产模式是线性发展的，即使提高效率，也不能消除负面环境影响，更不能产生正面环境效益。他们提出了生态效益和 C2C 闭环物质流概念，将工业与生态有机结合，使之相互促进，从而保持生态系统和工业系统整体的资源再生活力，实现资源保值或升值的"升级循环"，创造积极的生态效益。[2]

C2C 理论主张在产品的全生命周期中最大限度地实现资源和能源的循环利用，优先考虑生态效益，实现经济、社会和环境的可持续协调发展。两位作者认为，任何物质在使用后都应作为"养分"进入生物循环或工业循环，

---

① L. F. Cabeza, L. Navarro, C. Barreneche, et al., "Phase-change Materials for Reducing Building Cooling Needs," *Eco-Efficient Materials for Mitigating Building Cooling Needs*, 2015: 381-399; L. Uek, Jí Jaromír Kleme, Z. Kravanja, "Chapter 5-Overview of Environmental Footprints," Elsevier Inc., 2015.

② William McDonough, Michael Braungart, *Cradle to Cradle: Remaking the Way We Make Things*, North Point Press, 2002.

通过二者之一完成新陈代谢，重新成为可利用的材料。① 其中，生物代谢由水、土壤、氧气、二氧化碳等生物循环的自然过程组成；工业代谢则由合成材料、矿产资源等工业循环的闭环系统组成，通过反复生产、回收和再利用无限循环（见图 1）。② 在这样的代谢循环体系中，一切物质都在工业或生态系统的循环中，因此不产生"废物"；即便是有毒有害物质，只要能将其封存在可控的物质流中不外泄，就不会造成污染。

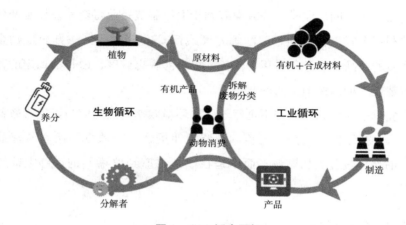

图 1　C2C 概念图解

资料来源：笔者自制。

C2C 理论受自然生态循环启发，蕴含三个基本原则：废物即食物、使用太阳能和倡导多样性。废物即食物的原则使 C2C 产品不需要完全规避有害化学品的使用，也不需要尽力延长产品使用寿命，只要最终有适当的方式消化吸收即可；使用太阳能的原则意味着不必追求降低物质加工处置过程的能源消耗，只要使用的是可再生能源（太阳能或风能、生物能等由太阳能转

---

① Braungart Michael, McDonough William, Bollinger Andrew, "Cradle-to-cradle Design: Creating Healthy Emissions-a Strategy for Eco-effective Product and System Design," *Journal of Cleaner Production*, 2007, 15: 1337-1348.

② 〔德〕迈克·布朗加特：《"从摇篮到摇篮"的智慧材料汇集池——促进积极有效的工业新陈代谢》，《世界环境》2021 年第 6 期。

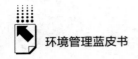

化的能源）即可；倡导多样性原则的意义在于鼓励生产者根据产品和周边环境的特征设计因地制宜、"一厂一策"的循环方式，不盲目效仿。①

在 C2C 模式中，除工业体系内的环节，生产者与消费者之间的互动也至关重要，通过生产者责任延伸制（Extended Producer Responsibility，EPR）来实现这一环节。在这种模式下，产品消费方式变为租赁模式，生产者在保留产品归属的同时承担回收的职责，消费者以购买服务的方式在一定时期内使用产品。这样的商业模式一方面有利于引导制造企业将产品设计延伸到回收后的利用方式，在用料、装配等方面践行 C2C 理念；另一方面鼓励企业通过优质的产品和服务获得用户信任、提升品牌忠诚度，以长期稳定的营商模式代替短周期内冲销量的盈利手段。

环境效率与生态效益并不全然矛盾，环境效率的提升应当以生态效益为导向，从可持续发展出发，均衡调节资源使用强度和效率，让"从摇篮到摇篮"的循环过程更加顺畅，而不是在"从摇篮到坟墓"的道路上徒劳追求效率。

（二）核心思想

C2C 理论核心思想可概括为利用自然能源、双重循环的生产体系、生态效益、全生命周期管理四个主要方面。

首先，C2C 理论强调利用自然能源的重要性。利用自然能源指广泛使用太阳能、风能、潮汐能、地热能等清洁能源，降低对不可再生资源的依赖和对环境的负面影响。其次，双重循环的生产体系是 C2C 理论的核心。这一体系模仿自然界的物质流转方式，通过将废弃物纳入生物循环和工业循环，从而达到新陈代谢的效果。这种做法使城市发展、产品和服务设计更加可持续。再次，C2C 理论重视生态效益。与传统以经济效益为主的商业模式不同，C2C 理论强调产品设计和生产应同时关注环境和社会效益。最后，全生命周

---

① A. Bjørn, M. Z. Hauschild, "Cradle to Cradle and LCA-is there a Conflict?" *Springer Berlin Heidelberg*, 2011.

期管理是 C2C 理论的另一核心内容。它要求生产者不仅设计可持续产品，还要提供有效的回收和再利用方式。这一管理理念也包含在生产过程中避免使用有毒材料，并确保这些材料在产品生命周期结束后能够安全地回收和处理，以保护人体和环境安全。

C2C 理论不仅是一种生产和设计的指南，而且代表一种更深层次的文化和思维方式的转变。这一理论不仅关注实现环境的可持续性，而且着眼于创造一种更加和谐的人类与自然的共生关系。在这一理论指导下，生产不再是简单的物质制造过程，而是变成了一种与自然循环相协调的艺术。

通过重视生态效益、倡导全生命周期管理以及促进资源和能源的循环利用，C2C 理论向我们展示了一种全新的可能性，在这个模式下，人类活动不再是对地球资源的消耗和破坏，而是成为地球生态系统中的一个积极参与者。这种转变意味着我们不仅在降低对环境的负面影响，而且在积极地恢复和改善环境。

二　C2C 理论实践

（一）C2C 产品设计与认证

迈克唐纳和布朗加特提出了 C2C 产品的设计方法，其首要任务是识别、替换有显著环境或健康风险的物质，制定健康材料清单。清单的制定需要综合考虑备选物质各方面的风险信息，包括风险的敏感度和控制风险的能力、方法，采取预防性原则，谨慎筛选出风险可控的物质，这与我国现行的新污染物治理"筛—评—控"思路基本一致。此外，还要评估原料是否具有良好的再生能力，最终遴选出能兼顾产品性能和生态效益的材料和工艺，并对产品使用后进入生物或工业技术循环的方式进行相应规划。尽管 C2C 原则上不排斥使用有害物质，但实际应用中由于缺乏有效的风险管理方式，更多地采取从源头避免使用有害物质的策略。

除提出 C2C 的实现路径外，迈克唐纳和布朗加特还通过他们创建的"从摇篮到摇篮"产品创新研究所（C2CPII）发布了 C2C 认证标准，并由 McDonough Braungart Design Chemistry（MBDC）公司为全球用户提供"从摇篮到摇篮"认证，并以此引导工业和建筑设计的可持续性创新。截至 2021 年，C2C 认证标准已更新至 4.0 版本，认证对象包括原材料、半成品和最终产品，用材料健康性、产品循环性、空气清洁和气候环保性能源消费碳排放和可再生性、水土资源管理和企业社会责任五大指标进行评估，最终评级取五项指标中得分最低项的等级，由高到低可分别获得铂金、金、银、青铜及基本级认证。

（二）C2C 理论实践案例分析

1. 绿色生产

智能材料汇集池（IMP）是 C2C 进行资源循环的理想机制。这一机制围绕有共同需求的产业集群建立"材料银行"，并规划物质的代谢流程，"材料银行"将原材料"租赁"给生产单位，在使用期结束后返还到"材料银行"进行恢复再生，可视为升级版的无废产业园区模式。然而，在实践中，材料共享机制的运行一方面需要确保材料循环后具有足够的性价比和品质，另一方面要探索对配方信息必要的保密方式。此外，产业链上的各单位间也需要构建连贯的信息网，以便合理连接材料的供应、加工、回收和处理。

沙伯基础创新塑料（SABIC Innovative Plastics）研发的 Valox iQ 8280SF 树脂由 65% 回收 PET 瓶制成，生产流程的碳排放量比其他热塑性工程塑料低 50%~85%，可用于制造家具、电子产品等。由于原料环保、工艺低碳，Valox iQ 8280SF 树脂获得了 C2C 银质等级认证。[1] 德国 Lauffenmühle 公司研发有两种可工业堆肥降解的纤维：infinito 改性聚酯纤维和以木材为原料的 Tencel 纤维。它们比传统棉纤维节约了大量灌溉用水和种植用地，避免了杀

---

[1] 涂闽：《沙伯基础创新塑料 Valox iQ 树脂获得"从摇篮到摇篮"银质认证》，《上海化工》2009 年第 1 期。

虫剂和除草剂残留。Lauffenmühle 公司还在生产流程中淘汰了锑催化剂等有害化学品的使用，消除了纤维进入生物循环的障碍，infinito 和 Tencel 纤维混纺的 reworx 面料已经取得了 C2C 金质等级认证。①

中国婴童产品企业好孩子集团是我国践行 C2C 理念的先锋。在材料方面，该公司采用帝斯曼公司供应的 C2C 银质认证材料生产婴儿推车、安全座椅等产品；在产品设计方面，该公司以精简用料来促进回收，一件推车产品中 90%～100% 为单一品种树脂，同时避免使用涉及抛光和喷漆等污染、能耗突出的工艺的金属材料；在物质循环方面，该公司实行生产者责任延伸制，对其制造的婴童用品采取以旧换新或折价回收政策，使产品可以重新投入生产者的工业循环。该公司已有一系列产品获得 C2C 银质等级认证。②

2. 绿色化学

绿色化学是实现 C2C 理念的重要手段之一，它强调通过使用环境友好型的材料和工艺，实现低碳、低污染、高效率的生产模式。美国科技公司 BioAmber 利用生物质作为原料，采用微生物发酵技术来生产生物基苯酚和生物基丙二酸等化学品，这些产品具有卓越的环保性能，如可再生性。此外，德国生物化学公司 Brain AG 在生产生物质聚合物时采用了完全生物降解的工艺，这种聚合物作为替代塑料的可持续材料可以在产品使用后完全分解，不会对环境造成污染。同时，该公司利用可再生资源生产具有较低碳足迹的高附加值产品，支持可持续的生物能源生产，如开发了一种生产生物柴油的新型菌株。美国公司 Interface Inc. 所开发的模块化地毯通过将地毯分为小模块进行设计和使用再生材料，实现了地毯的可拆卸、可重用、可回收和可再生。③ 杜邦公司在绿色化学品领域的研究和开发非常活跃，其开发了一种生物可降解塑料 Sorona®，可用于制作各种纤维和塑料制品，这种材料具

---

① 段广宇等：《从摇篮到摇篮——纺织链可持续发展的途径》，《国际纺织导报》2018 年第 7 期。

② 佚名：《帝斯曼推动 C2C 认证材料成功应用于婴童产品》，《粘接》2012 年第 5 期。

③ https：//www. interface-egypt. com/.

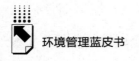

有与传统塑料相似的性能，但更加环保。①

3. 绿色建筑

除材料和产品外，C2C 理念也在引导更绿色的建筑设计，使楼房在节能环保的同时能够对周边环境产生积极影响。荷兰生态学研究所（NIOO）选用通过各类环保认证的建材，避免有毒物质释放后产生环境污染。在施工工艺方面，建筑不采用密封剂和黏合剂、最小化阻燃剂等化学品，最大限度保持了建材成分的单纯性，使建筑更易拆解、建材更易循环利用。在建筑能源供给方面，NIOO 配备了太阳能供电供热系统，减少火电使用产生的碳排放；热存储系统可平衡冬夏季热量，降低空调系统的耗电；照明和通风通过感应系统自动调节，进一步压缩能耗。在水资源管理方面，NIOO 设计了雨水、实验室和厕所排水收集系统，通过发酵罐、藻类处理和湿地处理一系列净化后，废水可转化为周围环境的景观水和生态补水。②

荷兰的 PARK20/20 生态办公园区（PARK20/20）也采取 C2C 设计建设，园区在建材选用、太阳能利用存储、废水收集处置等方面与 NIOO 思路基本相同，在采光和通风策略上进一步增加了随季节调整的优化设计，最大限度适应日照和盛行季风方向。由于园区的体量大于 NIOO 研究所，PARK20/20 还配备了餐厨垃圾、人体排泄物资源化利用设备，可产出有机肥供温室作物、湿地和建筑绿化使用，可为农作物、蔬菜水果、花卉绿植等农业、生态作物输送养分。③

4. 绿色低碳社区

绿色低碳社区是 C2C 理论应用的一个重要领域，提倡优化城市规划和建设，提高能源利用效率，鼓励绿色出行和共享交通，推广低碳生活方式，

---

① https：//tc. sorona. com/our-story.

② 俞欣：《从绿色建筑看荷兰环境保护的特点——以 NIOO-KNAW 为例》，《安徽农学通报》2015 年第 12 期。

③ 高晓明、许欣悦、刘长安等：《"从摇篮到摇篮"理念下的生态社区规划与设计策略——以荷兰 PARK20/20 生态办公园区为例》，《城市发展研究》2019 年第 3 期。

加强资源循环利用，鼓励居民和企业参与等。

在中国，"无废城市"是以创新、协调、绿色、开放、共享的新发展理念为引领，通过推动形成绿色发展方式和生活方式，持续推进固体废物源头减量和资源化利用，最大限度减少填埋量，将固体废物环境影响降至最低的城市发展模式。[①] 自 2018 年底国务院办公厅印发《"无废城市"建设试点工作方案》起，我国启动了无废城市试点计划。2019 年至今，已有首轮"11+5"个"无废城市"完成试点，在畜禽粪污、电器废物、建筑垃圾、生活垃圾、医疗废物等多种固体废物的处置利用中得出先进经验。[②]

瓦邦社区成立于 1996 年，由一个废弃军事基地改建，用以缓解德国弗莱堡住房紧张问题。瓦邦社区的专家制定了五项社区的概念和基本原则，包括减少汽车交通、混合型社区、优先考虑私人共建团体和合作自助模式、便捷的基础设施以及生态局部供热。[③] 瓦邦社区建设了一个使用木屑高效热电联产厂来供暖，通过隔热和有效的供暖系统，将社区二氧化碳排放量减少了60%。瓦邦社区提倡低碳出行，减少了 35% 的车辆使用，其中社区核心区完全没有停车场，通过电车、私车共享计划、环线以及商业快速通道，有效连接社区和外部。同时，社区还采用了狭窄的 U 形铺地道路来进行交通限制，优先保障步行和自行车出行。

5. 小结

从以上案例可以看出，C2C 理论在实践中仍然停留在产品和流程优化层面，主要集中在通过简化产品材料、避免添加剂等手段提高材料和产品循环性、消除有毒有害物质、降低能耗方面，与真正的系统性创新、创造积极生态效益的目标仍存在差距。相比 NIOO、PARK20/20 这样能与环境直接连通互动的建筑物或园区，消费品本身与生态环境的接触有限，想要创造生态效

---

① 《国务院办公厅关于印发"无废城市"建设试点工作方案的通知》，中华人民共和国生态环境部，2018 年 12 月 29 日，https://www.mee.gov.cn/zcwj/gwywj/201901/t20190123_690456.shtml。

② 周宏春：《我国"无废城市"建设进展与对策建议》，《中华环境》2020 年第 11 期。

③ https://use.metropolis.org/case-studies/sustainable-urban-district-vauban#casestudydetail.

益，需要对上下游的产品生产和物质循环进行创新，与生态环境协调发展。对于建筑物、工业园区和社区这样有一定规模，自身包含能源、水、物质等多种循环系统的 C2C 理念载体，这些系统的集成使它们具有了较好的循环性和一定的生态效益。上述案例从实践角度证明，当 C2C 理念单纯用于产品或生产线的优化时，它的作用在很大程度上局限于节约资源和减少污染；C2C 必须成系统地应用于一定范围内才能显现物质、能量不断循环的效果，而且它要嵌套入生态系统中才能真正有益于自然环境。

三 C2C 模式的短板与潜在提升途径

（一）C2C 模式的短板

1. 环保评估短板

生命周期分析（LCA）作为一种标准化的评估方法，广泛应用于量化和比较不同方案、不同维度及综合的环境影响。但迈克唐纳和布朗加特认为，由于 C2C 产品设计已经脱离了传统的线性模式，LCA 并不适用于开发具有生态效益的创新产品和生产过程，因为在 LCA 中，生态环境仅作为资源池和废物汇，以资源消耗和污染物排放的负面形式体现，不能充分反映人类生产生活对生态系统整体功能造成的影响，尤其是正面影响。[1] 另外，由于 C2C 产品是不断循环的，还要计算每次循环涉及的材料降级和原生材料补充等因素。[2]

为客观评估和比较获得 C2C 认证产品的环境友好性，许多研究人员使用 LCA 方法分析了 C2C 产品单次循环周期的环境影响，发现在 C2C 认证体

---

[1] A. BjøRn, M. Z. Hauschild, "Absolute versus Relative Environmental Sustainability," *Journal of Industrial Ecology*, 2013, 17 (2): 321-332.

[2] Monia Hauschild Niero, Michael Z. Hoffmeyer, Simon B. Olsen, I. Stig, "Combining Eco-Efficiency and Eco-Effectiveness for Continuous Loop Beverage Packaging Systems Lessons from the Carlsberg Circular Community," *Journal of Industrial Ecology*, 2017, 21 (3).

系中获得高评级的产品在 LCA 框架下未必表现优异，而真正使用清洁能源是影响这些产品环保程度的重要因素。① 此外，在强调产品本身循环性的同时，C2C 对产品使用期间消耗的能源问题缺少考虑，而这恰恰是 LCA 能够发现的关键信息。不仅如此，C2C 认证的五项指标可能存在矛盾，即在某一指标中的高评级需以另一指标的较低评级为代价。这时，进行 LCA 分析有助于评估 C2C 循环是否转变了环境影响的形式，其结果可以作为各指标间平衡取舍的依据，例如 Niero 等人就发现提高产品中再生材料的使用比例相较于提高可再生能源的使用率能在更大程度上降低环境影响。② 但如果未来能实现化石能源向可再生能源的全面转轨，高资源循环性有望成为 C2C 产品的重要优势。

2. 技术短板

虽然不可否认 C2C 理论的创新性和启发性，但也有学者对其简单原理背后涉及的复杂性进行了分析，点明了在实际应用中应仔细考虑的问题和需避开的逻辑陷阱。Hauschild 认为，C2C 的愿景在理论层面上需要解决两个关键问题，一是材料在工业循环中消耗大量的能源问题是否能够因使用可再生能源而忽略不计，二是消费是否可以因资源的不断再生而不对消费体量设限。③ 问题一本质关注的是可再生能源的普及程度及可用量的限制，问题二本质关注的是资源再生速度及其消耗速度能否匹配。

BjøRn 和 Hauschild 认为，对物质的工业循环，C2C 在模仿自然规律进行工业设计时应当意识到，自然界的低养分密度使生化过程投入大量能量来利用有限的养分，因此，生态系统使用能源的效率十分低下。热动力学原理

① M. Niero, A. J. Negrelli, S. B. Hoffmeyer, et al., "Closing the Loop for Aluminum Cans: Life Cycle Assessment of Progression in Cradle-to-Cradle Certification Levels," *Journal of Cleaner Production*, 2016, 126 (Jul. 10): 352-362.

② M. Niero, A. J. Negrelli, S. B. Hoffmeyer, et al., "Closing the Loop for Aluminum Cans: Life Cycle Assessment of Progression in Cradle-to-Cradle Certification Levels," *Journal of Cleaner Production*, 2016, 126 (jul. 10): 352-362.

③ Michael Z. Hauschild, "Better-But Is It Good Enough? On the Need to Consider Both Eco-efficiency and Eco-effectiveness to Gauge Industrial Sustainability," *Procedia CIRP*, 2015, 29: 1-7.

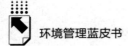

也表明，对物质进行高度分离提纯消耗的能量远高于中低度提纯。[①] 因此，C2C 追求的物质 100% 非降级闭环利用在工业循环内必然以高能耗为代价。此外，可再生能源的不稳定性与空间分布的不均衡性也一直是限制能源结构向可再生能源大幅度转型的因素。如果要获取足以支撑这样强度的物质循环加工的能源，人类可能需要进行新一轮能源革命。

Hauschild 进一步指出，C2C 在生态循环中"变废为养"这一概念上只做出了方向性的倡议，但正如 C2C 提倡多样性的原因，生物界的物种对不同浓度下的"营养物"会做出不同反应，理论上可被自然环境消纳降解的废物也需要被投放到有相应能力的生态系统中，并且以适当的浓度和频率投放。[②] 换言之，无论是工业循环还是生物循环，都是有处理能力限制的，尤其是反应效率相对低下的生物，在"养分"过量进入的情况下极易产生过营养化甚至毒化的灾难性结果，特别是在生物意义上的微量元素大量进入生态系统，在小范围内集中无法有效扩散的情况下。因此，需要根据实际应用情形进行具体的定量分析，确保废弃物质产生的速度能与生态系统消纳的速度相适应，这就反过来对生产消费端形成了制约。

在工业循环中，虽然目前已开发出大量"变废为宝"的技术手段和产品消纳各类固体废物，但在产品的销路不通畅、市场规模不足的情况下，工业循环所生产的产品并未真正进入再循环，而是积压在工厂。这类情况对于距消纳市场远、区域产废类型单一的经济区更是严峻的挑战，因为区域内有大量同行竞争市场，而产品售出需要承担高昂的物流运输成本，经济可行性受到严重制约。[③] 如果物质循环没有与可持续消费方式相结合，提高生态效益和提升环境效率都不能实现生态和社会的可持续，与我国倡导的绿色消费、勤俭节约、提高能效的绿色发展理念也背道而驰。

---

① A. BjøRn, M. Z. Hauschild, "Cradle to Cradle and LCA-is there a Conflict?" *Springer Berlin Heidelberg*, 2011.

② L. Reijnders, "Are Emissions or Wastes Consisting of Biological Nutrients Good or Healthy?" *Journal of Cleaner Production*, 2008, 16 (10): 1138–1141.

③ 《长江磷化工整治遭遇磷石膏消减困局："以用定产"需多部门支持》，https://www.thepaper.cn/newsDetail_ forward_3705298。

C2C 的材料选择和产品设计仍需要重点攻关。根据 C2C 的材料选取原则，不可自然代谢的材料都应当收回工业体系中进行再生利用，反过来，在使用过程中会产生消耗磨损的部件应使用可进入生物循环的物质，因为使用中排放的物质基本不可能实现工业回收。这时，材料的自然降解能力和期望的使用性能是否可以兼容或有效平衡成为关键问题。材料及产品的性能通常还依赖于易产生毒害或妨碍再利用的物质或设计，例如复合膜类产品、塑料中的增塑剂、阻燃剂等类型的添加剂等。虽然随着技术研发的不断进步，许多添加剂已出现了更环保的替代品，但仍需进一步探索广泛避免化学品添加或阻断添加剂向环境释放的革命性技术。

（二）潜在提升途径

1. 严谨评估 C2C 产品环境友好性

首先，应该尝试改进 LCA 方法，使其更适用于评估 C2C 产品的环境友好性。当前 LCA 方法主要关注资源消耗和污染物排放等负面影响，而忽略了 C2C 产品的正面影响。为了解决这个问题，应该将 C2C 产品的正面影响纳入评估范畴，并考虑产品使用期间消耗的能源问题。同时，还应该针对循环的特性，计算每次循环涉及的材料降级和原生材料补充等因素，这样可以更全面地评估 C2C 产品的环境友好性。其次，需要加强 C2C 认证体系的监管和标准化，规范 C2C 认证的标准，确保所有产品都按照相同的标准进行评估，避免存在不同评估标准造成的误差。最后，应该积极推动使用清洁能源，尤其是可再生能源。政府、企业和个人应该加强对可再生能源的投资和使用，以推动环境友好型 C2C 产品的发展。

2. 其他提升途径

在技术方面，可以通过研发和投资新技术来提高产品和材料的可持续性。此外，可以通过使用生物可降解的材料和替代品来减少对环境的负面影响。这些技术的推广需要各个行业的合作和共同努力，同时需要政府的政策支持和资金投入。此外，由于物质的形成、加工、使用、降解或再生过程的速度往往不同，若想形成连贯、有序的物质循环，如生产消费端的调节能力

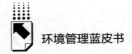

不足，则需要根据产品"使用—废弃"的周期选用相应再生效率的材料，或开发催化物质再生速率的技术手段。

在经济方面，可以通过促进绿色投资和可持续发展的政策来鼓励企业和投资者支持可持续技术的研发和推广。这些政策可以包括税收激励、绿色信贷和可持续投资基金等。此外，企业可以通过实施可持续发展战略和报告来提高其可持续性形象和吸引力，从而获得更多的投资和客户。这些措施不仅可以消除库存，促进企业的可持续发展，还可以对整个社会和环境带来积极的影响。

在材料供应链的可持续性管理方面，可以采取多种措施来确保材料的来源、性能和生产过程对环境的影响最小。例如，企业可以要求供应商提供可持续的原材料，对供应商进行审核和评估，以确保其符合可持续发展标准。此外，企业可以建立透明的材料追溯系统，以追踪材料的来源和生产过程，并确保材料符合可持续性标准。这些措施可以帮助企业减少材料和生产过程对环境的负面影响，同时提高其可持续性形象和市场竞争力。

四　总结与展望

在 C2C 理论下，人们一方面需着力于提升工业体系内部资源利用的循环性和循环效率，另一方面也要探索开发社会经济活动与生态活动有机结合的方式，积极促进工业循环与自然循环的双轮驱动。这是一种将维护生态平衡与践行可持续发展相融合的思想，与我国生态文明的核心不谋而合。因此，我国可以在"无废城市"建设和循环经济规划中借鉴 C2C 的思想内涵和实践经验，立足于人、自然、社会和谐发展的客观规律和国情需要，对其进行批判吸收。在乡村振兴、发展生态文明的大背景下，除了健全工业技术循环，还应平衡城乡发展、形成联动，探索更丰富的生态循环路径，如此才能真正实现广泛覆盖、城乡共享的循环经济，全面推动"无废社会"的形成，同时反哺生态环境，为生态文明和美丽中国建设提供充足动力。但未来，仍需加强 C2C 理论研究和实践创新的紧密结合，推广 C2C 理论，发展 C2C 认证体系，加强政策支持，深入研究 C2C 理论在不同领域的应用和实践，向更加可持续、负责任和生态友好的生产和消费模式转变，重新定义人类与自然的关系，真正实现和谐共生。

B.13
典型旧产品保税入境监管体系初探

李影影　赵娜娜　谭全银　段立哲*

摘　要： 保税检测维修及再制造行业是加工贸易行业产业链延长和产业配套服务的延伸，对于我国作为制造业大国的技术研发能力和产业结构高端化都有裨益。本报告梳理了旧产品入境的主要政策现状，开展了我国不同入境形式如保税维修、保税再制造、保税检测等行业研究，分析了不同入境形式产生的固体废物情况，并提出我国典型旧产品保税入境监管建议。近年来，我国针对旧产品保税入境的政策支持力度逐渐增大，且不同业务产生的固体废物种类不同，建议定期开展政策后评估、建立全国范围内多部门联合监管机制、细化固体废物与旧产品鉴别标准、宣贯有关政策、确保各地执行尺度统一。

关键词： 保税维修　固体废物　保税检测

近年来，随着改革开放逐步深入，综合保税区成为开放型经济集聚区、加工贸易转型先行区。综合保税区是设立在内陆地区的具有保税港区功能的海关特殊监管区域，由海关参照有关规定对综合保税区进行管理，执行保税港区的税收和外汇政策，集保税区、出口加工区、保税物流区、港口的功能

---

* 李影影，巴塞尔公约亚太区域中心工程师，主要研究方向为固体废物和有毒有害化学品环境管理政策和技术；赵娜娜，巴塞尔公约亚太区域中心高级工程师，主要研究方向为固体废物和有毒有害化学品环境管理政策和技术；谭全银，清华大学环境学院助理研究员，主要研究方向为新兴固体废物回收技术与产业政策、环境风险防控，固体废物与塑料污染治理及国际环境公约履约策略；段立哲，巴塞尔公约亚太区域中心高级工程师，主要研究方向为工业固体废物（危险废物）污染防治及"无废城市"建设。

于一身，可以发展国际中转、配送、采购、转口贸易和出口加工等业务。保税检测维修及再制造行业是加工贸易行业产业链延长和产业配套服务的延伸，对于我国作为制造业大国的技术研发能力和产业结构高端化都有裨益。但由于目前废物与旧产品分属生态环境部和商务部管理，"废""旧"界限模糊，存在"以废充旧"非法入境的风险，在某种程度上也导致检测维修再制造的正常业务受到影响。因此，对于我国旧产品入境的不同形式及其潜在环境风险进行跟踪分析研究具有重要意义。

一　旧产品保税入境主要政策

2020 年 5 月 14 日，商务部、生态环境部、海关总署发布 2020 年第 16 号公告《关于支持综合保税区内企业开展维修业务的公告》，综合保税区内企业可开展航空航天、船舶、轨道交通、工程机械、数控机床、通信设备、精密电子等 55 类产品的维修业务。

2021 年 5 月 17 日，生态环境部、商务部、国家发展和改革委员会、住房和城乡建设部、中国人民银行、海关总署、国家能源局、国家林业和草原局发布《关于加强自由贸易试验区生态环境保护推动高质量发展的指导意见》，提出要"支持综合保税区内企业开展高技术、高附加值、符合环保要求的产品维修业务，研究扩大维修产品目录。研究支持自贸试验区内企业按照综合保税区维修产品目录开展保税维修业务"。

2021 年 7 月 2 日，国务院办公厅发布《关于加快发展外贸新业态新模式的意见》（国办发〔2021〕24 号），提出，"提升保税维修业务发展水平。进一步支持综合保税区内企业开展维修业务，动态调整维修产品目录，研究将医疗器械等产品纳入目录。支持自贸试验区内企业按照综合保税区维修产品目录开展'两头在外'的保税维修业务，由自贸试验区所在地省级人民政府对维修项目进行综合评估、自主支持开展，对所支持项目的监管等事项承担主体责任。探索研究支持有条件的综合保税区外企业开展高技术含量、高附加值、符合环保要求的自产出口产品保税维修，以试点方式稳妥推进，

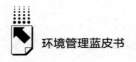

加强评估，研究制定管理办法和维修产品清单。到 2025 年，逐步完善保税维修业务政策体系"。

2021 年 12 月 30 日，商务部、生态环境部、海关总署发布《关于发布综合保税区维修产品增列目录的公告》（公告 2021 年第 45 号），将航空器内燃引擎、飞机用起落架、无人机、B 型超声波诊断仪等 15 种产品列入目录，并针对不同类别产品规定了维修企业所在的地理范围。

二 旧产品主要保税入境形式

（一）保税维修

经查询海关总署进口数据，2021 年以保税维修名义（海关代码 1371）进口的共有 198 家企业，其中 175 家位于综合保税区内，23 家位于区外。

从整体保税维修产品类型来看，第一个主要类别电器电子产品是保税维修的主导产品，包括手机、笔记本电脑、液晶显示屏、手表、主板等配件。

第二个主要类别是文化办公设备，包括打印机、复印机、墨盒，主要开展再制造业务。在墨盒、复印机以及喷墨打印机产品等的再制造过程中，由于复印机等原产品在初始设计及生产过程中保留了产品升级空间，因此大部分原材料均可再次回收利用。

第三个主要类别是船舶和航空器维修。航空器维修主要集中在航空机载设备系统维修、飞机机体维修、飞机发动机系统维修、航线维修等，其中发动机系统维修约占总量的 40%，航线维修、飞机大修及改装、附件修理及翻修各占 20% 左右。

（二）保税再制造

保税再制造主要包括文化办公设备、医疗器械、机械制造领域。在医疗器械领域，截至 2020 年 11 月，国内只有天津港保税区和上海综合保税区外部分企业开展部分医疗器械的再制造。在机械领域，保税再制造均位于上海综合保税区外，业务类型为一般贸易，即旧设备进口时按海关规定缴纳关税，主要对本公司自产工程机械的零部件进行再制造，其中进口旧零部件约占3/4，再制造产品与新品品质和价格基本一致，根据市场情况销往国内外。典型企业包括卡特彼勒再制造工业（上海）有限公司、梅赛德斯-奔驰零部件制造工厂、沃尔沃建筑设备投资（中国）有限公司。

（三）保税检测及其他入境形式

保税检测虽然是我国鼓励开展的商业类型，但目前国内实际开展保税检测的实体企业并不多。通过现场调研分析得知，天津港保税区内医疗器械生产企业诺和诺德（中国）制药有限公司和瑞奇外科器械公司生产的超声切割止血系统和胰岛素注射枪具有开展保税检测的需求，其拟开展的保税检测属于破坏性检测。其他入境形式有以教学展览为目的的旧飞机进口，以及无法达到再生原材料标准的初级加工原材料进口等。

三 典型旧产品入境产生固体废物情况

（一）手机进口维修产废类型

手机维修主要围绕手机整机维修、主板及主要零部件维修，零部件维修主要包括主板、马达、后摄像头、听筒、声学模块。旧手机进厂后首先进行来料仓的目检，根据品质部门的判定标准分为可修或不可修（如外壳变形程度），然后对于不可修的手机进行整机报废；应对可修手机进行检测，收集数据，拆机维修、替换坏件，组装为新机，缺乏的零件来自外购，重新组装的新机将以1∶1的比例原渠道返回，不在国内重新销售。对不可再使用的零件进行破坏，交给客户指定的具有报废资质的厂商进行报废处理，报废商必须是境外企业，但并非一定要退回原出口国。电池、后盖、显示屏的报废率是100%。当进口的手机存在外观严重变形或进水问题，就不再维修，而是直接退回。手机维修主要产生的废物包括一般电子废物（主要是电子

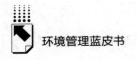

零部件)、主板、锂电池、显示屏和塑料外壳,其中电路板和少量含有机溶剂的废纱布属于危险废物。

(二)航空进口维修产废类型

我国已经成为全球增长最快的民航维修市场,飞机维修产生的固体废物包括废机油、褪漆废液、废切削液、废油桶、含油废抹布、更换航空部件、废零件、废轮胎、废内饰、废滤棉及废活性炭等。此外,产生的废水包括飞机表面清洗废水、褪漆清洗废水、机库地面冲洗废水等,废气主要是喷漆和喷胶环节产生的挥发性有机污染物和甲苯等。针对不同情况的飞机,维修类型和程度不同,废物产生情况也不尽相同。国内从事飞机维修的企业有厦门太古飞机工程有限公司、北京飞机维修工程有限公司(Ameco)、庞巴迪(天津)航空服务有限公司等。

(三)船舶维修产废类型

受限于场地要求,整船维修都是海关在修船厂单独设置一片保税区域完成的,而不是与其他货物一样放在一般的保税区内经营。据调研统计,维修船舶大多为海外船舶,其中约50%来自欧洲,其余来自东亚、澳大利亚、巴西等地区和国家。船舶维修量为130~140艘/年,维修周期是几天、几个月到半年不等,产品零部件等均由委托方自行提供,维修需要的钢板由该公司自国内采购。整船维修过程中产生的一般工业固体废物主要是维修过程换下来的废钢材。受船只大小、船只破损程度以及维修量限制,产生量每年两三千吨。由于产生量不大,受我国禁止"洋垃圾"入境的影响和压力并未显现。典型企业包括青岛北海船舶重工有限责任公司、天津新港船舶重工有限责任公司等。

(四)文化办公设备领域进口再制造产废类型

目前进口的用于办公设备整机产品(复印机、打印机和数字式多功能一体机)再制造的旧机器拆解后只产生一般固体废物,主要为损坏的皮带以及塑料外壳,几乎没有电路板或电器。目前办公耗材与配件再制造的两类主要产品（静电成像）鼓粉盒和喷墨墨盒均是机器输出每一张印品都必须随之消耗的产品，对盒体进行清洗清洁、修复或更换零件，再填充墨粉/墨水等工序就等同新品一样的产品。再制造用的（静电成像）鼓粉盒拆解后也只有一般固体废物，主要有密封条、OPC 鼓、聚氨酯（刮板）和残余墨粉；其拆下的芯片可归类为危险废物。再制造用的喷墨墨盒拆解后的一般固体废物主要有吸墨海绵和废墨水，废墨水通过水净化装置可以处理达标，拆下的芯片可归类为危险废物。典型企业包括北海琛航电子科技有限公司、北海绩迅电子科技有限公司、珠海纳思达股份有限公司、珠海名图科技有限公司、湖南至简复印再制造有限公司、威海康威智能设备有限公司、遵义博望科技有限公司、苏州富士施乐爱科制造有限公司、福州理光科技有限公司、常熟夏普等企业。

（五）医疗器械领域进口再制造产废类型

国内只有天津港保税区和上海综合保税区外部分企业开展部分医疗器械的再制造。根据拟再制造的医疗器械类别［磁共振系统（超导磁体及相关影像设备）］，推测可能的产废类型包括电子废物如破坏的射频系统以及计算机硬件涉及的各种危险废物。据统计，6.5 吨的旧机器再制造产生约 500千克的废物。

（六）机械领域进口再制造产废类型

机械领域开展的再制造大部分位于综合保税区外，业务类型为一般贸易，即旧设备进口时按海关规定缴纳关税，主要对公司自产工程机械的零部件进行再制造，其中进口旧零部件约占 3/4，再制造产品与新品品质和价格基本一致，根据市场情况销往国内外。典型企业包括卡特彼勒再制造工业（上海）有限公司、梅赛德斯-奔驰零部件制造工厂、沃尔沃建筑设备投资（中国）有限公司。由于这三家企业位于综合保税区外，因此企业生产过程中产生的固体废物均按照国内固体废物进行监管。再制造产生的废物一般为旧产品拆解量的 10%~20%。

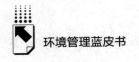

四　建议

（一）开展政策后评估，动态调整《维修产品目录》

一是评估《维修产品目录》中所涵盖产品在国内保税维修业务的开展情况，删除目录发布以来至今尚未开展的产品品类。二是评估拟纳入新一批维修产品目录的产品，请拟开展企业提供翔实的支撑材料，对企业确有需求的、当地监管落实到位的、环境风险可控的维修业务予以支持。

（二）建立全国范围内的多部门协同联合监管机制

立足全国，制定多部门协同监管的《保税维修监管方案》，形成园区管理、海关、环保、税务、商务等部门联合监管的办法。一是夯实监管单位主体责任，统一各地区"两高一低"准入条件，明确各监管部门职责范围，确保维修业务产生的固体废物可控、可查、可追踪。二是打通多部门信息共享渠道，建立固体废物监管信息定期推送机制，实现对固体废物产生、贮存、退运、国内利用处置等信息的实时查看和监管。三是促使相关企业建立并完善内部管理机制，落实企业自查主体责任，引入企业信用管理机制，促进保税维修新业态良性发展。对自产产品维修、售后维修等业务建立多部门联合审核准入机制，在为企业打通申报渠道的同时严格落实各方监管，降低环境风险。

（三）细化固体废物与旧产品的鉴别标准

针对不同形式的旧产品入境形式，协调生态环境、商务、海关等主管部门，进一步完善细化固体废物与旧产品的鉴别标准，制定出台检测维修及再制造用途入境旧产品鉴别导则或规范，既避免妨碍企业正常业务，又防止废物"以废充旧"非法进口。

（四）宣贯保税维修相关政策，确保各地执行尺度统一

开展全国针对旧产品入境不同形式管理制度的培训，特别针对广东、江苏、山东、福建、上海、广西等开展保税维修业务企业较多的省份，应统一各综合保税区特别是当地生态环境主管部门的管理思路，确保维修产生的下脚料、边角料等退运出境，以避免"以废充旧"非法进口固体废物的风险。

B.14
《巴塞尔公约》附件修订及其影响研究

董庆银　郝硕硕　李金惠　谭全银*

摘　要：　自1992年《巴塞尔公约》生效以来，1995年缔约方会议第3次会议增加附件七，1998年缔约方会议第4次会议增加附件八、九。自2013年来，《巴塞尔公约》附件一、三、四和附件九相关条目修订工作不断推进，以提高法律明确性。2019年5月，第14次会议通过了塑料附件的修订，并明确修正案自2021年1月1日正式生效。2022年6月，第15次会议（COP15）通过电子废物相关条目附件的修正案，并明确修正案自2025年1月1日起正式生效，修正案拓展了《巴塞尔公约》电子废物管控范围，要求所有电子废物越境转移均执行事先知情同意（PIC）程序管理。目前，《巴塞尔公约》附件一、三和四的修订工作正在推进。本报告梳理了相关附件的修订历程和最新进展，并结合附件修订进程和实施需求，建议加强危险特性指标阈值设定的科学研究和电子废物出口调研分析，持续关注国际废旧电子产品的管控趋势，主动参与《巴塞尔公约》谈判进程，推进我国履约。

关键词：　《巴塞尔公约》　电子废物　塑料废物

一　《巴塞尔公约》介绍

《控制危险废物越境转移及其处置巴塞尔公约》（以下简称《巴塞尔公

---

* 董庆银，巴塞尔公约亚太区域中心副研究员，主要研究方向为固体废物和危险废物管理政策；郝硕硕，巴塞尔公约亚太区域中心工程师，主要研究方向为固体废物管理政策；李金惠，清华大学环境学院教授，主要研究方向为循环经济、国际环境治理、化学品和废物管理与政策；谭全银，清华大学环境学院助理研究员，主要研究方向为新兴固体废物回收技术与产业政策、环境风险防控以及国际环境公约履约策略。

约》）于 1989 年 3 月 22 日获得通过，并于 1992 年 5 月 5 日起生效，生效时包括 6 个附件。截至 2023 年 7 月，《巴塞尔公约》缔约方达到 191 个，共有 9 个附件，涵盖对危险废物、其他废物的管辖以及对《巴塞尔公约》执行的保障措施。

《巴塞尔公约》通过第 1 条及其附件一、附件二、附件三、附件八、附件九对危险废物范围进行了明确，将其归为两大类：危险废物和其他废物。其中，危险废物包括附件一所列废物以及缔约方立法确定或视为危险废物的物质。其他废物是指附件二（需加特别考虑的废物）中所列的"从住家收集的废物"和"从焚烧住家收集废物产生的残余物和部分塑料废物"，其中"部分塑料废物"为 COP14 修订，由附件九调整进入附件二，纳入公约的管辖范围中。

除此之外，《巴塞尔公约》第 1 条还规定了排除条款，将具有放射性的废弃物和船舶正常作业产生的废物这两类废物排除在《巴塞尔公约》管辖范围之外。

附件一（应加控制的废物类别）列有 45 类废物，其中 18 类废物流（如医疗废物、废药品药物、废矿物油等）和 27 类含有有害成分（如六价铬、铜、锌、砷、汞、酸、碱等）的废物，除非相应废物不具备附件三（危险特性清单）所列的危险特性。

附件二（需加特别考虑的废物）是指《巴塞尔公约》管辖的其他废物，包括"从住家收集的废物"、"从焚烧住家收集废物产生的残余物和部分塑料废物"。

附件三（危险特性清单）根据《联合国关于危险货物运输的建议书》所列的危险特性等级（UN Class），列出了爆炸性、易燃性、反应性、氧化性、毒性、传染性、腐蚀性等 14 项危险特性。

附件四（处置作业）包括 A 和 B 两节，列出了两类处置作业方式的清单。其中，A 节为最终处置作业方式，包括填埋、焚烧等 15 种方式；B 节为可能导致资源回收利用和直接再利用等的处置作业方式，包括金属再生、溶剂再生等 13 种方式。

附件五的 A 节细致列明了越境转移通知书内应提供的资料，如废物出口理由、出口者运输方式和采用附件四的何种方式进行处置等；B 节则列明了废物转移过程中转移文件内应提供的资料，如关于废物特性的一般说明、

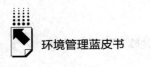

包装方式和数量等。

附件六为争端解决的仲裁程序。

附件七为《巴塞尔公约》修正案，即禁运修正案，禁止附件七国家［属于经济合作和发展组织（OECD）、欧共体成员（欧盟前身）的缔约方和其他国家，列支敦士登］以任何目的向非附件七国家出口危险废物，自2019年12月5日起正式生效。

附件八和附件九是废物名录，分别为受《巴塞尔公约》管控的废物名录和不受《巴塞尔公约》管控的废物名录，自1998年11月6日起生效。

二 附件修订历程

（一）新增附件

1. 附件七

《禁令修正案》于1995年《巴塞尔公约》缔约方会议第3次会议通过，围绕《禁令修正案》，《巴塞尔公约》序言增加第7段之二"意识到危险废物的越境转移，特别是对发展中国家的危险废物越境转移，极有可能不是按照《巴塞尔公约》的要求对危险废物进行环境无害管理"；正文增加第4A条"附件七所列各缔约方应禁止按照附件四-A拟作处置的危险废物向附件七未列国家的任何越境转移"。

根据缔约方大会在其第三次会议通过的第Ⅲ/1号决定，增加附件七"缔约方和作为经济合作和发展组织及欧共体成员国的其他国家、欧共体、列支敦士登"。附件七于2019年12月5日起对批准修正案的国家生效，迈出了禁止发达国家向发展中国家越境转移危险废物的重要一步，有力推动了《巴塞尔公约》将废物越境转移降至最低的核心目标。

2. 附件八和附件九

1998年，第四次缔约方大会通过增加附件八和附件九的决议，以进一步阐明附件一和附件三所列《巴塞尔公约》所管制的废物。附件八为受《巴塞尔公约》管控的废物名录、附件九为不受《巴塞尔公约》管控的废物名录。

（二）附件修订

1. 塑料相关附件修订

2019 年，为应对日益严重的废塑料和海洋塑料问题，《巴塞尔公约》缔约方会议第 14 次会议审议并通过了塑料废物相关附件修订的议题，将塑料废物分成三个类别，扩大受《巴塞尔公约》管控的塑料废物范围，在不受《巴塞尔公约》管控的废物类别（附件九）中仅保留"几乎不污染不混合"的单一品种塑料废物和分类回收的聚丙烯、聚乙烯、聚对苯二甲酸乙二醇酯（PP、PE、PET）混合塑料废物；附件八增加"A3210"条目，将具有危险特性的塑料废物列入《巴塞尔公约》危险废物目录；附件二增加"Y48"条目，将其他塑料废物列入受《巴塞尔公约》管控的其他废物；附件九增加"B3011"条目（几乎未受污染的单一塑料废物）、删除"B3010"条目（不具有危险特性的塑料废物）。相关修订已于 2021 年 1 月 1 日生效。

2. 电子废物相关附件修订

电子废物长期以来是国际社会重点关注的废物类别。针对电子废物越境转移，《巴塞尔公约》以附件名录的方式列明了纳入《巴塞尔公约》管控范围的废物类别。一类是属于危险废物的电子废物，即附件八（A1180）条目所列含有阴极射线管玻璃、铅蓄电池、汞开关等具有危险特性的废电子产品或部件，受《巴塞尔公约》管控，越境转移前需向进口国发送书面通知，获许可后才可出口，即执行事先知情同意程序。另一类是不具有危险特性的电子废物，即附件九（B1110）条目所列不具危险特性的或可直接再使用的电子产品或部件、电线电缆等，不受《巴塞尔公约》管控，可自由进出口。

《巴塞尔公约》自 2002 年起持续关注电子废物向发展中国家非法越境转移导致的环境和健康损害问题。2006 年，《巴塞尔公约》第八次缔约方大会通过了《电子废物环境无害化管理的内罗毕宣言》，呼吁采取行动应对电子废物非法越境转移问题；其后，陆续通过移动电话伙伴关系倡议、废旧计算设备伙伴关系，区域能力建设，编制《废旧电子和电气设备越境转移特

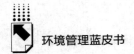

别是废物和非废物加以区别的技术准则》①等活动推进电子废物国际治理。为进一步提高《巴塞尔公约》实施的法律清晰度，《巴塞尔公约》自2013年启动电子废物相关附件修订，并成立专家工作组开展工作。

2017~2022年，EWG已召开四次工作组会议讨论了A1180和B1110的修改意见，A1180的修改参考新增A3210（塑料废物）的条目；删除现有B1110的第一条和第三条，与A1180保持一致，修改后的条目表述为镜像条款，形成了审查建议文件。

2020年9月，《巴塞尔公约》第12次不限成员名额工作组会议（OEWG12）期间，加纳和瑞士政府提出修订电子废物相关附件的提案，建议将所有电子废物纳入《巴塞尔公约》管控，仅分为危险废物和其他废物执行事先知情同意程序，以确保有效管控电子废物越境转移和实现电子废物环境无害化管理。观察员巴塞尔行动网络（BAN）也提出了新的提案，在加纳和瑞士提案的基础上，进一步将以维修翻新为目的的旧电子产品也纳入执行事先知情同意程序。2020年12月4日，加纳和瑞士向秘书处转交了关于修正《巴塞尔公约》附件二、附件八和附件九中有关电子废物的条目A1180和B1110的提案，供缔约方大会第十五次会议审议。

2021年EWG4-Ⅱ会议上，专家组听取了加纳和瑞士提案的介绍，因《巴塞尔公约》未授权，未开展讨论。2022年6月，《巴塞尔公约》缔约方会议第15次会议期间，欧盟、挪威、加拿大、阿根廷等超过25个缔约方针对加纳和瑞士修正案进行讨论，包括我国在内的各缔约方均同意将所有电子废物纳入《巴塞尔公约》管控，但对属于危险废物和其他废物的电子废物的区分有不同建议。我国代表团从技术和法律术语清晰化的角度指出提案中的分类方式仍存在部分电子废物类别不清的问题，尤其是"废"与"旧"电子设备区分的问题，需在执行中形成进一步的共识。各方普遍认可《巴塞尔公约》应仅管

---

① "The Revised Technical Guidelines on Transboundary Movements of Electrical and Electronic Waste and Used Electrical and Electronic Equipment, in Particular Regarding the Distinction between Waste and Non Waste under the Basel Convention, Basel Convention," https://www.basel.int/Implementation/Ewaste/TechnicalGuidelines/DevelopmentofTGs/tabid/2377/Default.asp.

控废物而非旧设备。

　　会议最终通过电子废物相关条目附件修正案，将全部电子废物纳入《巴塞尔公约》管控。决定附件二增加基于 B1110 修改表述的新条目 Y49（不具有危险特性的电子废物），附件八新增条目 A1181 替代 A1180（具有危险特性的电子废物），同时决定删除附件九条目 B1110（不具有危险特性的电子废物）和 B4030（废一次性照相机）。修正案将于 2025 年 1 月 1 日起正式生效。修正案具体内容见表 1。

表 1　《巴塞尔公约》附件二、附件八新增条目

修订条例	修订内容
Y4[2,3]	电气和电子废物 ·废电气和电子设备 (a)不含附件一成分，也未受其污染以致废物表现出附件三所列特性 (b)没有任何部件(例如某些电路板、显示装置)含有附件一成分或受其污染，以致该部件表现出附件三所列特性 ·电气和电子设备的废部件(例如某些电路板、显示装置)，不含附件一成分，也未受其污染以致废部件表现出附件三所列特性，除非被附件二的另一条目或附件九的某一条目涵盖 ·因处理废电气和电子设备或电气和电子设备的废部件而产生的废物(例如在粉碎或拆卸过程中产生的碎片)，不含附件一成分，也未受其污染以致废物表现出附件三所列特性，除非被附件二的另一条目或附件九的某一条目涵盖
A1181[4]	电气和电子废物(注意附件二中相关条目 Y49)[5] ·废电气和电子设备 (a)含有镉、铅、汞、有机卤素化合物或其他附件一成分或受其污染，以致废物表现出附件三所列特性，或 (b)有某部件含有附件一成分或受其污染，以致该部件表现出附件三所列特性，包括但不限于下列任何部件： -名录 A 所列阴极射线管的玻璃 -名录 A 所列电池 -含汞的开关、灯、荧光灯管或显示装置背光 -含有多氯联苯的电容器 -含有石棉的部件 -某些电路板 -某些显示设备 -某些含有溴化阻燃剂的塑料部件 ·电气和电子设备的废部件，含有附件一成分或受其污染以致废部件表现出附件三所列特性，除非被名录 A 的另一条目涵盖

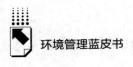

修订条例	修订内容
A1181[4]	·因处理废电气和电子设备或电气和电子设备的废部件而产生的废物(例如在粉碎或拆卸过程中产生的碎片),含有附件一成分或受其污染以致废物表现出附件三所列特性,除非被名录A的另一条目涵盖

注:1. 本条目于2025年1月1日生效。

2. 请注意附件八名录A的有关条目A1181。

3. 本条目于2025年1月1日生效。

4. 在设备、部件或处理废电气和电子设备或电气和电子设备的废部件产生的废物中,多氯联苯或多溴联苯的浓度水平为50毫克/千克或以上。

资料来源:笔者自制。

修正案实施后,原本自由进出口的不具有危险特性的电子废物在修正案实施后也将受到《巴塞尔公约》管控。所有电子废物越境转移均须执行PIC程序,进一步提高了电子废物越境转移的透明度。禁止发达国家以处置(非利用)为目的将列入A1181的电子废物向发展中国家转移,但允许发达国家将列入附件二中的电子废物向发展中国家转移。详细内容对比见表2。

表2 电子废物相关附件修订案与现有附件对比

	附件现状	修正案	要求
附件二	/	Y49 电气和电子废物 ·废电气和电子设备 (a)不含附件一成分,也未受其污染以致废物表现出附件三所列特性 (b)没有任何部件(例如某些电路板、显示装置)含有附件一成分或受其污染,以致该部件表现出附件三所列特性 ·电气和电子设备的废部件(例如某些电路板、显示装置),不含附件一成分,也未受其污染以致废部件表现出附件三所列特性,除非被附件二的另一条目或附件九的某一条目涵盖 ·因处理废电气和电子设备或电气和电子设备的废部件而产生的废物(例如在粉碎或拆卸过程中产生的碎片),不含附件一成分,也未受其污染以致废物表现出附件三所列特性,除非被附件二的另一条目或附件九的某一条目涵盖	不属于危险废物 需执行事先知情同意程序 允许发达国家向发展中国家转移

	附件现状	修正案	要求
附件八	A1180 电装置和电子装置或废装置： 附有名录 A 所列蓄电池和其他电池、汞开关、阴极射线管的玻璃和其他具有放射性的玻璃和多氯联苯电容器，或被附件一物质（例如镉、汞、铅、多氯联苯）污染的程度使其具有附件三所列特性（注意名录 B 的有关条目 B1110）	A1181 电气和电子废物（注意附件二中相关条目 Y49）： ·废电气和电子设备 (a)含有镉、铅、汞、有机卤素化合物或其他附件一成分或受其污染，以致废物表现出附件三所列特性，或 (b)有某部件含有附件一成分或受其污染，以致该部件表现出附件三所列特性，包括但不限于下列任何部件： -名录 A 所列阴极射线管的玻璃 -名录 A 所列电池 -含汞的开关、灯、荧光灯管或显示装置背光 -含有多氯联苯的电容器 -含有石棉的部件 -某些电路板 -某些显示设备 -某些含有溴化阻燃剂的塑料部件 ·电气和电子设备的废部件，含有附件一成分或受其污染以致废部件表现出附件三所列特性，除非被名录 A 的另一条目涵盖 ·因处理废电气和电子设备或电气和电子设备的废部件而产生的废物（例如在粉碎或拆卸过程中产生的碎片），含有附件一成分或受其污染以致废物表现出附件三所列特性，除非被名录 A 的另一条目涵盖	属于危险废物。执行事先知情同意程序 禁止发达国家以处置（非利用）为目的向发展中国家转移
附件九	B1110 电气和电子装置： ·仅由金属或合金构成的电子装置 ·电装置和电子装置或废装置（包括印制电路板不附有名录 A 所列蓄电池和其他电池、汞开关、阴极射线管的玻璃和其他具有放射性的玻璃和多氯联苯电容器，或被附件一物质（例如镉、汞、铅、多氯联苯）污染的程度或在对这类物质进行	删除	不属于危险废物

	附件现状	修正案	要求
附件九	清除后不致使其具有附件三所列特性(注意名录 B 的有关条目 A1180) ·用于直接再使用而不是回收或最后处置的电气和电子装置(包括印刷线板、电子部件和电线电缆)	删除	不受《巴塞尔公约》管控,可自由进出口
	B4030 用过的一次性照相机,其电池未列入名录 A	删除	

资料来源：笔者自制。

3. 附件一、附件三、附件四的修订

为澄清《巴塞尔公约》中使用的术语,缔约方会议 2013 年第 11 次会议（COP11）决定组建小型闭会间工作组（SIWG）起草《公约术语表》（Glossary of Terms）。2015 年,鉴于 SIWG 关于进一步开展相关术语解释的工作建议,第 12 次会议（COP12）决定启动附件一、附件三、附件四以及附件八相关条款的修订工作。2017 年,第 13 次会议（COP13）通过了《公约术语表》,同时通过了 BC13/2 决议,决定建立《巴塞尔公约》附件修订专家工作组（EWG）。2019 年,第 14 次会议继续授权 EWG 开展相关工作。EWG 根据授权开展附件一（应加控制的废物类别）、附件三（危险特性清单）、附件四（处置作业）以及附件八和附件九的修订工作。2019~2022 年,连续 3 届缔约方会议对相关修订内容进行了概要性讨论。附件八和附件九涉及电子废物条目的修订工作已于 2022 年第十五次缔约方大会通过。2023 年,第 16 次会议由专家工作组继续审议附件一、附件三、附件四相关条款的修订工作,并将在第十七次缔约方大会中进行讨论。

（1）附件一

2017~2022 年,EWG 已召开 5 次工作组会议讨论了附件一的修订。截

至 2021 年 5 月，欧盟、智利、哥伦比亚、加拿大、阿根廷、伊朗和瑞士等缔约方以及部分观察员针对附件一提出了反馈意见。反馈意见有三类，一是简化附件一的类别（欧盟、智利等）；二是细化附件一的类别（阿根廷、伊朗等）；三是增加废物类别（欧盟、智利、阿根廷、伊朗等）。中国代表团建议保留并细化、完善以产生源为依据的危险废物类别（Y1-Y18），并提出附件一部分新增列条目范围过于宽泛，基于个别物质的危险特性而将一大类化合物全部列入附件一的做法缺乏科学性，应进一步研究。工作组初步形成了附件一的修订文件以及建议文本。2023 年 5 月，《巴塞尔公约》缔约方会议第 16 次会议对修订文件进行了初步讨论。

（2）附件三

2021 年 5 月，在 EWG4-Ⅲ 会议上，工作组针对附件三的修订原则、标题和介绍文字展开讨论，各方发表了观点，但未就具体条目展开讨论，也未讨论加拿大文件。针对修订原则，讨论集中在与 UN Class 还是与《全球化学品统一分类和标签制度》（Globally Harmonized System of Classification and Labeling of Chemicals，简称"GHS"）保持一致但未达成共识，删除了"与《危险货物国际道路运输欧洲公约》（ADR）保持一致"这一讨论内容；欧盟和加拿大分别提出了新增的介绍文字问题，经过讨论但未就具体内容达成一致；标题方面，提出了新建议，即将附件三标题改为"危险特性"并在介绍文字后增加新的子标题"危险特性清单"。2023 年 5 月，第 16 次会议对修订文件进行了初步讨论。截至 2023 年 6 月，已有包括澳大利亚、加拿大、日本、瑞士和欧盟等缔约方，以及美国等观察员提供了附件三修订反馈意见。各方对附件三的修订审查意见见表 3。

表 3　各方对附件三的修订审查意见

国家或组织	意见
加拿大	基于国内危险废物的运输管理现状提出"保留 UN Class，与 GHS 保持独立性，建议统一浓度限值表述，增加新的危险特性，聘请顾问计算确定危险特性浓度限值"

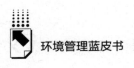

国家或组织	意见
欧盟及其成员国	UN Class 与 GHS 保持一致很困难，GHS 是国际公认的危险分类和危险通报工具，GHS 更重要，建议删除 UN Class
澳大利亚	了解加拿大的关注并建议部分 GHS 的易燃性、爆炸性等物理化学特性数值可以适用于危险废物，但毒性参数适用性有待验证
日本	所有的附件修订后应便于操作
瑞士	比较倾向于 GHS，但仍建议综合考虑和比较各类管理机制的特点后提出
美国	支持 UN Class；虽然 GHS 对急性毒性的评估和分类考虑了剂量/反应和毒性效力，但对靶器官毒性、致癌性和生殖毒性等危害的分类未考虑剂量/反应和毒性效力；鼓励考虑采用基于风险的方法来评估含有剧毒化学品的废物所构成的危害，而不是使用 GHS 进行分类
巴塞尔行动网络	不建议附件三设置浓度限值
欧洲危险废物	UN Class 只考虑物理方面的危害，其他内在危险性未考虑，GHS 包含的危害特性更广，且更适合评估混合物的危险性
中国	建议专家组对附件三目前采用的 UN Class 及部分缔约方建议采用的 GHS 体系的优劣进行对比分析。针对增加致敏性、刺激性、特定靶器官毒性（STOT）等危险特性，建议进一步研究其在废物中独立显现的可能性，提供更多科学证据。关于设定阈值的问题，支持专家组对阈值设定的方法及其适用性进行进一步研究。建议专家组统筹考虑附件一、附件三、附件八等相关附件的修订

资料来源：笔者自制。

反馈意见集中在三个方面，一是现有的 UN Class 与 ADR、GHS 等的独立性、一致性问题，即现有特性分类参考 UN Class 或 GHS。

GHS 的体系与 UN Class 不一致，且两者的危险等级编号不甚一致。GHS 是由联合国出版的作为指导各国控制化学品危害和保护人类环境的统一分类制度文件。2021 年发布的第九版 GHS 共设有 29 个危险性分类，包括 17 个物理危害、10 个健康危害性以及 2 个环境危害。GHS 涉及危险等级（Hazard class）、危险类别（Hazard category）、危险物质代码（Hazard statement code）。UN Class 是联合国发布的关于危险货物运输的建议书，涉及联合国等级或分类（UN Class or division）、联合国编号（UN No.）。关于现有的 UN Class 与 GHS 等的独立性、一致性问题，加拿大、美国支持保留 UN Class，但是欧盟及其成员国、瑞士更倾向于采用 GHS。我国提出化学品危险特性并不完全适用于危险废物，建议专家组对 UN Class 和 GHS 体系的优劣进行对比分析。

二是是否根据 GHS 化学品危险特性分类方法来新增危险特性。欧盟提出新增刺激性、吸入毒性、生殖毒性、诱变性、致敏性等；瑞士提出刺激性、致敏性、易燃气体、与酸接触释放有毒气体；伊朗提出诱变性、从高新科技过程/转基因生产/纳米技术产品中捕获危险废物的特性等。我国针对增加致敏性、刺激性、特定靶器官毒性等危险特性，建议进一步研究其在废物中独立显现的可能性，提供更多科学证据。

三是是否增加对应危险特性（H-characteristics）的指标限值。关于对应危险特性的指标限值，目前允许各国自行设定，但给不具有能力设定指标限值的国家造成困难。加拿大认为应开展科学研究以确定指标限值，欧盟提出应建立方法学，巴勒斯坦、厄瓜多尔等国家支持设定限值，我国支持对阈值设定的方法及其适用性进行进一步研究。

EWG 将于 2025 年《巴塞尔公约》缔约方会议第 17 次会议对相关问题继续进行讨论。

（3）附件四

自 2017 年以来，EWG 的 4 次会议重点讨论了附件四修订，主要工作包括讨论增加附件四介绍文本，修改 A 节和 B 节的标题和介绍文本，以及 A 节和 B 节各条目增删和修改。

我国针对"附件四包括所有处置作业方式"以及"尽量减少附件四修订草案中'临时处置作业'的数量"，于 2019 年 3 月 15 日和 2020 年 9 月 OEWG12 期间分两次反馈了附件四修订的整体意见。2020 年 12 月 3 日，欧盟于 2020 年 12 月 3 日向秘书处转交了一份关于修订《巴塞尔公约》附件四及附件二和附件九中某些条目的提案，供 COP15 审议。2021 年 1 月 19 日，秘书处在《巴塞尔公约》网站发布了修正《巴塞尔公约》附件四及附件二和附件九中某些条目的提案。

目前，EWG 对附件四每项利用处置方式均进行了讨论并列出了所有建议的利用处置方式。针对增加附件四介绍文本，保留现有 A 节和 B 节的结构并修改标题和介绍文字达成了一致意见，就某些具体条目的增删尚未达成一致意见，但形成了审查建议文件（Recommendations on the review of Annex Ⅳ），同时准备 A 节和 B 节各条目修改的解释文件（rationales）。2023 年 5 月，COP16 对修订文件进行了初步讨论，并将于 2023 年 7 月 COP16 进行审议。

三　附件修订对我国危险废物管理的影响及应对建议

（一）危险废物

1. 附件修订与我国危险废物的管理对比分析

我国危险废物鉴别标准首次发布于 1996 年，2007 年进行第一次修订，包括腐蚀性、急性毒性初筛、浸出毒性、易燃性、反应性和毒性物质含量 6 种鉴别标准，分别对应《危险废物鉴别标准》（GB 5085.1-6）的 6 个标准。2019 年 11 月，我国修订发布了《危险废物鉴别技术规范》（HJ 298—2019）和《危险废物鉴别标准通则》（GB 5085.7—2019）。

我国危险废物鉴别标准体系基本与现行版本附件三的类别一致，相关比较见表 4。

表 4　危险废物急性毒性限值对比

分类		附件三				急性毒性 GB 5085.2—2007	
口服毒性	危险类别和类别代码	急性毒性 1（口服）	急性毒性 2（口服）	急性毒性 3（口服）	急性毒性 4（口服）	急性毒性（口服）	
	危险说明代码	H300 型	H300 型	H301 型	H302 型	固体	液体
	浓度限值	0.10%	0.25%	5.00%	25.00%	200mg/kg	500mg/kg
皮肤接触毒性	危险类别和类别代码	急性毒性 1（真皮）	急性毒性 2（真皮）	急性毒性 3（真皮）	急性毒性 4（真皮）	急性毒性（皮肤接触）	
	危险说明代码	H310 系列	H310 系列	H311 系列	H312 型	—	
	浓度限值	0.25%	2.50%	15.00%	55.00%	100mg/kg	

分类		附件三				急性毒性 GB 5085.2—2007
吸入毒性	危险类别和类别代码	急性毒性 1（吸入）	急性毒性 2（吸入）	急性毒性 3（吸入）	急性毒性 4（吸入）	急性毒性（吸入）
	危险说明代码	H330 系列	H330 系列	H331 型	H331 型	—
	浓度限值	0.10%	0.50%	3.50%	22.50%	1mg/kg

资料来源：笔者自制。

我国危险废物鉴别标准体系与拟新增的危险特性对比见表5。

表5 新增的危险废物其他特性限值对比

危险类别和类别代码	危险说明代码	浓度限值	毒性物质含量 GB 5085.6—2007
致癌性 1A	H350 型	0.1%	0.1%
致癌性 1B	H350 型	0.1%	
致癌性 2	H350 型	1.0%	
特异靶器官毒性 SE 1	H370 系列	1.0%	无
特异靶器官毒性 SE 2	H371 型	10.0%	
特异靶器官毒性 SE 3	H336 型	20.0%	
特异靶器官毒性 RE 1	H371 型	1.0%	无
特异靶器官毒性 RE 2	H372 型	10.0%	
吸入毒性 1	H304 系列	10.0%	无
生殖毒性 1A	H360 系列	0.3%	0.5%
生殖毒性 1B	H360 系列	0.3%	
生殖毒性 2	H361 系列	3.0%	
致突变 1A	H340 系列	0.1%	0.1%
致突变 1B	H340 系列	0.1%	
致突变 2	H341 型	1.0%	

资料来源：笔者自制。

2. 附件修订对我国危险废物管理的影响

（1）危险特性分类或将影响我国危险货物运输政策

2018 年，我国交通运输部制定发布《危险货物道路运输规则》（JT/T

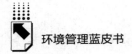

617—2018)①，基本参考了 UN Class 的分类标准体系。如果附件三通过了
GHS 体系，需要出口的危险货物的危险特性等级将随之变更，甚至可能需
要相应调整我国危险货物运输制度，将增加我国危险废物运输和出口管理的
行政成本。

（2）附件三新增危险特性对我国的影响还有待研究

部分新增特性如致敏性、刺激性、特定靶器官毒性等尚未在国内的鉴别
标准体系中体现。目前，国内学者对新增危险特性的意见存在分歧，附件三
新增危险特性对我国行政管理可能带来的影响有待进一步研究。

（3）设置浓度限值有利于与我国现行标准体系统一

部分新增特性如急性毒性、致癌性、生殖毒性、致突变性，我国危险废
物鉴别标准体系（GB 5085.2 和 GB 5085.6）中都有对应的浓度限值，且我
国的毒性物质含量鉴别标准（GB 5085.6）中包含的特性更加丰富、指标更
加全面。

（4）增加浸出毒性限值或可减少废物退运事件发生

《巴塞尔公约》附件三新增"浸出毒性"指标限值，可以排除一部分含
有危险物质但不具有危险特性的物质，在一定程度上放宽《巴塞尔公约》
的管控范围，在环境风险可控的前提下降低行政管理成本。这一修订将有利
于与我国危险废物鉴别标准体系接轨，便于科学判断废物属性，减少由于认
定结果不一致而造成的退运争议事件。附件三设置特定浓度限值，将有利于
与我国现行危险废物鉴别标准体系相统一，也将使附件三更具科学性。

3. 应对建议

（1）评估政策影响，争取有利谈判局势

结合我国实际情况，积极推动《巴塞尔公约》附件三保留现有 UN
Class 分类体系，与 GHS 保持相应的独立性，评估附件三危险特性等级变更
对我国危险货物运输制度的影响。暂不支持增加致敏性、刺激性、特定靶器
官毒性等危险特性，评估新增危险特性对我国危险废物行政管理的影响。结

---

① 《危险货物道路运输规则》（JT/T 617—2018），中华人民共和国交通运输部，2018 年 12 月 1 日。

合附件三修订影响评估结果，争取有利于国内发展和行政管理的谈判局势。

（2）增加浓度限值，提升附件三科学性

支持附件三修订设定浓度限值，结合我国现行标准，针对提案中的"急性毒性""致癌性""生殖毒性""致突变性"浓度限值提出参考意见。建议参考我国浸出毒性鉴别标准，提出附件三新增"浸出毒性"的危害成分和浓度限值，科学分析粉煤灰（含汞）等工业固体废物的出口影响。增加浓度限值，减少国际废物进出口争议，提升《巴塞尔公约》附件实施的科学性。

（3）完善管理机制，应对出口退运事件

根据《巴塞尔公约》，非法运输危险废物或其他废物，出口国应确保废物由出口者或产生者或自行运回出口国。根据我国《危险废物出口核准管理办法》，由出口者负责将废物退运回国，并承担该废物的运输与处置或者利用等相关费用。但是，我国法律法规体系中缺少产生者责任的硬性规定和约束措施，退运过程存在长期滞压风险，建议进一步完善退运废物管理机制，建立出口押金机制，明确产生者责任，为妥善应对出口退运事件提供现实基础。

（二）电子废物

1. 附件修订与我国电子废物管理对比分析

我国是电子产品生产和消费大国，面临巨大的电子废物利用处置压力。国家高度重视电子废物回收处理工作，2007 年，原国家环境保护总局发布《电子废物污染环境防治管理办法》[①]；2009 年，国务院发布《废弃电器电子产品回收处理管理条例》[②]（2011 年 1 月 1 日起施行）。目前，纳入该条例管理的电子废物包括废电视机、废冰箱、废空调等 14 类废弃电器电子

---

① 《电子废物污染环境防治管理办法》（2007 年 9 月 27 日国家环境保护总局令第 40 号公布，自 2008 年 2 月 1 日起施行），中华人民共和国生态环境部网站，https://www.mee.gov.cn/gzk/gz/202112/t20211203_962863.shtml。

② 《废弃电器电子产品回收处理管理条例》（2009 年 2 月 25 日中华人民共和国国务院令第 551 号公布，根据 2019 年 3 月 2 日《国务院关于修改部分行政法规的决定》修订），中华人民共和国中央人民政府，https://www.mee.gov.cn/ywgz/fgbz/xzfg/201909/t20190918_734319.shtml。

产品。随后，生态环境部、国家发展和改革委员会、财政部等部门先后制定了处理目录、设施发展规划、资格许可、信息管理、基金征收使用、补贴审核等系列配套政策。我国在废弃电器电子产品法规体系、全链条管理和企业环境监管方面开展了大量的工作，取得了显著的成效。从 2015 年开始，我国每年废弃电器电子产品处理量约 8000 万台（套）。我国 2021 年废弃电器电子产品处理量为 8785 万台（套），约占理论报废量的 40%，与欧盟同期水平相当。

一般而言，PIC 程序至少涉及进口国和出口国双方（必要时还涉及过境国）政府管理部门之间的通知书传递、审核和答复等信息对接和沟通，耗时较久。同时，《巴塞尔公约》仅规定了 PIC 程序中过境国回复出口国的通知书时限（60 天未回复视为同意），尚未对进口国回复通知书时限进行明确规定。

我国自 2000 年 1 月起禁止电子废物进口，但仍存在以伪报货物品名等形式非法进口电子废物的现象。近年来，各地海关查获了若干批次电子废物非法进口案件，并根据程序依法退运。

不具有危险特性的电子废物（含拆解产物）和旧电子产品不受出口管控，可能涉及由产生企业出口，或经维修企业等维修后作为再使用的旧产品由贸易商出口的情况。目前，我国尚未掌握确切的电子废物和旧电子产品的数据信息、出口途径和流向等资料，仅有电路板、锂电池等电子废物出口核准数据。根据联合国 Comtrade 数据库数据，2016 年以来，我国（含香港地区）出口的电子废物和废电池（代码 8548）总量整体呈增长态势，由 2016 年的 1.7 万吨增长至 2021 年的 3.1 万吨，出口主要流向为爱沙尼亚、印度、日本、韩国、墨西哥、苏丹、土耳其、坦桑尼亚、美国和越南。我国内地的电子废物出口国中发达地区和欠发达地区分布均衡。

具有危险特性的电子废物，如废电路板、废 CRT 等的拆解产物，出口实施核准管理，并由生态环境部签发危险废物出口核准通知单。根据《巴塞尔公约》国家报告数据，以 2019 年为例，我国核准出口危险废物 16 批次 18.7 万吨，其中电路板类电子废物 9 批次 16.9 万吨，电池类电子废物 2 批次 102 吨。但实际出口过程中，危险废物出口核准通知单不属于海关部门查验内容，从而难以对非法出口行为形成有效预防和控制。

2. 附件修订对我国电子废物管理的影响

修正案的实施将会在一定程度上有助于进口管理，但出口管理 PIC 程序对我国具有危险特性的电子废物会造成一定的影响，具体影响需进一步结合我国电子废物出口情况开展后续评估。

3. 应对建议

（1）及时推进电子废物附件修正案国内批约

COP15 通过了电子废物附件修正案，并请联合国环境规划署在 2024 年 6 月 30 日向所有缔约方通报修正案在各国通过的情况。建议及时开展《巴塞尔公约》电子废物附件修订案的国内批约程序，提请全国人民代表大会常务委员会审议，并及时向 UNEP 提交我国的批约情况。

（2）加强电子废物出口分析工作

我国已全面禁止进口电子废物，但尚未建立出口管理机制。为解决我国电子废物出口主体复杂、不易管控的问题，顺利推进修正案实施，建议开展电子废物出口调研工作，摸清历年电子废物出口路径、重量、流向等信息和未来演变趋势，评估修正案实施将对我国产生的影响，为 2025 年附件修正案的实施奠定基础。

（3）建立固体废物出口信息共享机制

我国在固体废物出口方面缺失完善的管理机制，导致信息共享不畅。建议借鉴固体废物进口管理和执法信息共享机制实施经验，建立生态环境部和海关部门固体废物出口信息共享机制，共享固体废物出口企业、批文信息、出口状态、通关状态、风险预警等信息，解决目前各部门面临固体废物出口的信息孤岛问题，形成监管合力。同时，推进我国固体废物越境转移信息交换，加强有关案例信息公开。

（4）关注关于再使用的旧产品管控要求发展动向

COP15 期间，各方普遍认可《巴塞尔公约》应仅管控废物而非旧设备，废物与旧电器电子产品区分的问题未成为焦点话题，建议关注此前美国、马来西亚、新加坡、新西兰等国家提出的以再使用为目的的旧电器电子产品问题，在执行中达成进一步的共识。同时，研究旧电器电子产品 PIC 程序相关管理要求变化对保税维修行业的影响。

B.15
我国完善《巴塞尔公约》履约机制的对策研究

董庆银　谭全银　李金惠*

摘　要： 　生态环境部是我国履行《巴塞尔公约》的国家联络点（Focal Point，FP）和中国政府主管部门（Competent Authority，CA），香港特别行政区环境保护署和澳门特别行政区环境保护局分别是其履行《巴塞尔公约》的主管部门。从化学品和废物越境转移管理机制上来看，我国已初步建立了生态环境部、海关总署等部门间协调机制，但对如《巴塞尔公约》《斯德哥尔摩公约》《水俣公约》等相关国际环境公约的协同增效研究不足，运行效果受限；从《巴塞尔公约》部门间履约协调机制上来看，内地与香港签署了《内地与香港特区两地间废物转移管制合作安排》，建立年度"内港两地废物转移工作层面会议"制度；内地与澳门落实了信息通报机制；内地与港、澳分别签署《关于建立更紧密经贸关系的安排》；但主管部门间的履约协调机制尚不完善。本报告针对化学品和废物越境转移协调机制建设和内地与港澳《巴塞尔公约》主管部门履约协调机制建设，分析了危险废物出口信息共享、合作监管等问题，以期对我国《巴塞尔公约》履约机制提出完善建议。

关键词： 　越境转移　信息共享　协调机制

---

* 董庆银，巴塞尔公约亚太区域中心副研究员，主要研究方向为固体废物和危险废物管理政策；谭全银，清华大学环境学院助理研究员，主要研究方向为新兴固体废物回收技术与产业政策、环境风险防控、国际环境公约履约策略；李金惠，清华大学环境学院教授，主要研究方向为循环经济、国际环境治理、化学品和废物管理与政策。

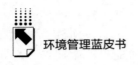

一 《巴塞尔公约》发展态势

面对新的国际形势，《巴塞尔公约》正处于变革之中。在全球积极推动可持续发展，倡导减少废物产生、资源回收和无害化处理的过程中，废物源头减量和资源化给国际废物越境转移机制带来了巨大的挑战。同时，废物越境转移给发展中国家带来的实际和潜在危害问题依然十分严峻。

一是越境废物转移的控制系统正在经历变革。工业化国家大量产生危险废物和新兴废物（如电子废物），废物出口的需求快速扩大。随着我国禁止进口洋垃圾并推动固体废物进口管理制度改革，2019 年，《巴塞尔公约》第十四次缔约方大会通过了关于塑料废物附件的修订，同时，为促进一般废物越境再利用或资源化的国际新规，进一步明确了"旧产品""住家废物""循环利用"等法律术语，并为其制定相关导则。公约法律变革和新规则的制定直接决定着全球特别是发达国家和发展中国家的环境和经济利益分配，对全球废物流向、环境风险分布以及全球经济发展中的国家分工产生深远影响。

二是废物环境无害化管理成为公约发展新的驱动力。《巴塞尔公约》提出对危险废物和其他废物进行环境无害化处理的要求，强调缔约方务必确保危险废物及其他废物的环境无害化管理。通过实施《巴塞尔公约实施战略框架（2012~2021 年）》和《环境无害化管理框架》，《巴塞尔公约》积极推动环境无害化处理的发展，并要求各缔约方制定相应的国家实施战略。"废物预防和减量，特别是支持和推动国家层次实施减量化"被列为推动公约加强环境无害化管理的具体目标之一。关于废物健全管理，国际社会开展了诸多"无废"实践，"无废国际联盟"、日本"无废研究院""无废欧洲网络"等机构和组织的建立，以及我国的"无废城市"建设试点工作，都旨在通过减少城市固体废物的产生、优化城市管理等行动，加快迈向"无废"未来，与《巴塞尔公约》推动废物环境无害化管理的目标高度一致。

三是对打击危险废物非法越境转移加强重视。《巴塞尔公约》以保护发展中国家利益为根本宗旨。然而，发展中国家由于缺乏管理能力而在公约的发展中一直处于跟随和落后的角色，关于越境转移控制、废物退运和资金机制等问题的发展相对缓慢，特别是在打击危险废物非法越境运输方面存在挑战。《巴塞尔公约》通过 30 年以来，危险废物非法越境转移事件在发展中国家之间仍时有发生，由于缺乏责任基金和国际合作，退运规则难以有效发挥作用。《巴塞尔公约》缺乏管控危险废物越境转移的强有力执行手段，导致危险废物非法越境转移的问题依然严峻。

四是区域中心正发展成为推动公约履约的重要平台。《巴塞尔公约》在全球 14 个国家和地区设立由发展中国家主办的区域中心，旨在推动各区域层面的履约工作。从长远发展看，区域层面实现目标和达成共识对实现公约总体目标至关重要，区域平台在推动公约进程和影响履约方向上发挥重要作用。全球 5 个区域首次于 2014 年分别召开的缔约方大会会前区域磋商会议，是公约推动区域层面实现公约目标的开端，也是公约利用区域中心推动区域层次履约和磋商进程的一次实质性进展。同时，巴塞尔公约区域中心也已发展成为主办国政府开展环境外交、在合作中增信释疑、提升国家影响力的一个重要平台。

相关重要议题的审议和公约的未来发展，对我国危险废物和其他废物管理具有一定的影响，亟须在国家层面建立相应的协调机制，以在《巴塞尔公约》发展过程中反馈我国的履约成效，表达诉求。

二 国际化学品和废物管理与协调机制发展

近年来，为有效协同防止和打击危险化学品和废物的非法贸易与贩运，《巴塞尔公约》愈发关注国家级履约协调机制的建设。为了进一步加强《巴塞尔公约》、《鹿特丹公约》和《斯德哥尔摩公约》的联系，以上三个公约在缔约方大会中形成了一系列关于协同增效的决议，联合开展应对化学品和废物的环境无害化管理事务。2017 年《关于汞的水俣公约》（以下简称《汞公约》）在全球生效，以上 4 个公约在化学品和废物越境转移领域发挥

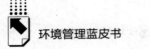

了重要的作用。自 2017 年起，为协同防止和打击危险化学品和废物的非法贩运和贸易，各公约愈发关注国家级履约协调机制的建设，于 2017 年通过了 BC-13/21 号决议，2019 年通过了 BC-14/24 号决议，2021 年通过了 BC-15/27 决议，2023 年通过了 BC-16/21 决议和 BC-16/24 决议，以达到促进国家级多公约履约协调机制建设的目的。

（一）欧盟

1982 年，意大利和法国之间发生的危险废物越境转移事件让欧洲议会认识到危险废物越境转移的问题，因此，1984 年 12 月，部长理事会通过《关于危险废物越境运输的指令》（第 84/631 号指令），明确规定了有害废物在欧共体国家间与非欧共体国家间越境运输的监管和控制。1996 年，一些欧洲国家签署了《防止危险废物越境转移和处置污染地中海的议定书》。为达到欧盟于 2003 年 5 月签署的联合国欧洲经济委员会《关于污染排放与转移登记的议定书》的要求，2004 年欧盟建立欧洲污染排放与转移登记制度（PRTR），以一种公众可获得的电子数据形式构建了欧盟层面的污染排放与转移登记系统。

（二）美国

美国作为较早步入工业化的国家之一，其化学品和危险废物产生量一直处于较高的水平。为了应对危险废物越境转移问题，1986 年，美国分别与加拿大和墨西哥政府在华盛顿特区签订了《关于危险废物越境转移的合作协议》和《关于危险废物和危险物质越境运输的合作协议》。以上两个协议（简称《美墨合作协定》）。《美墨合作协定》重申了 1972 年在斯德哥尔摩通过的《联合国人类环境宣言》原则：确认与危险废物有关的不当活动对健康的危害，并强调在两国边境地区非法运输的威胁；协议旨在通过合作减少危险废物越境转移对公共健康、财产和环境的影响。美国 1992 年签署《巴塞尔公约》，截至 2023 年 6 月尚未批准。根据美国相关法律，在美国总统批准某项国际条约之前，这项国际条约需要得到参议院的通过。由于获得参议院通过的程序很复杂，且各方利益纠葛，很难达成一致意见，所以美国有多项国际条约是已签署未批准状态。

（三）韩国

韩国是化学品使用大国。为减少或避免有毒有害化学物质对环境和人体造成潜在的伤害，韩国立法通过了《巴塞尔公约》、《鹿特丹公约》和《斯德哥尔摩公约》，并拟在这三个公约的基础上完善化学品和废物的进出口管理政策。尽管这三个公约有共同的化学品和废物管理愿景，但每项公约在管理对象和目的上存在差异。为实现化学品和废物的统一管理，韩国将各多边环境协定统一纳入韩国环境部的管理范畴并进行修订，适当新增补充性管理条例的应对方法。此外，韩国还通过了《持久性有机污染物管理法》。截至 2021 年 9 月，韩国环境部化学品管理司一级负责整合《鹿特丹公约》和《斯德哥尔摩公约》之间相关的环境管理议题，以实现公约间的紧密合作。《巴塞尔公约》相关的事务则由环境部资源循环政策司负责。

三　我国化学品和废物越境转移协调机制

关于我国化学品和废物越境转移，相关部门已经建立了不同的管理机制。

（一）化学品越境转移

越境转移的化学品涉及包括危险化学品、易制毒化学品、严格限制的有毒化学品，危险化学品越境转移涉及应急管理、海关部门，易制毒化学品涉及商务、海关部门，有毒化学品涉及生态环境、海关部门。国家陆续制定出台了一系列专项法规制度，以加强化学品管理，有效防范化学品危害事件，如《危险化学品安全管理条例》①、《监控化学品管理条例》② 和《易制毒化学品管理条例》③ 等，分别对危险化学品安全、监控化学品、易制毒化学品等实施专项管理。另外，相关部委发布了《化学品首次进口及有毒化学品进出口环境管理规定》（环管〔1994〕140 号）、《新化学物质环境管理办法》、《〈监控化学品管理条例〉实施细则》、《易制毒化学品进出口国际核查管理规定》、《中国严格限制的有毒化学品名录》（2020 年）等管理政策。

我国严格履行《斯德哥尔摩公约》《关于汞的水俣公约》《鹿特丹公约》等国际化学品领域相关公约，限制或淘汰了一批公约管制的有毒有害化学物质。下文涉及的化学品也主要针对有毒化学品进行分析。

（二）废物越境转移

我国通过制定《中华人民共和国固体废物污染环境防治法》、《固体废物进口管理办法》④、《危险废物出口核准管理办法》和《进口可用作原料的固体废物检验检疫监督管理办法》⑤ 等法律法规，建立了完善的固体废物进出口管理机制。针对废物进口，我国建立了"目录管理、许可审查、检验检疫、通关查验、后续监管、信息共享"全链条管理体系，涉及生态环境部、海关总署等部门；禁止危险废物进口和过境转移，禁止境外的固体废物进境倾倒、堆放、处置，并逐步实现固体废物"零进口"目标。针对危险废物出口，根据《巴塞尔公约》要求，我国建立了危险废物出口核准、信息报告等制度，主要为生态环境部负责，相关文件核验涉及海关相关工作，其他固体废物出口尚无明确管理机制。

---

① 《危险化学品安全管理条例》，中华人民共和国中央人民政府网站，2011 年 2 月 16 日，https：//www.gov.cn/flfg/2011-03/11/content_1822902.htm。
② 《监控化学品管理条例》，中华人民共和国工业和信息化部网站，2011 年 1 月 8 日，http：//zjhx.org/uploadfiles/2021/11/20211129102633547.pdf。
③ 《易制毒化学品管理条例》，中华人民共和国应急管理部网站，2018 年 9 月 18 日，https：//www.mem.gov.cn/fw/flfgbz/fg/202208/t20220803_232888.shtml。
④ 根据《中华人民共和国固体废物污染环境防治法》和有关法律、行政法规制定，于 2011 年 4 月 8 日发布，自 2011 年 8 月 1 日起施行。
⑤ 2023 年 3 月 7 日，根据中华人民共和国海关总署令第 261 号，予以废止。

2017 年 7 月，国务院办公厅印发《禁止洋垃圾入境推进固体废物进口管理制度改革实施方案》①（以下简称《实施方案》），提出了完善堵住洋垃圾进口的监管制度、强化"洋垃圾"非法入境管控、建立堵住"洋垃圾"入境长效机制等涉及废物入境的重点任务，涉及生态环境部、商务部、国家发展和改革委员会、海关总署等部门。在建立长效机制任务中，我国重申了建立健全中央与地方、部门与部门之间执法信息共享机制，建立完善走私"洋垃圾"退运国际合作机制。

2020 年 11 月，生态环境部等多部门发布《关于全面禁止进口固体废物有关事项的公告》，自 2021 年 1 月 1 日起，全面禁止固体废物进口，基本实现固体废物零进口目标。

（三）存在的问题

1. 固体废物进口管理和执法信息共享机制运行不畅

固体废物进口管理和执法信息共享机制自建立以来，在固体废物进口领域监管取得了一定的成效。但由于固体废物监管机构不健全、人员力量不足、监管能力薄弱，海关查验人力资源紧张，该机制运行效果不佳。另外，2018 年国务院机构改革产生一定的人员更换，因此目前该机制未实际运行。

2. 废物出口监管存在漏洞

随着我国经济水平的提升，国内部分类别危险废物处置价格高涨，引发了非法出口的问题。由于废物出口交流无固定机制，现场海关人员缺乏专业的化学品和废物相关理论知识，可能存在出口方将《巴塞尔公约》管理的危险废物以瞒报品名如原材料等形式、海关人员仅核验 HS 代码放行的情况，造成我国未履行预先知情同意程序带来的履约困境。

3. 部分非法进口废物退运存在困难

因处置成本压力、处置能力不足、国内监管要求等因素，国外部分废

---

① 《禁止洋垃圾入境推进固体废物进口管理制度改革实施方案》，中华人民共和国中央人民政府网站，2017 年 7 月 18 日，https：//www.gov.cn/zhengce/content/2017-07/27/content_5213738.htm。

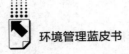

物出口方以瞒报品名等形式非法出口。海关部门在实施退运时，存在出口方故意拖延时间、"玩消失"等退运困难。在实践中针对责任主体的制约机制相对薄弱，海关的执法行为面临当事人配合积极性问题、处置费用问题、责任主体追究问题、接受地态度问题等，执行的最终保障措施亟待建立。

四 我国《巴塞尔公约》履约主管部门协调机制

我国《巴塞尔公约》履约工作主要由生态环境部、海关总署等部门负责，生态环境部作为官方联络点和主管部门，根据公约要求，开展公约履约、组织谈判、国家报告编写、信息宣传等工作。从机制上看，内地与香港已建立履约协调机制，内地与澳门的合作相对较少。

（一）内地与香港的履约协调机制

1999年6月9日，原国家环境保护总局与香港特区环境保护署在深圳市就危险废物转移管制、建立业务联系和有关《巴塞尔公约》的事宜进行了商讨并达成共识，2000年1月，内地与香港特区于香港签署了《关于两地间废物转移管制合作的备忘录》（简称《备忘录》）。《备忘录》建立了危险废物转移实行预先通知和预先同意程序、联络人机制、公约进展信息交流机制以及年度报告机制等。

2007年11月15日，《备忘录》更名为《内地与香港特区两地间废物转移管制合作安排》，主要修订和增加内容有：

对内地产生的危险废物经停香港特区向国外输出、香港特区产生的危险废物经停内地港口向国外输出的管制措施做出规定；

就内地产生的危险废物经停香港特区向国外输出时履行《巴塞尔公约》再进口责任做出规定。

2000年，原环境保护部与香港特区环境保护署建立年度"内港两地废物转移工作层面会议"制度。截至2015年已召开10次会议。

（二）内地与澳门的履约协调机制

根据澳门特别行政区第 32/2002 号及第 52/2002 号行政长官公告，《巴塞尔公约》及其修正案正式适用于澳门特别行政区，因此，危险废物越境转移须遵循公约规定。

原环境保护部国际合作司与澳门特别行政区环境保护局落实了建立废物转移、环境国际公约、核安全信息通报、环境突发事故信息通报等机制。另外，澳门环境保护局已连同海关及经济局建立通报机制，加强监察危险废物的进口。

（三）内地与香港、澳门相关合作机制

1. CEPA

2003 年，内地与香港、澳门分别签署了《关于建立更紧密经贸关系的安排》（简称《内地与香港 CEPA》和《内地与澳门 CEPA》），并成立联合指导委员会，设立多个工作组，专门负责组织落实《内地与香港 CEPA》和《内地与澳门 CEPA》的各项具体工作。2017 年 10 月 27 日，第十次港澳合作高层会议在香港举办。港澳代表于会议上签署了《香港特别行政区与澳门特别行政区关于建立更紧密经贸关系的安排》（简称《港澳 CEPA》）。在《港澳 CEPA》下，香港承诺在市场准入方面向澳门开放 105 个服务部门，澳门承诺在市场准入方面向香港开放 72 个服务部门。

2. 粤港澳

（1）粤港

2000 年，广东省政府和香港特别行政区政府成立"持续发展与环保合作小组"。2016 年 9 月，双方签署《2016—2020 年粤港环保合作协议》。协议约定双方共同开展改善珠江三角洲空气质量、水环境保护、林业及海洋资源护理等方面的合作。2019 年 11 月 8 日，粤港持续发展与环保合作小组第十九次会议于广州召开，会议审议并通过了七个专责（题）小组及专家小组工作报告，将粤港应对气候变化协调联络小组、粤港持续发展与环保合作

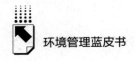

小组合并为"粤港环保及应对气候变化合作小组"。

（2）粤澳

2002年，粤澳成立环保合作专责小组。2013年6月，粤澳两地政府签订了《粤澳环保合作协议》，在以粤澳两地区域互补的方式解决澳门的环保问题上达成一致共识，并认同南粤环保集团作为粤澳环保合作的实施单位。2008年12月，珠澳合作专责小组成立。2009年，珠澳达成共识，设立珠澳城市规划与越境交通工作小组、珠澳越境工业区转型升级工作小组和珠澳口岸通关合作工作小组。珠澳合作专责小组会议于2010年召开，并设立珠澳环境保护合作工作小组。

（3）粤港澳

2012年6月，粤港澳《共建优质生活圈专项规划》① 将"促进可重复利用废物的跨界循环再利用合作"纳入内地与港澳环保合作内容之一，提出在遵循国家法律和环保标准的同时，探索可重复用物料跨界循环再利用的新型合作模式。2019年2月18日，中共中央、国务院印发《粤港澳大湾区发展规划纲要》②，强调加强危险废物区域协同处理能力建设，强化越境转移监督，提升固体废物无害化、减量化、资源化水平。

五　管理部门协调机制建设方案建议

（一）化学品和废物越境转移管理部门间协调机制完善建议

第一，统筹考虑国内协同履行《巴塞尔公约》、《斯德哥尔摩公约》、《鹿特丹公约》和《汞公约》的顶层设计。这四个公约的目标和管理内容具有高度的一致性和相关性，涵盖化学品、汞、持久性有机污染物和废物管理，涉

---

① 《共建优质生活圈专项规划》，香港特别行政区政府环境局网站，2012年6月，https://www.epd.gov.hk/epd/sites/default/files/epd/sc_chi/resources_pub/publications/files/qla_plan_chi.pdf。

② 《粤港澳大湾区发展规划纲要》，中华人民共和国中央人民政府网站，2019年2月18日，https://www.gov.cn/zhengce/2019-02/18/content_5366593.htm#1。

及产品设计、源头减量、进出口管控、回收利用和末端处置等全链条管理。我国可统筹考虑选取涉汞、铅等重点行业开展四公约履约的顶层设计和协同增效活动，贡献我国的创新管理方案。

第二，建议生态环境部牵头，海关总署、外交部等部委建立化学品和废物国际公约履约协调机制。参考国内外废物管理的相关协调机制研究，基于现有《斯德哥尔摩公约》和《汞公约》的履约协调机制，建立国家化学品和废物环境公约履约工作部际协调小组。生态环境部等部门深入参与海关总署开展的"大地女神"国际联合行动、打击固体废物走私专项行动等，提升我国履约水平。

第三，建议生态环境、海关、商务、公安等部门建立化学品和废物越境转移风险管控联动机制，建立进出口监管执法信息共享系统，共享进出口企业、批文信息、货物进（出）口状态、通关状态、风险预警等信息；形成废物退运、属性复检等事宜适时会商机制，解决目前海关部门面临化学品和废物进出口的信息孤岛问题，提升越境转移管理效率。

第四，从"以外促内"转向"以内促外"，增强我国对公约的引领作用，向遵约委员会、缔约方大会主席团、专家工作组等增派代表，支持参加公约附件审查、与国内重点工作关系密切的技术准则制定和修订工作。

第五，完善与境外海关信息情报交流机制，基于全球监控固体废物越境运输和打击走私执法合作长效机制，建议海关总署进一步聚焦化学品和废物进出口的情报共享、态势研判、单证协查等，加强与国际海关组织、区域国家海关、其他国家海关部门和国际警察组织等的合作，形成国际合力，打击危险废物和其他废物越境环境犯罪活动。

（二）内地与港澳巴塞尔公约主管部门履约协调机制完善建议

在工作协调方面，基于内地与香港的合作机制，借鉴粤港、粤澳专责小组的施行方式，由生态环境部牵头，与香港特区环境保护署、澳门特区环境保护局建立三部门联络小组，指定联络单位和联络人，定期开展信息交换、沟通协作与履约协调工作。联络小组工作层面会议每年召开一次，由生态环

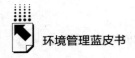

境部、香港特区环境保护署、澳门特区环境保护局等单位代表出席，主要对内地与港澳年度废物产生种类、数量及废物的循环利用、处理处置情况、一年来过境的废物进出口审批、通关查验、打击走私、退运等内容进行通报和信息交流，同时在粤港澳大湾区和现有合作机制下，将固体废物进出口事宜纳入粤港、粤澳商讨事宜，为推进《巴塞尔公约》国家履约提供具体案例。

在信息沟通方面，依托巴塞尔公约亚太区域中心形成的《动态简报》（中文）和《国际通讯》（英文），将相关资料及时发送至香港特区环境保护署和澳门特区环境保护局，推进公约最新进展信息交流和沟通。在满足《巴塞尔公约》国家报告信息提交的前提下，内地与港澳相互通报最新政策信息，积极探讨固体废物越境转移面临的新问题。另外，加强有关固体废物越境转移案例在三部门间的信息公开。尝试将港澳固体废物管理情况纳入生态环境部固体废物污染环境防治年报。建议与海外管理部门取得工作层面的联系。与出口贸易往来较多的主要国家《巴塞尔公约》主管部门、海关等，就废物进出口抽查和检验信息，可疑废物装运和最新废物堵截管理控制要求方面交换信息，与主要贸易伙伴国家的废物主管部门建立简单、直接、灵活的信息情报交换系统，合作开展非法运输废物的退运工作研究，形成工作方案。

在专业能力建设方面，建议三方指定相关专业技术单位如巴塞尔公约亚太区域中心，设立专项资金支持业务实施需求，针对管理部门在履行公约义务方面存在的困难以及需求，提出科学建议，促进各部门间的协同增效。在内港和内澳 CEPA 机制下，完善内地与港澳内部人员互访交流与培训制度，加强生态环境系统和海关系统在固体废物鉴别和废物堵截能力方面的建设活动，提升固体废物鉴别能力和废物堵截侦查能力。

在非法越境转移控制方面，建议内地与港澳生态环境主管部门参与防止和打击非法危险废物及其他废物越境转移，逐步就危险废物越境转移具体问题与周边地区和国家达成谅解备忘录或协议。联合海关部门开展专项行动，加大进口审单、风险分析、现场查验等各通关环节的执法与监管力度，以及工商、税务等部门之间的横向联系，力争切断固体废物向我国非法出口的通道。

附录一
中国环境管理大事记（2022~2023）

2022 年 1 月 10 日　生态环境部联合农业农村部发布《关于加强海水养殖生态环境监管的意见》。

2022 年 1 月 24 日　国家发展改革委联合生态环境部等六部门印发《关于加快废旧物资循环利用体系建设的指导意见》。

2022 年 1 月 25 日　生态环境部联合相关部门印发《农业农村污染治理攻坚战行动方案（2021—2025 年）》。

2022 年 2 月 10 日　生态环境部联合相关部门印发《关于重点海域综合治理攻坚战行动方案的通知》。

2022 年 2 月 17 日　生态环境部发布了《关于做好全国碳市场第一个履约周期后续相关工作的通知》。

2022 年 2 月 24 日　中华人民共和国生态环境部与哥斯达黎加共和国环境和能源部共同签署《中华人民共和国生态环境部与哥斯达黎加共和国环境和能源部关于应对气候变化南南合作物资援助的谅解备忘录》。

2022 年 3 月 7 日　生态环境部发布《关于进一步加强重金属污染防控的意见》。

2022 年 3 月 15 日　生态环境部发布《关于做好 2022 年企业温室气体排放报告管理相关重点工作的通知》。

2022 年 3 月 29 日　国家发展改革委联合相关部门发布《关于推进共建"一带一路"绿色发展的意见》。

2022 年 4 月 6 日　生态环境部发布《尾矿污染环境防治管理办法》。该

247

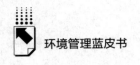

办法自 2022 年 7 月 1 日起施行。

2022 年 4 月 24 日　生态环境部联合相关部门确定并发布"十四五"时期开展"无废城市"建设的城市名单。

2022 年 5 月 23 日　生态环境部制定《尾矿库污染隐患排查治理工作指南（试行）》。

2022 年 5 月 24 日　国务院办公厅《关于印发新污染物治理行动方案的通知》。

2022 年 5 月 24 日　生态环境部制定《地下水污染可渗透反应格栅技术指南（试行）》《地下水污染地球物理探测技术指南（试行）》《污染地下水抽出—处理技术指南（试行）》《地下水污染同位素源解析技术指南（试行）》。

2022 年 5 月 27 日　中华人民共和国生态环境部与基里巴斯共和国总统办公室共同签署《中华人民共和国生态环境部与基里巴斯共和国总统办公室关于应对气候变化南南合作物资援助项目第一期执行协议—户用光伏发电系统子项目》。

2022 年 5 月 31 日　生态环境部发布《废塑料污染控制技术规范》（HJ 364—2022）。该技术规范自 2022 年 5 月 31 日起实施。

2022 年 6 月 7 日　生态环境部联合相关部门印发《国家适应气候变化战略 2035》。

2022 年 6 月 10 日　生态环境部联合相关部门印发《减污降碳协同增效实施方案》。

2022 年 6 月 11 日　生态环境部、国家发展改革委、自然资源部、水利部四部门联合印发《黄河流域生态环境保护规划》。

2022 年 6 月 21 日　生态环境部发布国家生态环境标准《危险废物管理计划和管理台账制定技术导则》（HJ 1259—2022），该标准自 2022 年 10 月 1 日起实施。

2022 年 7 月 8 日　生态环境部制定《建设用地土壤污染状况初步调查监督检查工作指南（试行）》《建设用地土壤污染状况调查质量控制技术规

定（试行）》。

2022 年 7 月 7 日 生态环境部联合相关部门《关于印发〈工业领域碳达峰实施方案〉的通知》。

2022 年 7 月 7 日 生态环境部发布国家生态环境标准《报废机动车拆解企业污染控制技术规范》（HJ 348-2022），该标准自 2022 年 10 月 1 日起实施。

2022 年 8 月 5 日 生态环境部联合相关部门印发《黄河生态保护治理攻坚战行动方案》。

2022 年 8 月 31 日 生态环境部联合相关部门印发《深入打好长江保护修复攻坚战行动方案》。

2022 年 11 月 4 日 新污染物治理部际协调小组第一次会议在京召开，会议审议通过了《新污染物治理部际协调小组工作规则》及《〈新污染物治理行动方案〉重点任务部门分工方案及双年滚动工作计划（2022—2023 年）》。

2022 年 11 月 10 日 生态环境部联合相关部门印发关于《深入打好重污染天气消除、臭氧污染防治和柴油货车污染治理攻坚战行动方案》的通知。

2022 年 11 月 28 日 生态环境部 2022 年第五次部务会议审议通过《重点管控新污染物清单（2023 年版）》，自 2023 年 3 月 1 日起施行。

2022 年 12 月 6 日 生态环境部组织编制《炼焦化学工业企业土壤污染隐患排查技术指南》。

2022 年 12 月 19 日 生态环境部制定《企业温室气体排放核算与报告指南 发电设施》《企业温室气体排放核查技术指南 发电设施》，指南自 2023 年 1 月 1 日起施行。

2022 年 12 月 16 日 生态环境部联合水利部印发《关于贯彻落实〈国务院办公厅关于加强入河入海排污口监督管理工作的实施意见〉的通知》。

2022 年 12 月 21 日 生态环境部组织制定《建设用地土壤污染修复目标值制定指南（试行）》。

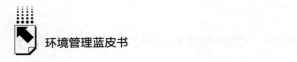

2022 年 12 月 28 日　生态环境部联合交通运输部发布《关于推进原油成品油码头和油船挥发性有机物治理工作的通知》。

2022 年 12 月 30 日　生态环境部批准《危险废物识别标志设置技术规范》（HJ 1276—2022）为国家生态环境标准，该标准自 2023 年 7 月 1 日起实施。

2023 年 1 月 13 日　生态环境部联合海关总署发布《进口货物的固体废物属性鉴别程序》，该程序自 2023 年 1 月 16 日起实施。

2023 年 1 月 16 日　国家疾病预防控制局、住房和城乡建设部、生态环境部联合制定《关于当前新冠病毒感染者居家期间生活垃圾收集处理的指引》。

2023 年 1 月 20 日　生态环境部与国家市场监督管理总局联合发布《环境保护图形标志—固体废物贮存（处置）场》（GB 15562.2—1995）修改单，该修改单自 2023 年 7 月 1 日起实施。

2023 年 2 月 9 日　工业和信息化部发布《2022 年度绿色制造名单公示》。

2023 年 3 月 20 日　生态环境部联合相关部门发布《关于公布 2022 年区域再生水循环利用试点城市名单的通知》。

2023 年 4 月 21 日　生态环境部联合相关部门印发《重点流域水生态环境保护规划》。

2023 年 4 月 26 日　十四届全国人大常委会第二次会议表决通过《中华人民共和国青藏高原生态保护法》，该法自 2023 年 9 月 1 日起施行。

2023 年 5 月 18 日　生态环境部和中国科学院联合更新了《中国生物多样性红色名录—脊椎动物卷（2020）》和《中国生物多样性红色名录—高等植物卷（2020）》。

2023 年 5 月 19 日　住房和城乡建设部发布关于公布 2023 年"生活垃圾分类宣传教育基地"名单的通知。

2023 年 5 月 29 日　最高检联合公安部、生态环境部发布 7 件依法严惩危险废物环境犯罪典型案例。

2023 年 6 月 5 日　生态环境部联合相关部门印发《长江流域水生态考核指标评分细则（试行）》。

2023 年 6 月 7 日 生态环境部发布的《电子工业水污染防治可行技术指南》（HJ1298—2023）正式实施。

2023 年 6 月 12 日 生态环境部、工业和信息化部共同制定《中国消耗臭氧层物质替代品推荐名录》。

2023 年 8 月 1 日 生态环境部制定《水质 丙烯酸的测定 离子色谱法》（HJ 1288—2023）。该标准规定了测定地表水、地下水、生活污水和工业废水中丙烯酸的离子色谱法。

2023 年 8 月 1 日 生态环境部制定《环境空气 65 种挥发性有机物的测定 罐采样/气相色谱-质谱法》（HJ 759—2023 代替 HJ 759—2015）。

2023 年 8 月 1 日 生态环境部制定《土壤和沉积物 15 种酮类和 6 种醚类化合物的测定 顶空/气相色谱-质谱法》（HJ 1289—2023）、《土壤和沉积物 毒杀芬的测定 气相色谱-三重四极杆质谱法》（HJ 1290—2023）。

2023 年 8 月 4 日 生态环境部批准《排污许可证申请与核发技术规范 工业噪声》（HJ 1301—2023）为国家生态环境标准，该标准自 2023 年 10 月 1 日起实施。

2023 年 8 月 11 日 生态环境部印发《关于加强汛期饮用水水源环境监管工作的通知》。

2023 年 8 月 18 日 生态环境部联合相关部门印发《关于深化气候适应型城市建设试点的通知》。

2023 年 8 月 22 日 生态环境部印发《关于加强地方生态环境部门突发环境事件应急能力建设的指导意见》。

2023 年 8 月 25 日 生态环境部批准《氮肥工业污染防治可行技术指南》（HJ 1302—2023）、《调味品、发酵制品制造工业污染防治可行技术指南》（HJ 1303—2023）、《制革工业污染防治可行技术指南》（HJ 1304—2023）、《制药工业污染防治可行技术指南 原料药（发酵类、化学合成类、提取类）和制剂类》（HJ 1305—2023）、《电镀污染防治可行技术指南》（HJ 1306—2023）5 项标准为国家生态环境标准，标准自 2023 年 11 月 1 日起实施。

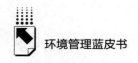

2023 年 8 月 30 日　生态环境部印发《关于进一步做好黑臭水体整治环境保护工作的通知》。

2023 年 8 月 31 日　生态环境部印发《入河入海排污口监督管理技术指南　整治总则》和《入河入海排污口监督管理技术指南　入河排污口规范化建设》2 项标准。

2023 年 8 月 31 日　生态环境部会同水利部、自然资源部组织制定《关于印发〈地下水污染防治重点区划定技术指南（试行）〉的通知》。

2023 年 9 月 19 日　生态环境部发布《关于进一步优化环境影响评价工作的意见》。

2023 年 9 月 22 日　住房和城乡建设部发布行业标准《生活垃圾渗沥液处理技术标准》（CJJ/T150—2023）、《生活垃圾转运站运行维护技术标准》为行业标准（CJJ/T109—2023），标准均自 2024 年 1 月 1 日起实施。

2023 年 9 月 29 日　生态环境部发布《关于开展工业噪声排污许可管理工作的通知》。

2023 年 10 月 13 日　生态环境部制定《国家生态环境监测标准预研究工作细则（试行）》。

2023 年 10 月 14 日　生态环境部发布《关于确定 2023 年国家环境健康管理试点名单的通知》，确定天津市中新天津生态城等 20 个地区（单位）为国家环境健康管理试点地区（单位），试点时限自 2024 年 1 月至 2026 年12 月。

2023 年 10 月 19 日　生态环境部联合市场监管总局发布《温室气体自愿减排交易管理办法（试行）》。

2023 年 10 月 23 日　生态环境部批准国家生态环境标准《入河入海排污口监督管理技术指南　名词术语》（HJ 1310—2023），该标准自 2023 年11 月 1 日起实施。

2023 年 10 月 23 日　生态环境部组织制定《地下水环境背景值统计表征技术指南（试行）》。

2023 年 10 月 24 日　生态环境部制定《温室气体自愿减排项目方法学

造林碳汇（CCER-14-001-V01）》《温室气体自愿减排项目方法学　并网光热发电（CCER-01-001-V01）》《温室气体自愿减排项目方法学　并网海上风力发电（CCER-01-002-V01）》《温室气体自愿减排项目方法学　红树林营造（CCER-14-002-V01）》4项方法学。

2023 年 10 月 26 日　生态环境部发布《入河入海排污口监督管理技术指南　排污口分类》《入河入海排污口监督管理技术指南　溯源总则》《入河入海排污口监督管理技术指南　信息采集与交换》3 项国家生态环境标准，标准自 2023 年 11 月 1 日起实施。

2023 年 10 月 27 日　生态环境部编制《中国应对气候变化的政策与行动 2023 年度报告》。

2023 年 10 月 30 日　联合国环境规划署将联合国环保领域最高荣誉"地球卫士奖"奖项授予中国海洋塑料废弃物治理新模式"蓝色循环"。

2023 年 11 月 2 日　生态环境部组织制定《地下水生态环境监管系统数据编码及目录要求（试行）》。

2023 年 11 月 4 日　生态环境部组织发布《2024 年度氢氟碳化物配额总量设定与分配方案》。

2023 年 11 月 6 日　生态环境部发布《关于进一步加强危险废物规范化环境管理有关工作的通知》。

2023 年 11 月 6 日　生态环境部发布《关于继续开展小微企业危险废物收集试点工作的通知》，试点时间延长至 2025 年 12 月 31 日。

2023 年 11 月 7 日　生态环境部联合相关部门印发《甲烷排放控制行动方案》。

2023 年 11 月 8 日　工业和信息化部发布《2023 年度绿色制造名单公示》。

2023 年 11 月 15 日　中美双方发表《关于加强合作应对气候危机的阳光之乡声明》。

2023 年 11 月 23 日　生态环境部发布《关于开展优化废铅蓄电池跨省转移管理试点工作的通知》，试点时间从 2023 年 11 月 27 日起至 2025 年 12

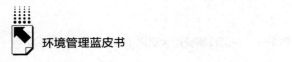

月 31 日结束。

    2023 年 11 月 14 日　国家发展改革委、住房和城乡建设部、生态环境部、财政部、中国人民银行等部门印发《关于加强县级地区生活垃圾焚烧处理设施建设的指导意见》（发改环资〔2022〕1746 号）。

    2023 年 12 月 5 日　生态环境部发布《关于印发集成电路制造、锂离子电池及相关电池材料制造、电解铝、水泥制造四个行业建设项目环境影响评价文件审批原则的通知》。

    2023 年 12 月 15 日　生态环境部发布《关于促进土壤污染风险管控和绿色低碳修复的指导意见》。

    2023 年 12 月 22 日　生态环境部、国家发展和改革委员会、中国人民银行、国家金融监督管理总局等部门发布《关于印发〈生态环境导向的开发（EOD）项目实施导则（试行）〉的通知》。

附录二
中国化学品和废物环境管理大事记
（2019~2023）

2019 年 10 月 16 日　生态环境部发布《关于提升危险废物环境监管能力、利用处置能力和环境风险防范能力的指导意见》。

2019 年 10 月 18 日　国家市场监督管理总局、国家标准化管理委员会发布《生活垃圾分类标志》，该标准自 2019 年 12 月 1 日起实施。

2019 年 10 月 19 日　住房和城乡建设部发布《关于建立健全农村生活垃圾收集、转运和处置体系的指导意见》。

2019 年 11 月 7 日　生态环境部发布《危险废物鉴别标准通则》（GB 5085.7—2019），该标准自 2020 年 1 月 1 日起实施。

2019 年 11 月 12 日　生态环境部发布《危险废物鉴别技术规范》（HJ 298—2019），该标准自 2020 年 1 月 1 日起实施。

2019 年 11 月 21 日　生态环境部发布《生活垃圾焚烧发电厂自动检测数据应用管理规定》。

2019 年 11 月 26 日　生态环境部发布《生活垃圾焚烧发电厂自动检测数据标记规则》。

2019 年 12 月 26 日　应急管理部发布《危险化学品企业生产安全事故应急准备指南》。

2019 年 12 月 30 日　生态环境部发布《中国严格限制的有毒化学品名录》（2020 年）。

2020 年 1 月 14 日　生态环境部发布《固体废物再生利用污染防治技术

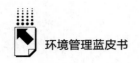

导则》（HJ 1091—2020）。

2020 年 1 月 16 日　国家发展改革委、生态环境部联合发布《关于进一步加强塑料污染治理的意见》。

2020 年 1 月 16 日　农业农村部印发《关于肥料包装废弃物回收处理的指导意见》。

2020 年 1 月 28 日　生态环境部印发《新型冠状病毒感染的肺炎疫情医疗废物应急处置管理与技术指南（试行）》，指导各地及时、有序、高效、无害化处置新冠疫情医疗废物，规范新冠疫情医疗废物应急处置的管理与技术要求。

2020 年 2 月 24 日　国家卫生健康委、生态环境部、国家发展改革委、工业和信息化部、公安部、国家市场监督管理总局和国家医保局等 10 个部门联合印发《医疗机构废弃物综合治理工作方案》。

2020 年 2 月 26 日　中共中央办公厅、国务院办公厅印发《关于全面加强危险化学品安全生产工作的意见》。

2020 年 3 月 26 日　生态环境部发布国家环境保护标准《废铅蓄电池处理污染控制技术规范》（HJ 519—2020）的公告。

2020 年 4 月 24 日　农业农村部第 7 次部常务会议通过《农用薄膜管理办法》，自 2020 年 9 月 1 日起施行。

2020 年 4 月 29 日　习近平总书记发布中华人民共和国主席令（第四十三号），公布中华人民共和国第十三届全国人民代表大会常务委员会第十七次会议修订通过的《中华人民共和国固体废物污染环境防治法》，自 2020 年 9 月 1 日施行。

2020 年 4 月 30 日　国家发展改革委、国家卫生健康委和生态环境部联合印发《医疗废物集中处置设施能力建设实施方案》。

2020 年 5 月 8 日　住房和城乡建设部发布《关于推进建筑垃圾减量化的指导意见》。

2020 年 5 月 14 日　国家发展改革委、工业和信息化部、财政部、生态环境部、住房和城乡建设部、商务部、国家市场监督管理总局发布《关于完善废旧家电回收处理体系推动家电更新消费的实施方案》。

2020 年 5 月 17 日 生态环境部发布《关于宣传贯彻〈中华人民共和国固体废物污染环境防治法〉的通知》。

2020 年 5 月 20 日 生态环境部发布《废铅蓄电池危险废物经营单位审查和许可指南（试行）》。

2020 年 7 月 10 日 国家发展改革委、生态环境部、工业和信息化部、住房和城乡建设部、农业农村部、商务部、文化和旅游部、国家市场监督管理总局、中华全国供销合作总社九部门发布《关于扎实推进塑料污染治理工作的通知》。

2020 年 7 月 31 日 国家发展改革委、住房和城乡建设部、生态环境部三部门联合印发《城镇生活垃圾分类和处理设施补短板强弱项实施方案》。

2020 年 8 月 27 日 生态环境部发布国家环境保护标准《生活垃圾焚烧飞灰污染控制技术规范（试行）》（HJ 1134—2020）和《农药包装废弃物回收处理管理办法》，自 10 月 1 日起施行。

2020 年 10 月 24 日 应急管理部发布《关于印发〈淘汰落后危险化学品安全生产工艺技术设备目录（第一批）〉的通知》。

2020 年 10 月 30 日 生态环境部会同工业和信息化部、国家卫生健康委发布《优先控制化学品名录（第二批）》。

2020 年 10 月 31 日 应急管理部发布《关于印发〈危险化学品企业安全分类整治目录（2020 年）〉的通知》。

2020 年 11 月 25 日 生态环境部、商务部、国家发展改革委和海关总署联合发布《关于全面禁止进口固体废物有关事项的公告》。

2020 年 11 月 25 日 生态环境部、国家发展改革委、公安部、交通运输部、国家卫生健康委员会联合公布《国家危险废物名录（2021 年版）》，自 2021 年 1 月 1 日施行。

2020 年 11 月 27 日 商务部发布《商务领域一次性塑料制品使用、回收报告办法（试行）》。

2020 年 11 月 30 日 国务院办公厅转发国家发展改革委等部门《关于

加快推进快递包装绿色转型意见的通知》。

2020 年 11 月 27 日　住房和城乡建设部、生态环境部等 11 个部门和单位印发《关于进一步推进生活垃圾分类工作的若干意见》。

2020 年 12 月 8 日　生态环境部发布《一般工业固体废物贮存和填埋污染控制标准》（GB 18599—2020）、《危险废物焚烧污染控制标准》（GB 18484—2020）、《医疗废物处理处置污染控制标准》（GB 39707—2020）。

2020 年 12 月 28 日　生态环境部发布《关于废止进口可用作原料的固体废物环境保护控制标准—冶炼渣》等 11 项国家固体废物污染防治标准的公告。

2020 年 12 月 11 日　交通运输部发布《关于开展危险化学品道路运输安全集中整治工作的通知》。

2020 年 12 月 29 日　生态环境部发布《关于推进危险废物环境管理信息化有关工作的通知》。

2021 年 1 月 14 日　生态环境部发布《关于废止固体废物进口相关规章和规范性文件的决定》。

2021 年 1 月 25 日　生态环境部发布 2020 年《国家先进污染防治技术目录（固体废物和土壤污染防治领域）》。

2021 年 3 月 11 日　十三届全国人大四次会议表决通过了关于《国民经济和社会发展第十四个五年规划和 2035 年远景目标纲要》的决议。

2021 年 3 月 18 日　国家发展改革委、科技部、工业和信息化部、自然资源部等 10 部门联合发布《关于"十四五"大宗固体废弃物综合利用的指导意见》。

2021 年 4 月 9 日　住房和城乡建设部发布《农村生活垃圾收运和处理技术标准》（GB/T 51435-2021）。

2021 年 4 月 21 日　生态环境部固体废物与化学品管理技术中心发布《固体废物信息化管理通则》。

2021 年 5 月 6 日　国家发展改革委、住房和城乡建设部印发《"十四五"城镇生活垃圾分类和处理设施发展规划》。

2021 年 5 月 11 日　国务院办公厅发布《强化危险废物监管和利用处置能力改革实施方案》。

2021 年 5 月 30 日　国家发展改革委办公厅发布《关于开展大宗固体废弃物综合利用示范的通知》。

2021 年 6 月 4 日　住房和城乡建设部发布《废弃电器电子产品处理工程项目规范（征求意见稿）》。

2021 年 6 月 6 日　国家发展改革委、住房和城乡建设部印发《"十四五"城镇污水处理及资源化利用发展规划》。

2021 年 7 月 1 日　国家发展改革委印发《"十四五"循环经济发展规划》。

2021 年 7 月 26~30 日　《巴塞尔公约》缔约方大会第十五次会议、《鹿特丹公约》缔约方大会第十次会议和《斯德哥尔摩公约》缔约方大会第十次会议线上会议部分举行，会议主题为"健康地球的全球协定：化学品和废物健全管理"，共有 160 多个缔约方、1300 多人在线参会。

2021 年 7 月 27 日　国家发展改革委、工业和信息化部、生态环境部发布《关于鼓励家电生产企业开展回收目标责任制行动的通知》。

2021 年 7 月 30 日　工业和信息化部公开征求对《限期淘汰产生严重污染环境的工业固体废物的落后生产工艺设备名录（征求意见稿）》的意见。

2021 年 8 月 9 日　生态环境部发布国家生态环境标准《废锂离子动力蓄电池处理污染控制技术规范（试行）》。

2021 年 8 月 19 日　工业和信息化部、科技部、生态环境部、商务部和国家市场监督管理总局印发《新能源汽车动力蓄电池梯次利用管理办法》。

2021 年 9 月 1 日　生态环境部印发《"十四五"全国危险废物规范化环境管理评估工作方案》。

2021 年 9 月 7 日　生态环境部发布《关于加强危险废物鉴别工作的通知》。

2021 年 9 月 8 日　国家发展改革委、生态环境部联合印发《"十四五"塑料污染治理行动方案》。

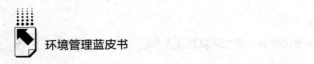

2021 年 9 月 18 日 生态环境部召开部务会议，审议并原则通过《危险废物转移管理办法》。

2021 年 9 月 26 日 国家市场监督管理总局发布国家标准《车用动力电池回收利用　梯次利用》。

2021 年 9 月 28 日 生态环境部发布《危险废物排除管理清单（2021 年版）》（征求意见稿）。

2021 年 9 月 29 日 生态环境部发布关于公开征求《危险废物贮存污染控制标准（二次征求意见稿）》《危险废物识别标志技术规范（征求意见稿）》《危险废物产生单位环境管理计划和台账制定技术规范（征求意见稿）》《废脱硝催化剂再生污染控制技术规范（征求意见稿）》4 项标准意见的通知。

2021 年 10 月 8 日 《中共中央　国务院黄河流域生态保护和高质量发展规划纲要》发布。

2021 年 11 月 7 日 《中共中央　国务院关于深入打好污染防治攻坚战的意见》发布。

2021 年 11 月 11 日 生态环境部发布《关于公开征求〈一般工业固体废物管理台账制定指南（试行）（征求意见稿）〉的函》。

2021 年 11 月 12 日 生态环境部发布《关于公开征求国家生态环境标准〈报废机动车拆解污染控制技术规范（征求意见稿）〉意见的通知》。

2021 年 11 月 30 日 生态环境部发布《关于开展小微企业危险废物收集试点的通知（征求意见稿）》。

2021 年 12 月 3 日 生态环境部发布《危险废物排除管理清单（2021 年版）》。

2021 年 12 月 15 日 国家发改委、工业和信息化部、财政部和生态环境部等 18 个部门和单位联合制定《"十四五"时期"无废城市"建设工作方案》。

2021 年 12 月 22 日 生态环境部组织制定《危险废物环境管理指南　陆上石油天然气开采》《危险废物环境管理指南　铅锌冶炼》《危险废物环

境管理指南 铜冶炼》《危险废物环境管理指南 炼焦》《危险废物环境管理指南 化工废盐》《危险废物环境管理指南 危险废物焚烧处置》《危险废物环境管理指南 钢压延加工》7 项危险废物环境管理指南。

2021 年 12 月 22 日 生态环境部发布了《开展工业固体废物排污许可管理工作》。

2021 年 12 月 27 日 国家发改委印发了《开展大宗固体废弃物综合利用示范》。

2021 年 12 月 30 日 生态环境部发布了《推荐"十四五"时期"无废城市"建设候选城市》。

2021 年 12 月 31 日 生态环境部发布了《一般工业固体废物管理台账制定指南（试行）》。

2022 年 1 月 17 日 生态环境部发布《关于进一步推进危险废物环境管理信息化有关工作的通知（征求意见稿）》。

2022 年 1 月 17 日 国家发展改革委、商务部、工业和信息化部等七部门联合提出了《关于加快废旧物资循环利用体系建设的指导意见》。

2022 年 1 月 19 日 国家发展改革委、商务部、工业和信息化部等七个部门发布了关于《组织开展废旧物资循环利用体系示范城市建设》的通知。

2022 年 1 月 27 日 工业和信息化部与国家发展改革委等八部门印发了《关于〈印发加快推动工业资源综合利用实施方案〉的通知》。

2022 年 2 月 15 日 住房和城乡建设部办公厅发布了《关于依法推动生活垃圾分类工作的通知》。

2022 年 2 月 23 日 生态环境部发布关于《开展小微企业危险废物收集试点》的通知，在全国范围组织开展小微企业危险废物收集试点工作。

2022 年 2 月 28 日 生态环境部发布关于公开征求国家标准《生活垃圾填埋场污染控制标准（征求意见稿）》的通知。

2022 年 3 月 31 日 国家发展改革委、商务部与工业和信息化部发布《关于加快推进废旧纺织品循环利用的实施意见》。

2022 年 4 月 24 日 生态环境部同国家发改委等有关部门，确定了"十

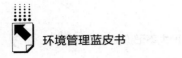

四五"时期开展"无废城市"建设的城市名单。

2022 年 5 月 24 日　国务院办公厅印发《新污染物治理行动方案》。

2022 年 5 月 26 日　住房和城乡建设部等六部门发布《关于进一步加强农村生活垃圾收运处置体系建设管理的通知》。

2022 年 6 月 17 日　生态环境部发布《关于进一步推进危险废物环境管理信息化有关工作的通知》。

2022 年 6 月 21 日　生态环境部批准《危险废物管理计划和管理台账制定技术导则》（HJ 1259—2022）为国家生态环境标准，并予发布。

2022 年 6 月 24 日　生态环境部发布关于征求《固体废物分类目录（征求意见稿）》意见的函以及《进口货物的固体废物属性鉴别程序（征求意见稿）》意见。

2022 年 7 月 7 日　生态环境部发布《报废机动车拆解企业污染控制技术规范》（HJ 348—2022），标准自 2022 年 10 月 1 日起实施。

2022 年 7 月 19 日　国家发展改革委、商务部、工业和信息化部等七部门发布了废旧物资循环利用体系建设重点城市名单。

2022 年 8 月 5 日　生态环境部等十二个部门和单位印发了关于《黄河生态保护治理攻坚战行动方案》的通知。

2022 年 8 月 18 日　生态环境部发布了《关于公开征求国家生态环境标准〈生活垃圾焚烧发电厂现场监督检查技术指南（征求意见稿）〉意见的通知》。

2022 年 9 月 2 日　国务院发布了关于《支持山东深化新旧动能转换推动绿色低碳高质量发展的意见》。

2022 年 9 月 6 日　财政部发布《推动黄河流域生态保护和高质量发展的财税支持方案》。

2022 年 9 月 21 日　生态环境部与国家市场监督管理总局联合发布《低水平放射性废物包特性鉴定—水泥固化体》，标准自 2023 年 1 月 1 日起实施。

2022 年 9 月 22 日　国家发展改革委、住房和城乡建设部与生态环境部联合印发《污泥无害化处理和资源化利用实施方案》。

　　2022 年 11 月 2 日　生态环境部发布了《关于公开征求国家生态环境标准〈《危险废物焚烧污染控制标准》执法指南（征求意见稿）〉意见的通知》。

　　2022 年 11 月 3 日　生态环境部发布了《关于公开征求国家标准〈低、中水平放射性固体废物岩洞处置安全规定（征求意见稿）〉意见的通知》。

　　2022 年 11 月 14 日　国家发改委、生态环境部和财政部等五个部门及单位提出了《关于〈加强县级地区生活垃圾焚烧处理设施建设〉的指导意见》。

　　2022 年 11 月 28 日　生态环境部发布《快递包装废物污染控制技术指南》和《生物质废物堆肥污染控制技术规范》。

　　2022 年 11 月 29 日　生态环境部、工业和信息化部、农业农村部、商务部、海关总署和国家市场监督管理总局发布《重点管控新污染物清单（2023 年版）》，自 2023 年 3 月 1 日起施行。

　　2022 年 12 月 5 日　生态环境部发布了关于增补《中国现有化学物质名录》（2022 年第 2 批　总第 8 批）的公告以及关于已登记新化学物质列入《中国现有化学物质名录》（2022 年第 2 批　总第 10 批）的公告。

　　2022 年 12 月 6 日　国家发展改革委与住房和城乡建设部发布了《关于加快补齐县级地区生活垃圾焚烧处理设施短板弱项的实施方案的通知》。

　　2022 年 12 月 29 日　国家发展改革委办公厅发布《关于做好推进有效投资重要项目中废旧设备规范回收利用工作的通知》。

　　2022 年 12 月 30 日　生态环境部发布《危险废物识别标志设置技术规范》，该标准自 2023 年 7 月 1 日起实施。

　　2023 年 1 月 16 日　生态环境部发布《进口货物的固体废物属性鉴别程序》。

　　2023 年 1 月 18 日　生态环境部办公厅发布《关于推荐先进固体废物和土壤污染防治技术的通知》。

　　2023 年 2 月 3 日　生态环境部与国家市场监督管理总局联合发布《危

险废物贮存污染控制标准》，该标准自 2023 年 7 月 1 日起实施。

2023 年 2 月 9 日　国家核安全局发布了《核安全导则〈医疗、工业、农业、研究和教学中产生的放射性废物管理〉的通知》，规范医疗、工业、农业、研究和教学中产生的放射性废物的处置前管理。

2023 年 2 月 20 日　国家发展改革委、工业和信息化部、财政部等九部门和单位联合发布《关于统筹节能降碳和回收利用加快重点领域产品设备更新改造的指导意见》。

2023 年 3 月 10 日　生态环境部联合国家市场监督管理总局发布《放射性固体废物近地表处置场辐射环境监测要求》。

2023 年 5 月 8 日　生态环境部和发展改革委发布《危险废物重大工程建设总体实施方案（2023—2025 年）》。

2023 年 6 月 7 日　生态环境部发布《关于公开征求〈关于进一步加强危险废物规范化环境管理有关工作的通知（征求意见稿）〉意见的通知》。

2023 年 7 月 21 日　国家发展改革委、国家能源局、工业和信息化部、生态环境部、商务部和国务院国资委发布《关于促进退役风电、光伏设备循环利用的指导意见》。

2023 年 8 月 25 日　生态环境部发布《关于公开征求〈关于开展废铅蓄电池跨省转移审批"白名单"试点工作的通知（征求意见稿）〉意见的通知》。

2023 年 8 月 25 日　生态环境部组织编制《关于继续开展小微企业危险废物收集试点工作的通知（征求意见稿）》，要求各级生态环境部门强化对小微企业危险废物收集试点单位的环境监督管理，将其纳入危险废物环境重点监管单位，并作为危险废物规范化环境管理评估重点。

2023 年 8 月 30 日　生态环境部发布《生活垃圾焚烧发电厂现场监督检查技术指南》，该标准自 2023 年 9 月 30 日起实施。

2023 年 10 月 12 日　国家发展改革委、工业和信息化部、财政部及国家林草局发布《加快"以竹代塑"发展三年行动计划》。

2023 年 10 月 16 日　生态环境部、商务部和环境总署发布《中国严格限制的有毒化学品名录》（2023 年）。

2023 年 11 月 7 日　生态环境部发布《关于〈进一步加强危险废物规范化环境管理有关工作〉的通知》。

2023 年 11 月 13 日　生态环境部办公厅发布《关于继续开展小微企业危险废物收集试点工作的通知》，健全完善危险废物收集单位管理制度，有效解决危险废物收集处理问题。

2023 年 12 月 15 日　国家发展改革委、国家邮政局、工业和信息化部、财政部、住房城乡建设部、商务部、国家市场监管总局和最高人民检察院印发《深入推进快递包装绿色转型行动方案》。

2023 年 12 月 18 日　生态环境部发布《关于增补〈中国现有化学物质名录〉（2023 年第 2 批　总第 10 批）的公告》和《关于已登记新化学物质列入〈中国现有化学物质名录〉（2023 年第 2 批　总第 12 批）的公告》。

附录三
国际化学品和废物环境管理大事记
（2019~2023）

2019 年 5 月 10 日　《巴塞尔公约》缔约方会议第 14 次会议通过塑料废物修正案，并于 2021 年 1 月 1 日起生效。

2019 年 9 月 6 日　美国第 116 届国会提出了《国家公园减少废物法》（Reducing Waste in National Parks Act）。2020 年 2 月 27 日，众议院举行小组委员会听证会。2021 年 10 月 8 日，可持续能源与环境联盟（SEEC）副主席、美国众议员迈克·奎格利再次介绍此法案。

2019 年 11 月 5 日　《巴塞尔公约》附件审查专家工作组第 3 次会议在斯洛伐克举行，24 个缔约方代表和 24 位观察员参加了会议。

2019 年 12 月 5 日　《巴塞尔公约》禁运修正案正式对 97 个缔约方生效，禁止附件七国家（属于经济合作和发展组织、欧共体成员的缔约方和其他国家，列支敦士登）向非附件七国家出口危险废物。

2020 年 1 月 30 日　加拿大环境与气候变化部和卫生部发布《加拿大塑料污染科学评估草案》，揭示了加拿大塑料污染问题。

2020 年 3 月 1 日　美国纽约州《减少塑料袋浪费法案》生效。

2020 年 4 月 9 日　美国东北地区资源回收委员会（NERC）和东北地区废物管理官员协会（NEWMOA）发布包装和纸制品的生产者延伸责任白皮书。

2021 年 1 月 1 日　《巴塞尔公约》塑料废物修正案正式生效，将不可回收和受污染、混合的塑料废物列入公约受控范围，以切实管控塑料废物非法越境转移。

2021 年 1 月 1 日　美国华盛顿州《禁止在该州使用一次性塑料袋法案》生效。

2021 年 5 月　加拿大政府修订《加拿大环境保护法》，在附表 1 有毒有害物质清单中添加"塑料制品"，该法修订已生效。

2021 年 10 月 15 日　格林纳达批准《控制危险废物越境转移及其处置巴塞尔公约》，成为第 189 个缔约国。公约于 2022 年 1 月 13 日对格林纳达生效。

2021 年 10 月 20 日　欧盟委员会修订了关于欧洲议会和理事会条例附件Ⅲ和ⅢA 中列出的某些废物的出口方面的内容。

2021 年 11 月 15 日　美国环境保护局发布其 2030 年国家回收战略。

2021 年 12 月 13 日　《巴塞尔公约》"塑料废物环境无害化管理技术导则"修订小型闭会期间工作组（SIWG）第 2 次会议召开。

2022 年 1 月 25 日　美国众议院发布《2022 年美国创造制造业机会、技术领先地位和经济实力法案》，包含一项禁止电子废物出口的条款。

2022 年 3 月 2 日　第五届联合国环境大会（UNEA-5）正式落幕。

2022 年 3 月 10 日　欧盟确定了《欧盟电池与废电池法规》（简称《新电池法》）的理事会立场，并于 3 月 17 日通过《新电池法》的"总体思路"，拟对此前《电池指令》进一步完善，实施方式由"指令"变为"法规"，以确保投放欧盟市场的电池在整个生命周期中的可持续性及安全性。

2022 年 6 月 15 日　《巴塞尔公约》缔约方会议第 15 次会议续会通过《电子废物修正案》。修正案将于 2025 年 1 月 1 日起生效，在法律上约束巴塞尔公约缔约方严格控制电子废物的越境转移，并确保其环境无害管理。

2022 年 8 月 25 日　所罗门群岛加入《控制危险废物越境转移及其处置巴塞尔公约》，成为第 190 个缔约方。公约于 2022 年 11 月 23 日对所罗门群岛生效。

2022 年 8 月 31 日　英国环境署发布《便携式和工业电池分类指南》，在《2008 年电池和蓄电池（投放市场）条例》和《2009 年英国废电池和蓄电池条例》下解释了不同类型电池的定义以及如何分类，澄清了汽车电池、

工业电池、便携式电池、电池组、密封电池的定义，并添加了更多示例。

2022 年 10 月 6 日　英国环境署更新包装废弃物生产者责任指南，对内容和格式进行了调整，以便于使用。

2022 年 10 月 29 日　旨在制定一项具有法律约束力的塑料污染（包括海洋环境中的塑料污染）国际文书的政府间谈判委员会第一届会议（INC1）在乌拉圭埃斯特角城召开。

2022 年 11 月 23 日　巴塞尔公约塑料废物伙伴关系（PWP）工作组第三次会议在乌拉圭召开，同制定具有法律约束力的国际塑料污染文书的政府间谈判委员会第一届会议背靠背举行。

2022 年 12 月 1 日　欧洲议会环境、公共卫生和食品安全委员会（ENVI）投票赞成对欧盟废物运输程序和控制措施进行改革，明确禁止在欧盟范围内运输所有用于处置的废物，除非在有限且有充分理由的情况下获得授权。

2022 年 12 月 14 日　第 77 届联合国大会通过决议，宣布 3 月 30 日为"国际无废日"（International Day of Zero Waste），从 2023 年起每年举办纪念活动。

2022 年 12 月 20 日　加拿大联邦政府宣布禁止生产和进口一次性塑料制品。

2023 年 2 月 2 日　第五届联合国环境大会续会在肯尼亚首都内罗毕通过《终止塑料污染决议（草案）》。

2023 年 3 月 16 日　欧盟委员会发布《关键性原材料法案》，以解决欧盟关键性原材料供应可持续和安全问题，增强欧洲在精炼、加工和回收关键性原材料方面的能力。2023 年 9 月 14 日，《关键性原材料法案》在欧洲议会全体会议上进行投票，并赞成通过。

2023 年 4 月 20 日　美国众议院和参议院通过印第安纳州 SB 472 塑料回收法规。

2023 年 4 月 21 日　美国环境保护局发布了《防止塑料污染国家战略》的草案，并在 6 月 16 日之前公开征求意见。

2023 年 5 月 1 日　《巴塞尔公约》缔约方会议第 16 次会议、《鹿特丹公约》第十一次缔约方大会和《斯德哥尔摩公约》第 11 次会议在瑞士日内瓦召开。

2023 年 5 月 29 日　旨在制定一项具有法律约束力的塑料污染（包括海洋环境中的塑料污染）国际文书的政府间谈判委员会第 2 届会议（INC2）在位于法国巴黎的联合国教育、科学及文化组织（UNESCO）总部召开。

2023 年 6 月 26 日　《香港国际安全与无害环境拆船公约》正式获得批准，将于 2025 年 6 月 26 日生效。

2023 年 7 月 11 日　欧盟官方公报发布了欧盟第 10/2011 号条例《关于食品接触塑料和物品》的第 16 次修正案。

2023 年 7 月 31 日　韩国环境部和食品药品安全部出台关于可重复使用容器的生产、处理和清洁流程的《可重复使用容器洗涤和卫生标准指南》，并制定了促进可重复使用容器推广的政府支持计划的执行指南。

2023 年 8 月 11 日起　韩国环境部开始执行《废物管理法实施细则》的部分修正，修正中包含明确的法律依据以制裁废物焚烧设施中的过度焚烧行为。

2023 年 8 月 17 日　《欧盟电池和废电池法规》正式生效，规范了电池从设计、生产、使用和回收的整个生命周期。

2023 年 9 月 4 日　联合国公布《塑料公约零草案》（简称《零草案》）。《零草案》针对塑料全生命周期维度提出了 13 个关键的要素，其中包括关于塑料限产、问题塑料限制、制品设计、生产者责任延伸 EPR 制度、使用再生塑料、废物管理等方面。

2023 年 9 月 22 日　罗得岛州参议员和得克萨斯州国会议员重新提出有关减少塑料污染的《减少生态系统中未回收污染物奖励措施法案》。

2023 年 9 月 25 日　联合国环境署主办的第五届国际化学品管理会议（ICCM5）在德国波恩举行，会议通过了 2020 年后化学品和废物综合管理的新全球框架，包括《全球化学品框架——为了一个没有化学品和废物危害的星球》、《波恩宣言——为了一个没有化学品和废物危害的星球》、全球化

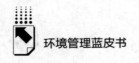

学品框架基金以及一系列以实施该框架为重点的其他大会决议。

2023 年 9 月 28 日 德国联邦议院决定了新的一次性塑料基金征税率，制造商和受益人的注册计划于 2024 年 1 月 1 日开始，制造商将从 2025 年开始首次缴纳该税。

2023 年 10 月 14 日 第六届国际电子垃圾日的主题为"'隐形'电子垃圾"。

2023 年 10 月 24 日 欧洲议会环境委员会（ENVI）通过了从原材料到最终处置的整个包装生命周期制定要求的《包装和包装废弃物法规》（PPWR）。

2023 年 11 月 2 日 由韩国环境部国立环境研究所和韩国环境分析学会合作举办的第六届国际微塑料研讨会在江陵召开，研讨会的主题为"微塑料管理趋势、分析、分布特征和危害性"。会议由来自美国、英国和德国等国家的 8 位专家就微塑料的最新研究趋势进行了演讲和讨论。

2023 年 11 月 7 日 日本环境署修订《统一海洋表面微塑料监测方法指南》，以提高海洋表面微塑料监测数据的可比性。

2023 年 11 月 13 日 关于塑料污染（包括海洋环境中的塑料污染）的政府间谈判委员会第 3 届会议（INC3）在联合国环境署总部肯尼亚内罗毕召开。

2023 年 12 月 13 日 韩国环境部宣布将通过立法培育废旧电池产业生态系统，并于 2024 年制定一项法案，系统培育电池使用后的再制造、重复使用和回收的产业生态系统。

Abstract

The Annual Report on Development of Environmental Management in China (2024), is compiled by Environmental Management Professional Committee, China Management Science Society. In terms of topic selection, this report combines the needs of China's ecological civilization construction. Under the background of accelerating the construction of ecological civilization system, comprehensively promoting green development, and improving the level of environmental governance, based on China's environmental management problems and practices, the report is committed to sharing advanced environmental management concepts and experience, and providing environmental management examples for environmental protection professionals from all aspects of life in China. Using research methods such as mathematical statistics, questionnaire investigation, field survey, document analysis, logical reasoning and so on, the report not only provides an overview of the overall management progress in China's environmental field, but also analyzes the domestic and international management progress in the field of solid waste and chemicals.

From 2022 to 2023, the ecological environment in China has significantly improved. China has adopted stricter governance measures in areas such as water, atmosphere, soil, solid waste, chemicals, heavy metals, noise, oceans, climate change, and biodiversity. At the same time, China is constantly introducing and updating environmental management policies, including carbon peaking, carbon neutrality, extended producer responsibility system, environmental protection supervision, and pollution discharge permits, as well as implementing important environmental management actions such as plastic pollution control, "zero-waste city" construction, new pollutant control, and pollution reduction and carbon

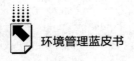

reduction.

In this report, the part of Environmental Management of Solid Waste, focuses on solid waste utilization and disposal, plastic pollution control, e-waste management, waste power battery management, bonded entry supervision system of typical used products, implications of the Annex to the Basel Convention, and so on. Through comparative analysis of relevant management measures at home and abroad, this part is aimed to explore new ideas for solid waste environmental management in China. The part of Environmental Management of Chemicals summarizes current situation and future prospect of chemical environmental management in China, and conducts analysis and outlook on the current management status of key issues such as endocrine-disrupting chemicals, current status of green chemical substance assessment technologies, microplastics pollution control policy. The part of Comprehensive Management mainly describes the trend of environmental management at the international level, analyzes the global environmental governance important meeting and the Basel Convention annex revision, the performance mechanism, focus on sustainable development, the old product bonded maintenace, finally put forward the specific countermeasures and suggestions to improve the performance mechanism of the international environmental conventions.

Keywords: Environmental Management; Solid Waste; Chemicals

Contents

Ⅰ General Report

Abstract: During the period of 2022-2023, China implemented stricter measures for environmental governance, achieving significant results in the process. The data of this report primarily comes from the Ministry of Ecology and Environment of the People's Republic of China (referred to as the Ministry of Ecology and Environment). The report comprehensively outlines the environmental conditions and governance effectiveness in China during this period, covering areas such as water bodies, atmosphere, soil, solid waste, chemicals, heavy metals, noise, oceans, climate change, and biodiversity. Additionally, the report delves into the progress of environmental management policies, climate change responses, peaking carbon emissions, achieving carbon neutrality, the extended producer responsibility system, environmental protection inspections, pollution discharge permits, and special environmental technology projects. Lastly, the report summarizes the important actions in China's environmental management from 2022 to 2023, including the control of plastic pollution, the construction of "zero-waste cities," the treatment of new pollutants, the reduction of pollution and carbon emissions, and the promotion of campaigns for blue skies, clear

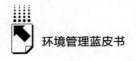
waters, and pristine soil.

Keywords: Environmental Management; Pollution Control; Environmental Improvement

II Environmental Management of Solid Waste

B.2 Status Quo and Progress Report of Environmental Management of Solid Waste in China (2022−2023)

Dong Qingyin, Zhu Simeng, Tan Quanyin and Li Jinhui ∕ 069

Abstract: In the process of promoting the construction of ecological civilization, the Communist Party of China attaches great importance to the control of environmental pollution of solid waste, puts it in a strategic priority position, and continues to increase efforts to promote the work. Such measures not only help reduce environmental pollution, but also help build a green and sustainable development environment. In recent years, China has constantly improved the laws and regulations related to solid waste treatment, through the establishment of environmental protection inspectors working mechanism, supervision of the implementation of solid waste pollution prevention and control, the focus of work on plastic pollution, domestic waste and other key areas, and achieved a lot of phased results. This report comprehensively summarizes the important measures to promote the control of solid waste pollution from 2022 to 2023, proposes the systematic construction of "zero − waste city", promotes the classification of domestic waste and the recycling of waste materials, and improves the concept of "zero−waste". Through the analysis of the information management of hazardous waste, medical waste and other solid waste treatment process, the status quo and progress of environmental management of solid waste in China in recent years are summarized.

Keywords: Solid Waste; Zero-waste City; Pollution Prevention

B.3　Comparison and Enlightenment of Solid Waste Utilization
and Disposal Management

Li Yingying，Zhao Nana and Li Jinhui ∕ 087

Abstract：Basel Convention on the Control of Transboundary Movements of Hazardous Wastes and Their Disposal has been revising Annex Ⅳ on Waste Utilization and Final Disposal since 2017，which has not made positive progress for five years. Annex Ⅳ defines the methods of waste management in the Basel Convention，and the diversification of waste management methods in various countries has led to a cautious and slow revision. There is also a lot of controversies in China regarding the distinction between "utilization" and "disposal" of solid waste. The different definitions and requirements of laws and regulations have a significant impact on daily management and law enforcement sentencing，also cause significant difficulties for ecological and environmental management departments and enterprises at all levels. This paper analyzes and compare the utilization and disposal methods of the Basel Convention，other major countries，and China，as well as explores and analyzes cases encountered in daily management and law enforcement. It is found that countries have slightly different understandings of "utilization" and "disposal"，Chinese laws and regulations also have different definitions and management requirements on "utilization" and "disposal" of solid waste. The research content is expected to provide reference for solid waste management in China.

Keywords：Solid Waste；Basel Convention；Control Standard

B.4　The Strategy and Key Points of E-waste Management in
China from the World Health Organization
E-waste Report

Tan Quanyin，Dong Qingyin and Li Jinhui ∕ 095

Abstract：The World Health Organization（WHO）released the report

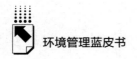
〈Children and digital dumpsites: e-waste exposure and child health〉on June 15, 2021. The report mainly cites the research results of some Chinese scholars since 2005 to explain the impact of informal e-waste treatment on the health of local people, especially children. The cited literatures are concentrated in Guiyu, Taizhou and other places, and the sample years are from 2005 to 2017. However, the second part of the report largely quotes Chinese scholars' papers to introduce the health risks that may be caused by informal processing, but it does not show the evolution of China's historical data, nor does it reflect the current management status of China, which may cause misunderstanding and cognitive bias of the public. It is suggested to pay close attention to public opinion and make good guidance work, further enhance the importance of the management of the waste electrical and electronic products industry, and crack down on illegal dismantling is included in the important work content of environmental protection inspectors at all levels.

Keywords: E-waste; Children Health; World Health Organization

B.5   Policy Analysis of Waste Power Battery Management in China

Hao Shuoshuo, Dong Qingyin, Zhao Ling and Li Jinhui / 103

Abstract: New energy automobile industry continues to develop at a rapid pace in China, and by the end of 2022, the number of new energy vehicles will reach 13.1 million. The amount of retired power batteries in China has entered a period of rapid growth and is expected to reach 4 million tons by 2030. After decommissioning, 70% to 80% of the power battery storage capacity can be used in communication base stations, power grid energy storage, low-speed electric vehicles and other echelon utilization fields. China has issued a series of power battery recycling management policies, and initially established a power battery recycling policy framework system based on the "Extended Producer Responsibility (EPR)" system. At present, there are still policy management demands in China in the formulation of power battery recycling management methods, the attribute judgment of power battery dismantling waste, and the import of power battery recycled raw materials. It is suggested to strengthen industry norms and policy constraints, strengthen digital empowerment and monitor the flow of batteries, strengthen environmental supervision and promote the import of raw materials.

Keywords: New Energy; Power Battery; Recycling

Ⅲ Environmental Management of Chemicals

B.6 Current Situation and Future Prospect Environmental Management of Chemicals in China (2022−2023)

Liu Sifan, Chen Yuan, Cai Zhen and Li Jinhui / 116

Abstract: There are a wide variety of chemicals with a wide range of uses. Some toxic and hazardous chemicals are persistent and bio-accumulative, with toxic effects on the reproductive systems, immune systems, nervous systems and so on, posing a long-term risk to human health. As the largest country on the production and use of chemicals, China's chemicals environmental management has consist of a multi-level management system, including the laws and regulations, directive and departmental rules, standards and technical specification. Now the environmental management system of chemicals in China mainly includes the registration system for the environmental management of new chemical substances, the import and export management for toxic chemicals, and emerging pollutants control. There are still some challenges for environmental management of chemicals in China, such as lack of special regulations, insufficient basic data and weak scientific and technological support. In this regard, this paper suggests to accelerate the formulation of regulations, improve the standard system, and strengthen scientific research inputs, to strengthen the chemicals environmental management in China.

Keywords: Environmental Management of Chemicals; New Chemical Substances; Emerging Pollutants

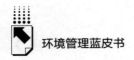
B.7   Research on the Current Status and Development of

Endocrine-Disrupting Chemicals Management

Zhao Weiyi, *Chen Yuan*, *Cai Zhen and Li Jinhui* / 124

Abstract：Endocrine-Disrupting Chemicals（EDCs）have garnered significant global attention due to their pronounced biological activities and toxicological impacts. This report comprehensively reviews the current research and regulatory approaches towards EDCs in developed nations such as the United Kingdom, the United States, and Japan, as well as various international organizations. The analysis focuses on critical aspects including the establishment of definitions and identification criteria, development of assessment frameworks, compilation of lists and implementation of screening tests, and formulation of regulatory policies. The primary objective of this examination is to distill key operational elements and achievements in the field, aiming to furnish scientifically grounded recommendations and benchmarks for the holistic management of EDCs within our nation. This endeavor seeks to contribute to the advancement of national EDCs governance, ensuring a methodical and scientifically informed approach.

Keywords：Endocrine-Disrupting Chemicals；Identification Criteria；Assessment Framework；Endocrine Disruptor Assessment List

B.8   Analysis and Prospects of the Current Status of Green

Chemical Substance Assessment Technologies

Chen Yuan, *Zhao Weiyi*, *Cai Zhen and Li Jinhui* / 141

Abstract：Chemical pollution incidents occur frequently in China, and the growing chemical production capacity has aggravated environmental pollution. The production and use of a large number of toxic and hazardous chemicals, as well as the lack of toxicological data for a wide range of chemicals, further exacerbate the uncertainty of risks and highlight the seriousness of the situation of chemical risk prevention and control in China. Chemical substitution assessment identifies potentially efficient alternatives through multi-level screening and evaluation to provide flexible solutions, stimulate innovation, save capital, focus resources and reduce multiple risks. This paper screens assessment frameworks published from 1990 to 2022 and compares their methodologies across six core components, including hazard identification, exposure characterization, life cycle assessment, technical feasibility assessment, economic feasibility assessment, and science-based decision making. The results showes methodological differences between the frameworks in terms of exposure characterization, life-cycle assessment and decision analysis. Therefore, chemical substitution assessment requires increased interdisciplinary collaboration and improved methodologies to achieve safer substitution, design and use of chemicals, materials and products.

Keywords: Green Chemistry; Assessment Frameworks; Alternatives; Risk Characterization; Exposure Assessment

B.9 Study on the Present Situation of Microplastics Pollution Control Policy

Yin Xing, Chen Yuan and Li Jinhui / 157

Abstract: Microplastics are one of the four new pollutants, which are widely distributed and hidden in nature and organisms. The environmental ecological risks and health risks brought by microplastics pollution cannot be ignored, and the prevention and control of microplastics has a huge impact on the survival and development of human beings. In recent years, under the appeal of the United Nations Environment Conference and other international organizations, some countries have issued laws and regulations on the prevention and control of microplastics, and enterprises or social groups have also actively carried out specific actions to reduce microplastics. The global prevention and control of microplastic pollution has been highly valued, which will provide inspiration for the prevention

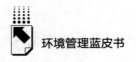

and control of microplastic pollution in China.

Keywords: Microplastics; Pollution; Prevention and Control; International Organization

Ⅳ   Integrated Management

B.10   Study On The United Nations Environment Assembly
Focuses and its Development Trends

Duan Lizhe, Kunga Tsering, Zhao Ling and Li Jinhui / 168

Abstract: As the highest decision−making body on global environmental issues, the United Nations Environment Assembly (UNEA), which has been held for five sessions as of the end of 2023, has produced numerous resolutions and decision documents on global environmental governance. Through the keyword classification and hot word cloud analysis of the outcome documents of previous UNEAs, this paper finds that chemicals and waste, plastics and microplastics, and sustainable consumption and production are the hot spots of global environmental issues. On the topic of chemicals and waste, strengthening the combination of science and policy is emphasized. On the topic of plastics and microplastics, forming a legally binding international agreement is being pushed forward. On the topic of sustainable consumption and production, promoting multilateral and multi−stakeholder cooperation is the most important.

Keywords: United Nations Environment Assembly; Chemicals and Waste; Plastics and Microplastics; Sustainable Production and Consumption

B.11　Synergistic Interaction Development and Impact Analysis of
International Conventions on the Control of Chemicals
and Waste Pollution

Zhao Nana, Shi Guoying and Tan Quanyin / 179

Abstract: The risks of chemicals and waste to the environment and human health have further attracted the attention of the international community with the continuous expansion of global chemical production and use, as well as the increasing amount of waste generated. Multiple international environmental agreements have imposed constraints on the management of chemicals and waste. This article elaborated on the synergistic interaction development process of three major international conventions on chemicals and waste, namely the Basel Convention, Rotterdam Convention, and Stockholm Convention, as well as other activities related to synergy in the international community, and analyzed the impact of synergistic interaction on the international chemicals and waste management system.

Keywords: Chemicals and Waste; International Conventions; Synergistic Interaction

B.12　Case Studies on the Cradle to Cradle Sustainable Development
Theory and Practice

Chen Yuan, Zhao Weiyi, Zhao Ling and Li Jinhui / 192

Abstract: As global environmental challenges intensify, issues such as resource depletion, downgraded utilization, and environmental pollution have become increasingly critical. In response, the "Cradle to Cradle" theory has emerged, establishing itself as a fundamental theoretical pillar in promoting sustainable development and the circular economy. This report aims to provide a theoretical overview, outlining the basic concepts, core ideas, and evolutionary

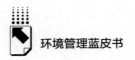
trajectory of the Cradle to Cradle theory. It explores its contributions to the circular economy and sustainable development. The paper also presents case studies to illustrate the practical applications and achievements of the theory. Finally, it looks forward to the future directions of the Cradle to Cradle theory, offering viable suggestions and reflections.

Keywords: Cradle to Cradle; Sustainable Development; Circular Economy; Ecological Benefits

B.13 Preliminary Study on the Bonded Entry Supervision System of Typical Used Products

Li Yingying, Zhao Nana, Tan Quanyin and Duan Lizhe / 208

Abstract: The bonded testing, maintenance, and remanufacturing industry is an extension of the processing trade industry chain and industrial supporting services, which is beneficial for the technological research and development capabilities and high-end industrial structure of China's manufacturing country. This article summarizes the main policy status of the entry of used products, conducts research on different forms of entry in China, such as bonded maintenance, bonded remanufacturing, bonded testing, and other industries, analyzes the situation of solid waste generated in different forms of entry, and proposes suggestions for the supervision of bonded entry of typical used products in China. China has gradually increased the policy support for the bonded entry of used products in recent years, and different types of solid waste generated by different business types. It is recommended to carry out regular post-policy evaluation, establish a multi-departmental joint supervision mechanism, refine the identification standards of solid waste and used products, publicize and implement relevant policies, and ensure the uniformity of implementation standards in all localities.

Keywords: Bonded Maintenance; Solid Waste; Bonded Testing

B.14　Study on the Revision of the Annex to the Basel Convension

and Its Implications

Dong Qingyin, Hao Shuoshuo, Li Jinhui and Tan Quanyin / 216

Abstract: Since the entry into force of the Basel Convention in 1992, Annex VII was added to the Basel Convention by the Conference of the Parties at its third meeting (COP-3) in 1995. Annex VIII and IX were added at COP-4 in 1998. The Basel Convention has been promoting the amending of Annex I, III, IV and Annex IX since 2013 to improve the clarity of laws. In May 2019, the amendment of plastic wastes annex was adopted at COP-14, which entered into force on 1st January, 2021. In June 2022, COP-15 adopted the amendments to the annexes of electronic wastes related items, which will be entered into force on 1st January, 2025. The amendment expands the scope of control of electronic waste in the Basel Convention, requiring all transboundary movements of electronic waste to be managed by Prior Inform Consent (PIC) procedures. So far the convention is promoting the amending of Annex I, III and IV. The report organizes the history and the latest progress of the amendments of the related annexes, in consider of the amendment process and implementation requirement to give suggestions to strengthen the scientific research on the threshold setting of hazard characteristics indicators and the investigation and analysis of electronic waste export, and continuously pay attention to the control of international waste electronic products, and actively participating in the negotiation process of the Basel Convention to promote China's implementation.

Keywords: Basel Convention, Plastic Waste, Electronic Waste

B.15　Research on Countermeasures to Improve the

Implementation Mechanism of Basel Convention in China

Dong Qingyin, Tan Quanyin and Li Jinhui / 235

Abstract: The Ministry of Ecology and Environment is the Focal Point ("FP") of the Basel Convention in China and the Competent Authority

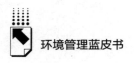
（"CA"）of Chinese mainland. The Environmental Protection Department of Hong Kong Special Administrative Region and the Environmental Protection Bureau of Macao Special Administrative Region are respectively the Competent Authorities for the implementation of the Basel Convention. The management mechanism of transboundary movement of chemicals and wastes including the inter-departmental coordination between the Ministry of Ecology and Environment and the General Administration of Customs is initially established, but its operation effect is limited by the lack of research on the synergy of relevant international environmental conventions such as Basel Convention, Stockholm Convention and the Minamata Convention on Mercury. As for the inter-departmental coordination mechanisms, the mainland has signed the Cooperation Arrangement on the control on Import and Export of Waste with Hong Kong and established the working meeting mechanism on waste transboundary movement. The mainland and Macao has built an information aviso mechanism. The mainland has signed CEPA with Hong Kong and Macao. The perfection of the coordination mechanism for the implementation of the convention between the competent authorities is still required. This report analysed the hazardous wastes export information sharing and cooperative supervision through the construction of coordination mechanism for the transboundary movement of chemicals and wastes and the coordination mechanism for the implementation of the Basel Convention in China Mainland, Hong Kong and Macao, in order to give comprehensive suggestions to improve the implementation mechanism of the Basel Convention in China.

Keywords: Transboundary Movements; Information Aviso; Coordinative Mechanism

权威报告·连续出版·独家资源

皮书数据库
ANNUAL REPORT(YEARBOOK)
DATABASE

分析解读当下中国发展变迁的高端智库平台

所获荣誉

- 2022年，入选技术赋能"新闻+"推荐案例
- 2020年，入选全国新闻出版深度融合发展创新案例
- 2019年，入选国家新闻出版署数字出版精品遴选推荐计划
- 2016年，入选"十三五"国家重点电子出版物出版规划骨干工程
- 2013年，荣获"中国出版政府奖·网络出版物奖"提名奖

皮书数据库

"社科数托邦"
微信公众号

成为用户

登录网址www.pishu.com.cn访问皮书数据库网站或下载皮书数据库APP，通过手机号码验证或邮箱验证即可成为皮书数据库用户。

用户福利

- 已注册用户购书后可免费获赠100元皮书数据库充值卡。刮开充值卡涂层获取充值密码，登录并进入"会员中心"—"在线充值"—"充值卡充值"，充值成功即可购买和查看数据库内容。
- 用户福利最终解释权归社会科学文献出版社所有。

数据库服务热线：010-59367265
数据库服务QQ：2475522410
数据库服务邮箱：database@ssap.cn
图书销售热线：010-59367070/7028
图书服务QQ：1265056568
图书服务邮箱：duzhe@ssap.cn

社会科学文献出版社 皮书系列
SOCIAL SCIENCES ACADEMIC PRESS (CHINA)

卡号：727194778946
密码：

S 基本子库
SUB DATABASE

中国社会发展数据库（下设 12 个专题子库）

紧扣人口、政治、外交、法律、教育、医疗卫生、资源环境等 12 个社会发展领域的前沿和热点，全面整合专业著作、智库报告、学术资讯、调研数据等类型资源，帮助用户追踪中国社会发展动态、研究社会发展战略与政策、了解社会热点问题、分析社会发展趋势。

中国经济发展数据库（下设 12 专题子库）

内容涵盖宏观经济、产业经济、工业经济、农业经济、财政金融、房地产经济、城市经济、商业贸易等 12 个重点经济领域，为把握经济运行态势、洞察经济发展规律、研判经济发展趋势、进行经济调控决策提供参考和依据。

中国行业发展数据库（下设 17 个专题子库）

以中国国民经济行业分类为依据，覆盖金融业、旅游业、交通运输业、能源矿产业、制造业等 100 多个行业，跟踪分析国民经济相关行业市场运行状况和政策导向，汇集行业发展前沿资讯，为投资、从业及各种经济决策提供理论支撑和实践指导。

中国区域发展数据库（下设 4 个专题子库）

对中国特定区域内的经济、社会、文化等领域现状与发展情况进行深度分析和预测，涉及省级行政区、城市群、城市、农村等不同维度，研究层级至县及县以下行政区，为学者研究地方经济社会宏观态势、经验模式、发展案例提供支撑，为地方政府决策提供参考。

中国文化传媒数据库（下设 18 个专题子库）

内容覆盖文化产业、新闻传播、电影娱乐、文学艺术、群众文化、图书情报等 18 个重点研究领域，聚焦文化传媒领域发展前沿、热点话题、行业实践，服务用户的教学科研、文化投资、企业规划等需要。

世界经济与国际关系数据库（下设 6 个专题子库）

整合世界经济、国际政治、世界文化与科技、全球性问题、国际组织与国际法、区域研究 6 大领域研究成果，对世界经济形势、国际形势进行连续性深度分析，对年度热点问题进行专题解读，为研判全球发展趋势提供事实和数据支持。

法律声明

"皮书系列"（含蓝皮书、绿皮书、黄皮书）之品牌由社会科学文献出版社最早使用并持续至今，现已被中国图书行业所熟知。"皮书系列"的相关商标已在国家商标管理部门商标局注册，包括但不限于LOGO（▨）、皮书、Pishu、经济蓝皮书、社会蓝皮书等。"皮书系列"图书的注册商标专用权及封面设计、版式设计的著作权均为社会科学文献出版社所有。未经社会科学文献出版社书面授权许可，任何使用与"皮书系列"图书注册商标、封面设计、版式设计相同或者近似的文字、图形或其组合的行为均系侵权行为。

经作者授权，本书的专有出版权及信息网络传播权等为社会科学文献出版社享有。未经社会科学文献出版社书面授权许可，任何就本书内容的复制、发行或以数字形式进行网络传播的行为均系侵权行为。

社会科学文献出版社将通过法律途径追究上述侵权行为的法律责任，维护自身合法权益。

欢迎社会各界人士对侵犯社会科学文献出版社上述权利的侵权行为进行举报。电话：010-59367121，电子邮箱：fawubu@ssap.cn。

社会科学文献出版社